NIK HALIK
GARRETT B. GUNDERSON

DAS 5-TAGE WOCHEN- ENDE

Bibliografische Information der Deutschen Nationalbibliothek:
Die Deutsche Nationalbibliothek verzeichnet diese Publikation in der Deutschen Nationalbibliografie.
Detaillierte bibliografische Daten sind im Internet über http://d-nb.de abrufbar.

Für Fragen und Anregungen:
info@finanzbuchverlag.de

2. Auflage 2023

© 2020 by FinanzBuch Verlag, ein Imprint der Münchner Verlagsgruppe GmbH
Türkenstr. 89
D-80799 München
Tel.: 089 651285-0
Fax: 089 652096

Copyright der Originalausgabe © 2017 Money Masters Ltd., all rights reserved.
Die englische Originalausgabe erschien 2017 unter dem Titel 5 *Day Weekend. Freedom to Make Your Life and Work Rich with Purpose* bei Bard Press.

Alle Rechte, insbesondere das Recht der Vervielfältigung und Verbreitung sowie der Übersetzung, vorbehalten. Kein Teil des Werkes darf in irgendeiner Form (durch Fotokopie, Mikrofilm oder ein anderes Verfahren) ohne schriftliche Genehmigung des Verlages reproduziert oder unter Verwendung elektronischer Systeme gespeichert, verarbeitet, vervielfältigt oder verbreitet werden.

Übersetzung: Birgit Schöbitz
Redaktion: Silke Panten
Korrektorat: Anja Hilgarth
Umschlaggestaltung: Manuela Amode
Umschlagfoto: shutterstock.com/ecco, 2days, AlenKadr
Satz: abavo GmbH, Sarah Kunz,
Druck: Florjancic Tisk d.o.o., Slowenien
Printed in the EU

ISBN Print 978-3-95972-696-2
ISBN E-Book (PDF) 978-3-98609-336-5
ISBN E-Book (EPUB, Mobi) 978-3-98609-337-2

Weitere Informationen zum Verlag finden Sie unter

www.finanzbuchverlag.de
Beachten Sie auch unsere weiteren Verlage unter www.m-vg.de

NIK HALIK
GARRETT B. GUNDERSON

DAS 5-TAGE WOCHEN- ENDE

Wie Sie lernen, selbstbestimmt und frei zu leben

INHALT

Vorwort für die deutsche Ausgabe 9
Willkommen! 12
Das 5-Tage-Wochenende-Manifest 16
Jetzt gehen wir das 5-Tage-Wochenende an! 19

TEIL I: DIE GRUNDIDEE

DREI FREIE TAGE MEHR!

1	Ihr 5-Tage-Wochenende	23
2	Neue Einstellung, mehr Freiheit	30
3	Der 5-Tage-Wochenende-Plan	38
4	Der Unterschied zwischen aktivem und passivem Einkommen	45

Call to Action: Ihr Plan für ein 5-Tage-Wochenende 56

TEIL II: DIE GRUNDLAGE

MEHR GELD BEHALTEN

5	Weg mit den Schulden!	61
6	Wie Sie Ihre Ausgaben in den Griff bekommen	68
7	Wie Sie Löcher im Cashflow stopfen	74
8	Und so geht die Vermögensbildung	86
9	Die Rockefeller-Formel	91
10	Eine grundsolide finanzielle Ausgangsbasis	100

Call to Action: Raus aus der Schuldenfalle 106

TEIL III: EINKOMMENSWACHSTUM
MEHR GELD VERDIENEN

11	Das aktive Einkommen erhöhen	111
12	Dafür braucht es kein Geld	121
13	Ideen für die Selbstständigkeit für sich entdecken	131
14	Lässt sich damit etwas verdienen?	156
15	Bevor Sie Ihren Job kündigen	162

Call to Action: Ihre Einkommensplanung in der Selbstständigkeit ... 167

TEIL IV: VERMÖGENSBILDUNG
MEHR AUS GELD MACHEN

16	Passiven Cashflow generieren	171
17	Cashflow aus Immobilien	183
18	Wachstumsorientierte Investitionen	213
19	Groß rauskommen mit trendorientierten Investitionen	230
20	Weshalb konventionelle Kapitalanlagen scheitern	242
21	Jahreszeitlich investieren	251

Call to Action: Ihr Investitionsplan ... 263

TEIL V: DIE REISE
LOS GEHT'S!

22	Tun Sie etwas für Ihre innere Haltung!	267
23	Der innere Kreis zählt	271
24	Die Macht der Gewohnheit	277
25	Wie Sie Energie tanken können	283

Call to Action: Die Vorbereitung Ihrer Reise ... 289

TEIL VI: LEBENSGESTALTUNG
NACH DER EIGENEN FASSON LEBEN

26 Schluss mit dem ewig Gleichen – ein sinnvolles Leben führen 295
27 Schluss mit der ewigen Ja-Sagerei –
    schaffen Sie Auswahlmöglichkeiten 301
28 Schluss mit dem Anspruch, perfekt zu sein –
    Produktivität ist, was zählt 307
29 Schluss mit den ganzen Besitztümern – es geht auch einfach 311
30 Schluss mit Langeweile – auf ins Abenteuer 319
31 Schluss mit Reue – Seelenfrieden ist das Stichwort 325
32 Schluss mit dem Ego-Trip – für andere da sein 332

Call to Action: Ihr Plan für ein unabhängiges Leben 336

TEIL VII: WEG VOM SCHUBLADENDENKEN
DIE GRENZEN VERSCHIEBEN

33 Brechen Sie aus! 341
34 Machen Sie sich an Ihr eigenes
    5-Tage-Wochenende 348

Call to Action: Ihre Absichtserklärung 355

Arbeitsblätter für Ihr 5-Tage-Wochenende 357
Endnoten 358
Danksagung 360
Über die Autoren 366

VORWORT FÜR DIE FEUTSCHE AUSGABE

Herzlichen Dank, dass Sie sich die Zeit nehmen und mein Buch lesen. Viele Menschen verlassen sich nur auf das, was sie hören, aber ich bin mir sicher, dass Sie bereit sind, beim Lesen auf Ihr Herz zu hören.

Meine erste Reise nach Deutschland ist über 20 Jahre her, und ich war begeistert zu sehen, wie das damalige Zeitgeschehen dieses Land inmitten von Europa geprägt hat. Nach wie vor gerate ich ins Schwärmen, wenn ich an seine Schlösser – ein herrliches Postkartenmotiv –, seine mittelalterlichen Städtchen, die Bayerischen Alpen und, nicht zu vergessen, seine Kultur, sein Nachtleben und die malerischen Landschaften denke.

Keine meiner Reisen in mehr als 155 Länder wäre zu realisieren gewesen, wenn ich mich nicht ganz bewusst entschieden hätte, mein Leben dem 5-Tage-Wochenende zu widmen und mir ein modernes Nomadendasein zu ermöglichen.

Der ultimative Erfolg eines 5-Tage-Wochenendlers wird nicht daran gemessen, wie viel Zeit er mit Dingen verbringt, die ihm Spaß machen, sondern wie wenig Zeit er für Dinge aufwendet, die er hasst. Wir 5-Tage-Wochenendler sind Meister der Anpassung, denn wir verstehen es, jedes Problem, das sich uns stellt, in eine neue Geschäftsidee zu verwandeln. Wir streifen die Fesseln konventionellen Denkens ab und distanzieren uns von in Stein gemeißelten Ideologien. Schließlich wissen wir, dass wir bis zu unserem Lebensende arbeiten müssen, wenn es uns nicht gelingt, dafür zu sorgen, dass wir unser Geld im Schlaf verdienen.

Charles Darwin soll einmal gesagt haben: »Es ist nicht die stärkste Spezies, die überlebt, auch nicht die intelligenteste, sondern eher diejenige, die am ehesten bereit ist, sich zu verändern.« Das gilt ebenso für Unternehmen und die Generierung von Cashflow.

Bei dem System des »5-Tage-Wochenende« geht es darum, dass eine ganze Generation ihre Einstellung zur Arbeit ändert. Was wir brauchen, sind keine Angestellten, sondern Unternehmer, denn es sind Unternehmer, die neue Jobs schaffen und Investitionen tätigen. Deutsche Unternehmer sind die Stützen der Wirtschaft ihres Landes. In erster Linie geht es beim Unternehmertum um die richtige Einstellung, erst dann um Fähigkeiten. Wir 5-Tage-Wochenendler ändern die Art und Weise, wie sich Geld verdienen lässt.

Eines schönen Tages werden Sie aufwachen und feststellen, dass Ihnen nicht mehr viel Zeit bleibt, um das zu tun, was Sie schon immer tun wollten. Deshalb mein Rat: Tun Sie es jetzt! Schreiben Sie die Geschichte Ihres Lebens selbst und wagen Sie einen Neuanfang, indem Sie Ihre Wohlfühlzone verlassen.

Seien Sie optimistisch – ein Glas Wasser sollte immer halb voll, nie halb leer sein. Sie haben nur ein Leben: Machen Sie etwas daraus! Das Leben misst sich nicht daran, wie oft wir Atem geholt haben, sondern an den unbezahlbaren Momenten, in denen wir den Atem angehalten haben. Wir 5-Tage-Wochenendler wissen, dass unser Privatleben mehr zählt als unser berufliches.

Uns 5-Tage-Wochenendlern ist klar, dass Wohlstand ebenso wie ein Baum aus einem kleinen Samen wächst, weshalb wir ihn hegen und pflegen. Finanzielles Wissen ist sozusagen der Dünger für unseren Verstand und der ist gefragt, wenn wir die Ernte einbringen wollen. Während viele Leute in der Hoffnung durchs Leben treiben, dass ihr letztes Stündlein noch lange auf sich warten lässt, haben wir 5-Tage-Wochenendler uns ganz bewusst für das Leben entschieden. Mit dem 5-Tage-Wochenende erklären wir unsere unternehmerische Unabhängigkeit und ermöglichen uns die finanzielle Freiheit.

Nik Halik

»Die Freiheit beginnt zwischen den Ohren.«
EDWARD ABBEY

WILLKOMMEN!

Sie haben es in der Hand, Ihr Privat- und Ihr Berufsleben zu ändern. Auch Sie können ein sinnvolles Leben ohne Geldsorgen führen und größtmögliche persönliche Freiheit genießen. Die mit einem 5-Tage-Wochenende verbundene innere Einstellung und die damit verknüpften Strategien versetzen Sie in die Lage, ein Leben ganz nach Ihrem Geschmack zu führen.

Als Jugendlicher lebte ich in Melbourne, Australien, und begann eines Tages, Gitarrenstunden zu geben. Bald war daraus ein lukrativer Nebenjob geworden. Ich suchte mir Verstärkung, und schon kurze Zeit später war ich der Chef einer kleinen Gruppe von Gitarrenlehrern. Als ich die Highschool abschloss, hatte ich genug Geld zur Seite gelegt, um nach Hollywood aufzubrechen und meine Karriere als Rockstar zu starten. Gesagt, getan: Ich gründete eine Rockband und wir gingen auf Tour.

Ich verspürte das starke Bedürfnis, neben meiner Musik ein regelmäßiges Einkommen zu erzielen. Ich sparte fleißig und arbeitete hart daran, später von Mieteinnahmen und anderen Investitionen leben zu können. Es dauerte acht Jahre, bis ich über so viele Rücklagen und Nebeneinkünfte verfügte, dass ich die Band aufgeben und ein 5-Tage-Wochenende leben konnte.

Ihre Reise wird vermutlich anders verlaufen. Vielleicht erreichen Sie Ihr Ziel früher als ich meines. Oder später. Was es dafür braucht? Die intensive Beschäftigung mit der ganzen Thematik, harte Arbeit und Durchhaltevermögen. Doch wenn Sie erst einmal den Entschluss gefasst haben, sich dieser Herausforderung zu stellen, winkt Ihnen ein Leben in persönlicher und finanzieller Freiheit.

Extreme Abenteuer sind ebenso meine Leidenschaft wie die Gründung neuer, globaler Konzerne. Wie Sie Ihr Leben gestalten, liegt ganz bei Ihnen. Sie treffen die Entscheidungen. Bei dem 5-Tage-Wochenende geht es darum, mehr und bessere Entscheidungen zu treffen.

Dieses Buch zeigt Ihnen das ganze Bild, das Konzept, die Vision, Überzeugungen und eine Strategie. Es steht Ihnen völlig frei, wie Sie die Planung des 5-Tage-Wochenendes an Ihre Stärken, Interessen und Möglichkeiten anpassen. Mein Ziel lautet zum einen, Ihnen die zugrunde liegenden Prinzipien aufzuzeigen, mit denen Sie Ihr Vorhaben schnellstmöglich in die Tat umsetzen können, und zum anderen, Ihnen eine Reihe von machbaren Optionen zu veranschaulichen.

Mit den Informationen aus den ersten Kapiteln können Sie sich ein Bild davon machen, worum es im Grunde geht und wie eine Strategie aufgebaut ist. Sie entscheiden, ob Sie mehr darüber wissen möchten. Nützlich für den nächsten Schritt sind dann die auf der Website zu diesem Buch angegebenen Quellen.

Ihre Karriere als Unternehmer und/oder Investor steckt noch in den Kinderschuhen? Dann sollten Sie jedes Kapitel vom Anfang bis zum Ende lesen. Gut möglich, dass manche der hier vorgestellten Ideen Ihr Interesse wecken und Ihnen machbar erscheinen, sodass Sie mehr Details darüber wissen wollen.

Haben Sie bereits Erfahrung als Unternehmer gesammelt, können Sie die von mir vorgestellten Anlagemöglichkeiten überfliegen und sich auf die Prinzipien und das Gedankengut konzentrieren, die das 5-Tage-Wochenende von den üblichen Verdächtigen unterscheiden.

Garrett Gunderson steuerte auf meinen Wunsch hin seine Erfahrung in Sachen Finanzen zu diesem Buch bei. Sein Buch *Killing Sacred Cows* hat es auf die Bestseller-Liste der *New York Times* geschafft, das von ihm gegründete Unternehmen zählt zu den 500 Unternehmen Amerikas mit dem schnellsten Wachstum. Dieses Buch entstammt meiner Feder, aber hin und wieder wurde Garrett zu meinem Co-Autor, damit Sie auch von seinem Wissen profitieren können.

Dank meiner Erfahrungen kann ich Ihnen zahlreiche Empfehlungen an die Hand geben. Doch ich möchte mit meinem Buch vor allem eines erreichen: Sie sollen die Informationen erhalten, anhand derer Sie überprüfen können, wie Sie Ihr Leben freier als bisher gestalten können. Ich zeige Ihnen auf, wie Sie Ihre eigene Vision entwickeln und dann beginnen können, Ihren persönlichen Plan zu erstellen, um Ihren ureigenen Traum zu verwirklichen.

Ihr Lebensziel ist es, einen sicheren Job zu haben und in den Genuss hoher Sozialleistungen und zahlreicher sonstiger Vergünstigungen zu kommen? Tut mir leid, aber dann ist dieses Buch nichts für Sie. Wenn dagegen persönliche und berufliche Freiheit für Sie sehr wichtig sind, haben Sie das richtige Buch ausgewählt, denn es enthält die Formel, nach der Sie bestimmt schon gesucht haben. Lassen Sie sich auf die Herausforderungen des 5-Tage-Wochenendes ein?

Nik Halik, Gründer und CEO von 5-Tage-Wochenende®

Das 5-Tage-Wochenende-Manifest

Ich bin Herr meines Lebens. Ich lege die Bedingungen fest. Ich bin für meine Ergebnisse verantwortlich. Ich habe das Schicksal in meiner Hand und bestimme mein Los. Ich gestalte mein Leben individuell und nicht nach Schema F.

Die Tretmühle von neun bis fünf ist nichts für mich. Ich lasse mich nicht gängeln, weder von Stechuhren noch von Vorgesetzten, und entfliehe dem Berufsverkehr ebenso wie dem Großraumbüro.

Sicherheit bedeutet mir nichts, Freiheit dagegen alles. Ich lehne es ab, von Jobs abhängig zu sein, und poche auf meine Unabhängigkeit als Unternehmer.

Ich baue Unternehmen auf und generiere damit Cashflow, während sich andere für ein Dasein als Angestellter krummlegen.

Ich schaffe Wohlstand, indem ich investiere, während andere Kredite abbezahlen.

Ich bin bereit, Dinge zu tun, die andere nie tun würden, weil ich das haben will, woran andere keine Freude haben.

Ich lege mich kurze Zeit ins Zeug, damit ich mein Leben so lang wie möglich voll auskosten kann.

Ich bin produktiv und kreativ, ergreife die Initiative und entwickle Neues. Ich bin mutig, gehe aber nur kalkulierte Risiken ein. Fehler sind für mich kein Grund, den Rückzug anzutreten, sondern bringen mich auf Erfolgskurs. Ich lerne aus jedem einzelnen, raffe mich nach einem Rückschlag wieder auf und mache frohen Mutes weiter.

Mein Leben beginnt nicht erst im Ruhestand, ganz im Gegenteil: Ich führe schon jetzt ein sinnvolles Leben. Ich entwickle meine Talente und Fähigkeiten weiter und setze sie dafür ein, Werte für andere zu schaffen und zugleich Zufriedenheit für mich selbst zu erlangen.

Ich habe nur das eine Leben – und das möchte ich voll und ganz auskosten. Für mich ist das Leben ein einziges Abenteuer, und ich greife bei allem zu, was es mir bietet. Ich gestatte es mir zu träumen und lebe ein Leben voller Leidenschaft.

Ich weigere mich zu tun, was andere mir sagen. Ich helfe anderen gerne dabei, ihre Träume zu verwirklichen, aber nicht auf Kosten meiner eigenen.

Ich ermögliche mir ein 5-Tage-Wochenende. Ich liebe mein Leben.

> »In dem Moment, in dem wir anfangen, das zu tun, was wir von ganzem Herzen lieben, ändert sich unser Leben von Grund auf.«
> BUCKMINSTER FULLER

Jetzt gehen wir das 5-Tage-Wochenende an!

Gut möglich, dass dieses Buch:

- ein Weckruf für Sie ist,
- Ihnen neue Ideen nahebringt,
- Ihre Gedanken aufgegriffen und weitergeführt hat,
- der Anlass für Sie ist, Ihr Leben voll auszukosten,
- Sie anspornt, Dinge zu ändern.

Sie können dieses Buch von Anfang bis Ende durchlesen und sich den vollen Durchblick verschaffen. Vielleicht entscheiden Sie sich danach dazu, die Herausforderung anzunehmen. Und dann blättern Sie zu den Calls to Action oder den Arbeitsblättern und legen los.

Sind Sie dagegen schon nach den ersten paar Kapiteln zu dem Schluss gekommen, dass ein frei gestaltetes Leben genau das Richtige für Sie ist und Sie sich am liebsten gleich daranmachen wollen, dann können Sie sich auch gleich den Calls to Action und den Arbeitsblättern widmen.

Auf unserer Website finden Sie noch viele andere nützliche Quellen und können die im Buch vorgestellten Arbeitsblätter herunterladen, ausdrucken und in Ihrem Hefter sammeln, oder Sie legen dafür schlicht einen neuen Ordner in Ihrem Computer an.

Eigene Notizen und Fortschrittskontrollen sind sehr nützlich für die Planung und geben Ihnen die nötige Energie, sich an die Umsetzung Ihres Ziels »Das 5-Tage-Wochenende« zu wagen.

Immer wieder taucht in diesem Buch am Seitenrand das Symbol eines Reisepasses auf. Das bedeutet, dass ein Arbeitsblatt, das im Text erwähnt wird, auf unserer Website 5DayWeekend.com zu finden ist und Ihnen gratis zur Verfügung steht (allerdings nur in englischer Sprache).

Ganz hinten im Buch finden Sie zudem eine Auflistung aller Arbeitsblätter. Um sie nutzen zu können, geben Sie auf www.5DayWeekend.com einfach das Passwort ein, das neben dem entsprechenden Reisepass steht.

TEIL I: DIE GRUNDIDEE

Irgendetwas läuft in der westlichen Kultur falsch. Offensichtlich haben wir es verinnerlicht, mindestens 40 Stunden die Woche zu arbeiten – und das auf jeden Fall 40 Jahre lang. Rein theoretisch legen wir einen bestimmten Anteil unseres Einkommens für unseren Ruhestand zur Seite. Mit Eintritt des Rentenalters haben wir – wiederum rein theoretisch – einen Haufen Geld angespart, das wir konservativ anlegen, und dann leben wir von den Zinsen und ein kleines bisschen auch von dem angehäuften Kapital (Experten zufolge entnehmen wir davon etwa 4 Prozent jährlich).

5-Tage-Wochenendler analysieren diese Theorie bis ins kleinste Detail, stellen sie auf den Kopf und betrachten das Leben aus einer gänzlich neuen Perspektive. Sie wollen nämlich keine 40 Jahre für einen anderen arbeiten, um die wenigen verbliebenen Jahre zu verbummeln. Sie ziehen es vor, zwischen fünf und zehn Jahre hart zu arbeiten, und zwar für sich, damit sie ihr restliches Leben mit Abenteuern, Sinn und Lebensfreude füllen können. Anstatt sich auf den Ruhestand zu freuen und alle Pläne so lange auf die lange Bank zu schieben, sollten auch Sie schon heute damit beginnen, Ihr Leben nach Ihren Wünschen und Ansprüchen zu gestalten.

Mit dem Paradigma eines 5-Tage-Wochenendes wecken Sie Ihren Verstand und nehmen Ihre Finanzen in die eigene Hand. Sie investieren dann nicht erst im Ruhestand. Sie werfen den Gedanken an die Rente über Bord und entscheiden sich dagegen für ein Leben voller Freude. Sie gehen dann nämlich *nie* ganz in die Rente. Stattdessen befreien Sie sich jetzt von den Dingen, die Sie hassen, und leben ein Leben ganz nach Ihrem Geschmack.

DIE EINZELNEN KAPITEL IM ÜBERBLICK

1. **Ihr 5-Tage-Wochenende**
2. **Neue Einstellung, mehr Freiheit**
3. **Der 5-Tage-Wochenende-Plan**
4. **Der Unterschied zwischen aktivem und passivem Einkommen**

Call to Action

Ihr Plan für ein 5-Tage-Wochenende

KAPITEL 1

IHR 5-TAGE-WOCHENENDE

Jeder mag Wochenenden. Jeden Montag zählen wir die Tage, bis es wieder so weit ist. Endlich ist dann Freitagnachmittag und damit Feierabend. An fünf Tagen die Woche erfüllen wir unsere Pflicht, an nur zwei tun wir, was uns gefällt. Wir schlafen aus. Wir fahren mit der Familie über das Wochenende weg. Wir treffen uns mit Freunden. Wir besuchen ein Konzert oder ein Sportereignis. Wir widmen uns unserem Hobby. Oder wir lümmeln uns auf die Couch und lesen ein gutes Buch.

Doch die ganze Zeit über verdrängen wir die Fakten. Der Sonntagabend lauert ums Eck. Nur allzu schnell ist das Wochenende vorbei und die Realität hat uns wieder. Es ist Montag. Eine neue Arbeitswoche beginnt. Und schon sind wir zurück in der Tretmühle.

Ab und zu fallen Feiertage günstig, und wir können der Maloche drei Tage hintereinander entkommen. Und dann gibt es ja auch noch die Urlaubstage. Doch diese kurzen Episoden, in denen wir den Duft von Freiheit schnuppern können, verstärken uns häufig in unserem Gefühl, in einer Falle zu sitzen. Unsere Freizeit vergeht wie im Flug und zack! müssen wir uns wieder der schmerzhaften Realität stellen, dass wir den Großteil unseres Lebens mit harter Arbeit verbringen und im Grunde kein Ende in Sicht ist.

> »In der westlichen Welt werden im Wesentlichen nur zwei Drogen toleriert: Von Montag bis Freitag ist es Koffein, damit wir über ausreichend Energie verfügen, um arbeitsame Mitglieder der Gesellschaft sein zu können. Und von Freitag bis Montag ist es Alkohol, damit wir nicht mitbekommen, in welchem Gefängnis wir unser Dasein fristen.«
>
> BILL HICKS

Gestalten Sie Ihr Leben nach Ihrer Vorstellung

Was wäre, wenn wir ein anderes Leben führen könnten? Was wäre, wenn wir den Spieß umdrehen könnten und statt zwei freien Tagen die Woche fünf davon hätten? Was wäre, wenn wir viel mehr Geld verdienen und unser Leben in die eigene Hand nehmen könnten, indem wir nur noch zwei Tage die Woche arbeiten und an fünf Tagen all das tun, wonach uns der Sinn steht? Und was wäre, wenn sich das nicht nur vorübergehend so einrichten ließe, sondern für den Rest unseres Lebens? Was würden Sie alles in Angriff nehmen, wenn Sie die Aussicht auf ein 5-Tage-Wochenende hätten?

Das 5-Tage-Wochenende ist zum einen eine Frage der Einstellung und zum anderen eine bewährte Methodik, um das Wochenende um weitere drei Tage zu verlängern, und zwar für den Rest des eigenen

Lebens. Im Endeffekt führt es zu einem Arbeits- und Privatleben, das sich anfühlt wie ein Dauerwochenende. Zudem stehen Ihnen damit viel mehr (und bessere) Möglichkeiten zur Verfügung. Außerdem besitzen Sie damit die Freiheit, selbst zu entscheiden, was Sie in Ihrem Berufsleben erreichen möchten, wie Sie Ihr Privatleben gestalten und wann Sie sich Zeit zum Ausruhen und Entspannen nehmen. Sie können Ihrem Leben einen neuen Sinn verleihen.

Das 5-Tage-Wochenende zu leben heißt, sich dem Leben auf unkonventionelle Art und Weise zu stellen. Es bedeutet nämlich auch, erstens der Tatsache ins Auge zu sehen, dass vieles, was uns über das Leben, die Finanzwelt und den Lebensunterhalt beigebracht wurde, falsch ist und uns in die Irre geleitet hat. Und es bedeutet zweitens, dass wir anerkennen, wie wichtig es ist, sich ein neues Paradigma anzueignen, das die Realität viel klarer abbildet. Wir müssen uns darüber klar werden, dass unser sogenanntes modernes Paradigma veraltet ist, da es zu Zeiten der industriellen Revolution entstanden ist – also in dem Zeitalter, als Fließbänder und Stechuhren das Leben der arbeitenden Bevölkerung bestimmten. Im Zeitalter der digitalen Information besitzen wir dagegen die Freiheit und die Möglichkeit, unser Leben selbst zu bestimmen. Wir verdienen unsere Brötchen nicht mehr mit Muskelkraft, sondern mit Hirnleistung.

Das Ziel lautet folglich, passives Einkommen in ausreichender Höhe zu generieren, das ohne viel Zutun aufs Konto fließt, sodass Sie sich dafür keine 40 oder 60 Stunden mehr pro Woche krummlegen müssen. Wir verlassen eine Arbeitswelt, in der die Stechuhr den Tag diktiert, wir unserem Vorgesetzten Bericht erstatten, einen Anzug tragen, unsere Arbeitsstunden protokollieren, stundenlangen Sitzungen beiwohnen müssen und Angst vor der nächsten Leistungsbewertung haben.

Weshalb aber können die wenigsten von uns ihr Leben frei gestalten? Weil wir fast alle Gefangene des aktiven Einkommens sind. Was ist aktives Einkommen? Das, was ein Angestellter auf Stundenbasis oder als Monatseinkommen verdient. Aber auch die Summe, die ein Selbstständiger seinen Kunden in Rechnung stellt und für die er oft stundenlang schuften muss, um seine eigenen Rechnungen begleichen zu können. Wer keiner Erwerbstätigkeit nachgeht, verdient auch nichts. Angenommen, Sie würden noch heute aufhören zu arbeiten. Wie lange, glauben Sie, können Sie Ihren jetzigen Lebensstil dann noch halten?

Bei der Strategie des 5-Tage-Wochenendes werden Ströme an passivem Einkommen generiert, die ganz planmäßig nach Ihren Bedingungen mit geringem Zeitaufwand verwaltet und beobachtet werden und wachsen. Im Gegensatz zum aktiven Einkommen wird passives regelmäßig generiert, ohne dass Sie dafür stets in Echtzeit dabei sein müssten. Keine Frage, natürlich muss auch passives Einkommen verwaltet werden, aber diese Einkünfte fließen auch dann, wenn Sie persönlich dafür keinen Finger krumm machen. Geld schläft nie. Geld weiß nichts von Stechuhren, Terminkalendern oder Feier- und Urlaubstagen.

Es gab schon immer mehrere Möglichkeiten, passives Einkommen zu generieren, doch im Informationszeitalter stehen uns so unterschiedliche Optionen zur Verfügung wie nie zuvor, die obendrein noch lukrativ und solide sind. Ziel des Plans vom 5-Tage-Wochenende ist es, breitgestreute Einkommensströme zu generieren, um Ihre Konten dauerhaft zu füllen, damit Sie sich Ihren Lebensstil auch weiterhin leisten können. Sie haben Ihr Schicksal selbst in der Hand. Sie legen die Termine fest, haben das Sagen und müssen sich nur vor sich selbst verantworten.

Vorbei sind dann die Zeiten, in denen Sie bis spät im eigenen Büro oder dem Ihres Arbeitgebers saßen. Sie können dann von jedem x-beliebigen Ort aus arbeiten. Ihren Verdienstmöglichkeiten sind keine Grenzen nach oben gesetzt. Sie sind von sich aus motiviert und wissen, dass es keine Gatekeeper mehr gibt, die Ihr Einkommen steuern wollen. Ihre Investitionen laufen auch ohne Sie und werden oft von einem Dritten verwaltet, der in Ihrem Auftrag handelt.

Durch Sparen ist noch niemand reich geworden – und das wird sich auch in Zukunft nicht ändern. Reich werden Sie nur, wenn Sie in Vermögenswerte investieren, die zu Cashflow und wirtschaftlicher Unabhängigkeit führen.

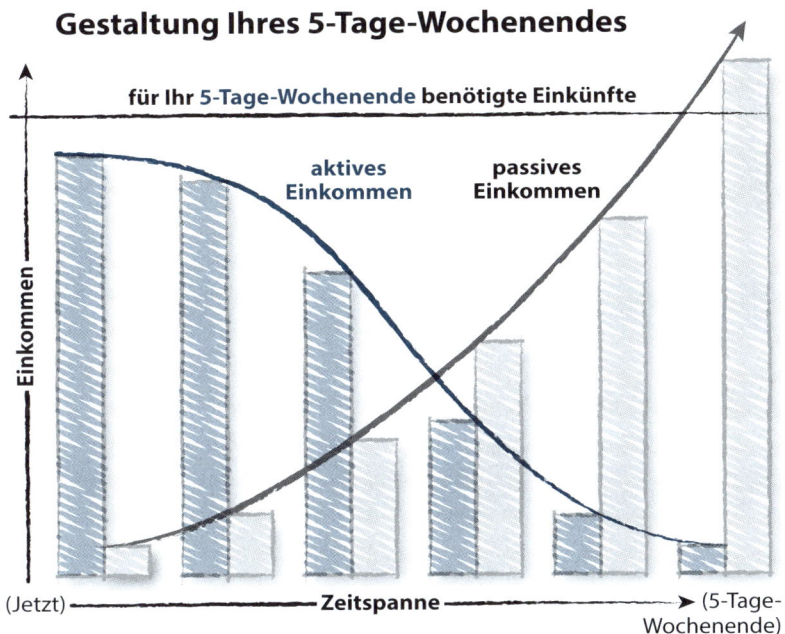

Sie haben Ihr Ziel – das 5-Tage-Wochenende – erreicht, wenn Sie Ihren Lebensstandard mit Ihrem passiven Einkommen finanzieren können. Und das mit nur 15 bis 20 Stunden Arbeit pro Woche anstelle von 40 bis 60! Zudem wird es Wochen oder gar Monate geben, in denen Sie überhaupt nicht mehr arbeiten müssen. Und das Beste ist, dass Ihre finanzielle Freiheit Ihre persönliche Freiheit finanziert.

Wie würde *Ihr* 5-Tage-Wochenende aussehen?

Was wäre, wenn Sie künftig nur noch weniger als die Hälfte der Zeit arbeiten würden wie bislang? Was würden Sie mit der gewonnenen (Frei-)Zeit anfangen, wenn Ihr Wochenende auf einmal drei Tage länger ist? Wie würden Sie Ihr 5-Tage-Wochenende verbringen?

Davon mehr	Davon weniger
Reisen und Auszeiten	öde Aufgaben erledigen
Zeit mit Freunden verbringen	früh aufstehen
etwas für die eigene Gesundheit und Fitness tun	mit weniger Geld auskommen
dem Lieblingshobby nachgehen	mit einem fordernden Vorgesetzten zurechtkommen
Zeit mit der Familie verbringen	pendeln
eine Fremdsprache erlernen	lange, langweilige Besprechungen
Zeit für sich haben	Termindruck
sich mit Spiritualität befassen	Leistungsbeurteilungen
sich gemeinnützig engagieren	Geldsorgen
gärtnern	festgefahren sein, nicht vorankommen
lesen	Anzug und Krawatte, Kostüm und High Heels
Kinder unterrichten	Bürointrigen
entspannen und ausruhen	sich überlastet fühlen
ein Buch schreiben	Stress

Auf was könnten Sie gut und gerne verzichten? Wovon hätten Sie gerne ein bisschen mehr? Was immer es in Ihrem Fall auch ist, das 5-Tage-Wochenende ermöglicht es. Stellen Sie sich vor, was alles möglich wäre. Was Sie brauchen, ist eine klare Vision Ihres persönlichen 5-Tage-Wochenendes. Denn diese Vision ist zugleich Ihr Ansporn, den Lebensstil, den Sie gerne hätten, auch tatsächlich zu erreichen. Mehr Wahlmöglichkeiten und mehr Freizeit ermöglichen es Ihnen, ein Leben voller Freude zu führen, Ihre Ziele zu erreichen (auch die großen) und viel Zeit mit Ihren Freunden und Ihrer Familie zu verbringen. Dann haben Sie die Möglichkeit, Ihrem Leben einen ganz neuen Sinn zu geben. Dann

> Erfolg misst sich letzten Endes nicht daran, wie viel Zeit man damit verbringt zu tun, was man liebt, sondern wie wenig Zeit man dafür aufwendet zu tun, was man hasst.

können Sie den Begriff »eines Tages« getrost vergessen und schon heute damit beginnen, die Dinge zu tun, von denen Sie schon immer geträumt haben. Dann hören Sie damit auf, vom Leben zu träumen. Die meisten Menschen arbeiten für Geld. Ich werde Ihnen aufzeigen, wie Sie Geld für sich arbeiten lassen können.

> »Wer sich kleiner macht, als er in Wirklichkeit ist, und sich damit abfindet, im Leben hinter seinen Möglichkeiten zu bleiben, wird nie echte Leidenschaft erleben.«
> NELSON MANDELA

KAPITEL 2

NEUE EINSTELLUNG, MEHR FREIHEIT

Ruhestand. Wer träumt nicht davon? Bis dahin aber heißt es, sich 40 Jahre abrackern, am Ende in einem Job, der einem nicht mal gefällt, und auf die Rente hinsparen. Dann ist das Arbeitsleben irgendwann mal zu Ende, und es beginnt das »schöne Leben« – wie es immer so schön heißt.

Der Haken an diesem Plan ist, dass *er nicht aufgeht*. (Wie viele Menschen kennen Sie, die mit einem Rentensparplan wirklich reich geworden sind?) Das Schlimme daran ist, dass dieser Plan nicht nur nicht funktioniert, sondern es hapert auch an der damit verbundenen geistigen Haltung. Ganz gleich, was mit so einem Sparplan tatsächlich erreicht wird, die Kosten dafür sind definitiv zu hoch.

Die größte Angst von frischgebackenen Rentnern in Amerika – und in Europa dürfte das auch nicht anders sein – ist die vor der Altersarmut. In den meisten Fällen suchen diese Menschen dann Zuflucht in Sozialhilfe und anderen Formen der staatlichen Unterstützung, da sie an finanziellem Diabetes leiden, den sie sich aufgrund schlechter finanzieller Entscheidungen oder durch ein kaputtes Finanzsystem zugezogen haben. Sozialleistungen entsprechen einer Insulingabe, da sie sich damit zumindest vorübergehend über Wasser halten können. Andere Menschen arbeiten bis weit über 60, und trotzdem reicht ihr Einkommen nur knapp zum Überleben.

Am 13. Januar 2016 wurde vom bis dahin größten Jackpot in der Geschichte der US-amerikanischen Lotterie U.S. Powerball berichtet, was dazu führte, dass 635 103 137 Lotterielscheine dafür unters Volk gebracht wurden. Viele waren der Ansicht, ein Lottogewinn sei die einzige Möglichkeit, sich finanziell abzusichern. Leider lag die Gewinnchance bei 1 zu 292,2 Millionen. Dazu ein interessanter Vergleich: Die Chance, beim Verspeisen einer Auster auf eine Perle zu beißen, liegt bei nur 1 zu 12 000.

Die meisten Menschen haben einen Job, bei dem das Verhältnis von Arbeitstagen zu freien Tagen bei 5 zu 2 liegt. In Amerika zum Beispiel sind zudem befristete Arbeitsverträge gang und gäbe, ohne jegliche Garantie auf künftige Beschäftigung. Ein weiteres Problem ist, dass viele Menschen viel Zeit und Energie damit vergeuden, ihrem »Traumjob« hinterherzujagen. Fakt ist, dass es Ihren Traumjobs gar nicht gibt. Den müssen Sie erst noch *schaffen*. Die gute Nachricht lautet: Sie haben Ihr Schicksal selbst in der Hand. Sie können entweder abwarten, bis Ihr Vorgesetzter Sie aus Ihrem Alltag reißt oder Ihnen die schlechte Wirtschaftslage einen Strich durch die Rechnung macht – oder Sie entscheiden sich bewusst dafür, aus Ihrem Hamsterrad auszusteigen und sich daranzumachen, an Ihrem 5-Tage-Wochenende zu arbeiten.

Als 5-Tage-Wochenendler erfinden Sie sich quasi selbst neu und brechen durch Ihre gläserne Finanzdecke. Sie generieren Ihr eigenes Einkommen und tun, was Ihnen Spaß macht. Was Sie nicht tun? Sie drücken Ihr schwerverdientes Geld nicht einem Dritten in die Hand, damit er sich darum kümmert, was das Risiko für Sie recht groß werden lässt, da Sie keine oder nur wenig Kontrolle darüber haben. Nein,

> Macht Ihnen Ihre Arbeit Spaß? Führen Sie ein Leben, von dem Sie sich nicht erholen müssen?

Sie behalten besser die Kontrolle über Ihr Geld, reduzieren Ihr Risiko und erhöhen Ihren Cashflow und die Rendite erheblich. Anstatt über einen langen, sehr langen Zeitraum Geld anzusparen, setzen Sie Ihre Mittel klug ein, hebeln die Rendite und steigern Ihre Gewinne exponentiell.

Sie arbeiten nicht für Geld. Sie arbeiten daran, die Freiheit eines 5-Tage-Wochenendes zu gewinnen und den entsprechenden Lebensstil zu führen.

Zugegeben, sich neue Gewohnheiten zuzulegen – und zwar in der Theorie und in der Praxis – ist kein leichtes Unterfangen. Und es beginnt im Kopf. Mit der zum 5-Tage-Wochenende passenden Einstellung erklären Sie Ihre unternehmerische Unabhängigkeit und gewinnen an Freiheit. Mit dieser Mentalität sehen Sie das Leben aus einer völlig anderen Perspektive. Damit kehren Sie der veralteten 5-Tage-Woche den Rücken und stürzen sich in das Abenteuer persönlicher und finanzieller Freiheit – weit weg von jeglicher Mittelmäßigkeit.

Freiheit gegen Sicherheit

Bei einer konventionellen Sichtweise wird alles auf Sicherheit – und nicht auf Freiheit – gesetzt. Die Ironie daran ist, dass die Sicherheit, für die wir unsere Freiheit opfern, gar nicht existiert, wie Ihnen jeder gerne bestätigen wird, der bei einer Wirtschaftskrise schon mal auf die Straße gesetzt wurde.

> »Ich gehöre einer Spezies an, die glaubt, vierzig Jahre lang fünf Tage die Woche zu schuften, um Schulden abbezahlen zu können, die am Computer einer Bank entstanden sind, wäre Freiheit.«
> ANONYM

Die meisten Berufstätigen haben das Gefühl, sie würden zeit ihres Berufslebens auf etwas warten. Sie müssen ihre Brötchen verdienen, weshalb sie weder über die Zeit noch über die finanziellen Mittel verfügen, das zu tun, was sie eigentlich am liebsten tun würden – zumindest glauben sie das. Außerdem ist die große Mehrheit von ihnen unzufrieden mit ihrem Job. Einer Umfrage der Forschungsgruppe Conference Board zufolge trifft dies auf 52,3 Prozent der US-amerikanischen arbeitenden Bevölkerung zu.[1] Nur 46,6 Prozent der Befragten gaben an, dass sie zufrieden seien, was die Sicherheit ihres Arbeitsplatzes anbelangt. Diese Unzufriedenheit rührt größtenteils daher, dass ihre Arbeit es nicht zulässt, ihr Leben außerhalb des Jobs zu genießen. Wer von 9.00 bis 17.00 Uhr und länger arbeitet, ist seinem Chef ausgeliefert. Schließlich ist er es, der bestimmt, was seine Mitarbeiter mindestens acht Stunden täglich tun. Und er hat die Macht, sie von heute auf morgen auf die Straße zu setzen – zumindest in Amerika. In Deutschland sieht es kaum anders aus.[2]

Die Finanzmodelle der meisten US-Bürger wurden von Banken und der Wall Street entwickelt. Die durchschnittliche Sparquote liegt bei 4 Prozent. Das sind gerade mal 4 Cent je Dollar. Anders ausgedrückt werden von jedem verdienten Dollar keine 5 Cent gespart.

Der Durchschnittsamerikaner verdient im Laufe seines Arbeitslebens etwa 2 Millionen US-Dollar. Der Großteil davon – um nicht zu sagen alles – wird für Dinge ausgegeben, die niemand wirklich braucht. Wer es sich nicht leisten kann, hemmungslos dem Konsum zu frönen, der nimmt eben einen Kredit auf, um Dinge zu kaufen, die Reiche noch reicher werden lassen. Reiche dagegen nehmen Kredite auf, um ihre Investitionen in Cashflow zu verwandeln. Die 62 reichsten Menschen der Welt besitzen inzwischen mehr als die ärmsten 3,6 Milliarden zusammen – was etwa der Hälfte der Weltbevölkerung entspricht.

Im Prinzip schwimmen wir in einem Meer der Unwissenheit – begrenzt durch die Wände unseres Aquariums. Das ist systembedingt, denn man hat uns eingehämmert, es wäre das Beste für uns, Teil eines wissenschaftlichen Systems zu sein, in dem wir keinerlei Wissen über Finanzen brauchen. Und wir haben nur allzu gerne mitgemacht und den Status quo niemals infrage gestellt. In unserer Kindheit wurde uns eingebläut, dass wir alles erreichen können, doch die akademische Welt schränkt unsere Möglichkeiten ein. Unser akademischer Grad bestimmt, was wir tun können und was nicht. Eine Universität ist nichts anderes als eine Fabrik, die willige Steuerzahler produziert und die berufliche Laufbahn ebnet. Das akademische System ist dafür gemacht, Angestellte auszuspucken und keine Unternehmer.

Wann haben wir die Kontrolle über unser Leben verloren? Wir haben uns verkauft an ein Fast-Food-System wissenschaftlicher Ausbildung, die wir ausnahmslos unter dem Motto »Rücknahme und Gelderstattung ausgeschlossen« abschließen. Diese Art der Ausbildung lehrt uns bei Weitem nicht, was unternehmerische und finanzielle Freiheit bedeuten.

> »Sicherheit ist größtenteils Aberglaube. Gefahr zu vermeiden ist auf lange Sicht nicht sicherer, als sich ihr vollständig auszusetzen. Das Leben ist entweder ein waghalsiges Abenteuer oder gar nichts.«
> HELEN KELLER

So viel können wir gar nicht verdienen, um finanzielle Freiheit zu gewinnen. Wir haben nur eine Option: Wir müssen unsere Fähigkeit, Einkommen zu generieren, weiter ausbauen und in unseren Weg in die Freiheit – in finanzieller, räumlicher und zeitlicher Hinsicht – *investieren*.

Ein sicherer Arbeitsplatz ist ein modernes Märchen. Letzten Endes ist nur eines sicher: Wir müssen unser Schicksal selbst in die Hand nehmen und lernen, wie wir durch Eigeninitiative, Innovation und Beharrlichkeit unabhängig werden. Angestellte befinden sich mittlerweile in einer mehr als misslichen Lage. Unsichere Jobs sind heutzutage an der Tagesordnung. In Amerika liegt die Kündigungsfrist offiziell bei einem Monat, sofern das Gehalt monatlich ausbezahlt wird, und bei einer Woche, wenn es wöchentlich erfolgt. In Deutschland hängt die gesetzliche Kündigungsfrist von der Beschäftigungsdauer des Arbeitnehmers ab. Sie beträgt mindestens vier Wochen (bei einer Beschäftigungsdauer von weniger als zwei Jahren) und maximal sieben Monate (bei einer Beschäftigungsdauer ab 20 Jahre).[3] Durch Fortschritte im Bereich Hochtechnologie, künstlicher Intelligenz und Robotik wird sich der Arbeitsmarkt weiterhin verändern. Hochrechnungen des Weltwirtschaftsforums zufolge kommt es in den führenden Weltwirtschaften bis 2020 zu einem Nettoverlust von fünf Millionen Arbeitsplätzen.[4] Der Philosoph Nassim Nicholas Taleb schrieb dazu, die drei schlimmsten süchtig machenden Substanzen seien Heroin, Kohlenhydrate und ein Monatsgehalt.

Das reale Risiko

Viele Menschen sind überzeugt, sie hätten nicht das Zeug für ein Unternehmen, und die Selbstständigkeit sei zu riskant. In Wahrheit ist das Dasein von Angestellten viel riskanter, sind sie doch den Marktkräften und den Entscheidungen des Arbeitgebers oder der direkten Vorgesetzten hilflos ausgeliefert. Arbeitgeber verdienen ihre Brötchen nämlich nicht damit, Beschäftigungsgarantien auszustellen. Jeder Arbeitnehmer kann nur hoffen, dass sein eigener Arbeitgeber genug Geld auf der Bank hat, um sein Gehalt ausbezahlen zu können. Wir alle dürften Garantien lieben, aber im besten Fall garantiert eine 40-Stunden-Woche, dass wir niemals finanziell unabhängig werden. Gelingt es aber doch, dann so spät, dass diese Freiheit größtenteils bereits verwirkt ist.

> »Das größte Risiko besteht, wenn Träume auf die lange Bank geschoben werden und darauf gewettet wird, sie später einmal bei passender Gelegenheit zu verwirklichen.«
> Randy Komisar

Die Risiken eines Angestelltendaseins treten angesichts der knappen Rentenkassen, des Scheiterns der privaten Altersvorsorge, der steigenden Inflation und der Tatsache, dass die Märkte immer riskanter werden, da alles immer schneller in Bewegung gerät, stärker ans Tageslicht.

Das Akronym VUCA (für Volatilität, Unsicherheit, Komplexität und Ambiguität) steht trefflich für die moderne Zeit. Und all das wird noch viel schlimmer werden. Die typische Angestelltenmentalität versetzt uns kaum in die Lage, uns an die jeweiligen Umstände anzupassen und unseren Wohlstand auch in der aktuellen Weltlage zu sichern.

Das Ziel des 5-Tage-Wochenendes ist nicht Sicherheit, sondern Freiheit. Wer nach Sicherheit strebt, steht am Ende ohne da – und ist außerdem nicht frei. Doch wer nach Freiheit strebt, bekommt Sicherheit noch obendrauf gepackt und kann beides genießen. Erweitern Sie Ihren geistigen Horizont. Werden Sie Teil Ihrer finanziellen Rettung. Seien Sie kein passiver Verwalter Ihres Intellekts und hören Sie auf, sich Wissen anzueignen, ohne es praktisch zu nutzen. Nutzen Sie Ihr Hirn, und tun Sie mehr, als sich Wissen anzueignen: Handeln Sie danach!

Ray Bradbury schrieb in *Fahrenheit 451*:

»Was ich hasse, ist ein Römer namens Status Quo! Staunt euch die Augen aus dem Kopf, lebt, als hättet ihr nur noch zehn Sekunden zu leben. Seht euch die Welt an. Sie ist phantastischer als jeder in einer Fabrik hergestellte Traum. Verlangt keine Sicherheit, so ein Tier hat es in unserer Welt nie gegeben. Und wenn es das gäbe, wäre es mit dem Faultier verwandt, das tagaus, tagein mit dem Kopf nach unten am Ast hängt und sein Leben verschläft. Zum Teufel damit, schüttelt am Baum, so daß das Faultier herunterfällt auf seinen breiten Hintern.«

> Menschen, deren Einkommen über 1 Million Dollar liegt, wollen gar nicht in den Ruhestand gehen. Nur diejenigen, deren Verdienst deutlich darunter liegt, träumen stets davon.

Dieses Buch ist Ihre persönliche Einladung, am Baum zu rütteln und Ihren Lebensweg für immer zu ändern. Wie hieß es doch noch gleich so schön: »Es ist nicht die stärkste Spezies, die überlebt, auch nicht die intelligenteste, sondern eher diejenige, die am ehesten bereit ist, sich zu verändern.« Derjenige, der sein Bewusstsein schärft, der weiß, wie er seine Energielevel auffüllt, und der Investitionsmöglichkeiten nutzt, um steuerlichen Widrigkeiten etwas entgegenzusetzen, wird nicht nur überleben, sondern in Wohlstand leben können. Es ist unsere Natur, uns weiterzuentwickeln. Unser Kontoauszug ist ein Spiegel unserer Investition in unsere eigene finanzielle Bildung.

Die Mythen um passives Einkommen

Bevor wir weitermachen, möchte ich ein paar Mythen enttarnen, die sich um das 5-Tage-Wochenende ranken. Erstens: Es passiert nicht einfach so, ohne Ihr Zutun. Ganz im Gegenteil, die Rede ist davon, ein paar Jahre zu schuften wie verrückt, dabei auf bewährte und fundierte Strategien zu setzen, um dann Freiheit in ungeahntem Ausmaß zu genießen.

Sie müssen außerdem wissen, dass das 5-Tage-Wochenende kein Luftschloss ist und es nichts damit zu tun hat, faul am Strand zu liegen, während wie von Zauberhand Schecks auf Ihrem Konto eintrudeln. Nein, Sie werden dafür schon etwas tun müssen. Die Strategien, die Garrett und ich Ihnen vorstellen werden, sind zweifelsohne mehr auf passives Einkommen ausgerichtet. Aber ein kleines bisschen Management ist trotzdem vonnöten. Es gibt nur ganz wenige Quellen rein passiver Einkünfte.

Wir zeigen Ihnen, wie Sie Geld damit machen, dass Sie Ihr Hirn benutzen und ein Team zusammenstellen, das für Sie tätig wird. Sie werden Ihre Projekte und Investitionen auch weiterhin im Blick haben, aber im Prinzip funktioniert das alles auch ohne Ihre Präsenz und aktive Beteiligung. Die Verwaltung Ihrer Ideen wird einfach nach außen verlegt. Wir zeigen Ihnen, wie Sie cleverer arbeiten, anstatt härter. Wir erklären Ihnen ein System, das sich durch höchste Effizienz auszeichnet und großartige Gewinne bietet, und zeigen Ihnen, was Sie tun müssen, um langfristig ein besseres Leben in Wohlstand führen zu können.

> »Verändere deine Gedanken und du veränderst deine Welt.«
> NORMAN VINCENT PEALE

KAPITEL 3

DER 5-TAGE-WOCHENENDE-PLAN

»Okay«, höre ich Sie sagen, »das 5-Tage-Wochenende klingt fantastisch. Aber was muss ich dafür tun?« Na ja, dazu so viel: Wie heißt es doch so schön? »Rom wurde nicht an einem Tag erbaut.« Und das gilt auch für das 5-Tage-Wochenende. Ganz gleich, was Sie bauen, dabei müssen Sie sich an eine bestimmte Vorgehensweise, einen Prozess, halten. Ganz wichtig ist auch, das große Bild nicht aus den Augen zu verlieren und darauf zu achten, wie alle Teile ineinandergreifen.

Sie müssen wissen, wie die einzelnen Schritte dieses Prozesses aufeinander aufbauen, denn sonst laufen Sie Gefahr, etwas zu erbauen, das nach der Fertigstellung gleich wieder repariert werden muss.

Beim 5-Tage-Wochenende-Plan verlagert sich Ihr Einkommen vom Aktiven auf das Passive. Dieser Plan beinhaltet die folgenden fünf Schritte:

Die fünf Schritte des 5-Tage-Wochenende-Plans

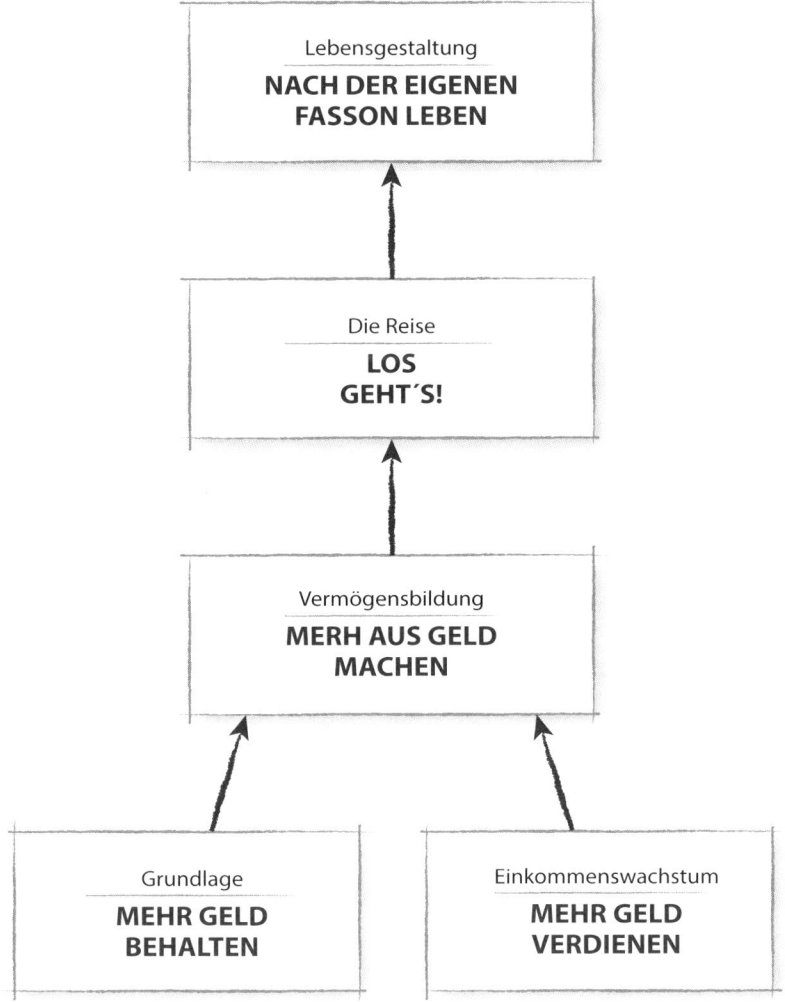

1. Schritt: Grundlage – mehr Geld behalten

Dieser Schritt ist quasi nichts anderes, als Ordnung in Ihre Finanzen zu bringen – das große Aufräumen steht an. Zunächst sehen wir uns Ihre vorhandenen finanziellen Mittel an und maximieren ihre Effizienz, bevor wir uns daran machen, weitere Mittel aufzubauen. Sie holen Gelder mittels unserer Cashflow-Recovery-Methode zurück, die derzeit aus Ihren finanziellen Mitteln abfließen. Diese frei gewordenen Gelder können Sie dann für Investitionen verwenden.

In erster Linie müssen Sie Ihre finanziellen Löcher stopfen und weniger von Ihrem Verdienst ausgeben. Wir sind überzeugt, dass rund 10 Prozent des Einkommens der Mehrheit der US-amerikanischen Bevölkerung an den Staat, die großen Banken und die Wall Street verlustig gehen – das Gleiche ist vermutlich aber auch anderswo der Fall.

Durch Rückforderung dieser Summen erhöhen Sie Ihren Cashflow unmittelbar, und zwar ohne dafür Zeit aufwenden oder Ihre Gewohnheiten ändern zu müssen.

Wir nutzen dafür ein proprietäres Cashflow-Recovery-System, um zunächst jeden Euro aus Ihrem Einkommen aufzuspüren, der – einfach ausgedrückt – einfach weg ist. Wie das konkret abläuft, erfahren Sie in Teil I.

2. Schritt: Einkommenswachstum – mehr Geld verdienen

Bei diesem Schritt geht es vor allem darum, Ihr Einkommen so weit wie möglich zu erhöhen, damit Sie über zusätzliche Mittel verfügen, die Sie investieren können. Als unternehmerisches Einkommen wird jede Summe bezeichnet, die Sie außerhalb Ihres Jobs verdienen. Im Idealfall kommt es auch ohne Ihre Präsenz dazu. In der Anfangsphase mag das aber anders sein.

Sicher haben Sie den Spruch »Man braucht Geld, um Geld zu verdienen« auch schon mal gehört. Und jetzt kommt's: Das ist vollkommener Blödsinn! Jeder kann auch ohne einen einzigen Cent in der Tasche loslegen und für sich einen Weg finden, Geld zu machen.

Was jedoch stimmt, ist, dass man Geld braucht, um es investieren zu können. Und je mehr Geld jemand investieren kann, umso schneller entsteht passives Einkommen. Deshalb besteht der nächste Schritt darin, Ihren Cashflow zu erhöhen, und zwar durch unternehmerische Tätigkeit. Das ist in manchen Fällen in etwa so aufwendig wie ein Teilzeitjob, bei vielen aber geht es ganz schnell, indem wir vorhandenes Vermögen hebeln. Wie Sie Ihr unternehmerisches Einkommen erhöhen, erkläre ich Ihnen in Teil II.

3. Schritt: Vermögensbildung – mehr aus Geld machen

Zum jetzigen Zeitpunkt verfügen Sie über Vermögen. Jetzt geht es darum, Ihr aktives Einkommen so schnell, risikolos und effizient wie möglich in ein passives zu verwandeln. Sie verwenden Ihren Cashflow für Investitionen in Projekte, die kontinuierlich und nachhaltig wiederum Cashflow generieren.

Im Grunde gibt es zwei verschiedene Investitionen: wachstumsorientierte und trendorientierte Investitionen.

Erstere sind sicher, konservativ und schütten Gewinne aus, zweitere dagegen sind spekulativer, besitzen jedoch mehr Wertsteigerungspotenzial.

Bei diesen durchaus aggressiveren Investitionen müssen Sie völlig emotionslos bleiben, denn sie werden nicht von Ihrem Verdienst finanziert, sondern von den Erträgen aus den wachstumsorientierten Investitionen. Im Erfolgsfall erzielen trendorientierte Investitionen hohe Erträge, die dann wieder für Cashflow-Investitionen genutzt werden können. Mehr über wachstums- und trendorientierte Investitionen verrate ich Ihnen in Teil II.

Bei dem 5-Tage-Wochenende-Plan lassen Sie die konventionelle Altersvorsorge weit hinter sich und bedienen sich stattdessen Cashflow-optimierter Investitionen, die sicherer und zugleich profitabler sind und in höherem Ausmaß kontrolliert werden können. Sie erstellen sozusagen Ihr eigenes Konjunkturprogramm, verzichten auf Investitionsmöglichkeiten des Mittelstandes und bedienen sich Strategien, die normalerweise den Ultrareichen vorbehalten sind.

Wachstumsorientierte Investitionen

> Investieren Sie Ihr Geld, wächst Ihr Vermögen. Geben Sie Ihr Geld aus, wachsen Ihre Verbindlichkeiten, was Ihr Leben keineswegs schöner macht.

In dieser Phase nutzen Sie die freigewordenen Gelder aus bestehenden Anlagen und das damit erzeugte Einkommen, um in konservative und sichere passive Einkommensströme zu investieren – getreu dem Motto: Sparen, um zu investieren, und nicht Sparen um des Sparens willen. Es gibt nur einen Grund, weshalb Sie zum Sparfuchs mutieren sollten: Damit Sie das gesparte Geld investieren können. Dieser Aspekt ist die treibende Kraft Ihres Plans. Damit bauen Sie Vermögen auf und erzeugen stetigen Cashflow.

Trendorientierte Investitionen

Sobald Ihre neuen Investitionen beginnen, Cashflow zu generieren, verfügen Sie über mehr Geld, das Sie investieren können, und zwar auch in ertragreichere, wenngleich spekulativere und riskantere Anlagen. Mein Tipp lautet: Alle potenziellen Erträge aus trendorientierten Investitionen sollten unverzüglich in wachstumsorientierte Investitionen und andere Finanzanlagen gesteckt werden.

4. Schritt: Die Reise – los geht's!

Wenn man so will, ist die Rendite eines 5-Tage-Wochenendes ein Leben, das Sie frei gestalten können. Doch bevor Sie Ihre Rendite genießen können, müssen Sie den Preis dafür zahlen. Die Voraussetzung für ein 5-Tage-Wochenende ist, dass Sie sich Widrigkeiten stellen, Schwächen überwinden, Ihre Talente bestens nutzen und sich in Ihr ideales Ich verwandeln. Am ehesten gelingt das mithilfe von vier Disziplinen: Sie arbeiten an Ihrer inneren Haltung, bauen einen inneren Kreis auf, verstärken Ihre (guten) Gewohnheiten und tanken Energie.

Der größte Teil des Einkommens – um nicht zu sagen 100 Prozent davon – besteht bei den meisten Menschen, die ihren Traum von einem 5-Tage-Wochenende realisieren wollen, aus aktivem Einkommen. Für die Verlagerung auf passive Einkommensströme müssen finanzielle Mittel investiert werden. Dazu ist es erforderlich, so viel verfügbares Einkommen wie möglich über Ihre vorhandenen Mittel zu generieren. Und dann erhöhen Sie Ihr Einkommen, indem Sie Nebenprojekte ins Leben rufen.

Sobald Sie genug Geld zusammen haben, beginnen Sie damit, es zu investieren. Und zwar zunächst in sich selbst. Sollten Sie weniger als 5000 Euro zur Verfügung haben, müssen Sie dieses Geld in Ihre Fähigkeiten stecken und es zum Beispiel für einen Mentor, für Schulungen oder für Fachbücher ausgeben. Je mehr Sie dann wissen, umso mehr überraschende Investitionsmöglichkeiten werden Sie entdecken.

Sobald Sie die ersten Investitionen getätigt haben, werden Sie feststellen, dass sie sich lohnen und sich Ihr aktives Einkommen zunehmend in ein passives wandelt. Je nach Ihrer Ausgangslage und je nachdem, wie aggressiv und effizient Sie dabei vorgehen, sollte es sich nach fünf bis zehn Jahren bei dem größten Teil Ihrer Einkünfte um passives Einkommen handeln. Und dann spricht absolut nichts mehr dagegen, nur noch an zwei Tagen in der Woche zu arbeiten und die restlichen fünf Tage zu genießen – und das Woche für Woche.

5. Schritt: Lebensgestaltug – nach der eigenen Fasson leben

Die gute Nachricht lautet: Sobald Sie über genug passive Einkommensströme verfügen, können Sie mithilfe Ihrer Geldanlagen Ihren Lebensstil und private Freiheit finanzieren. In Ihrem Fall wären das vielleicht ein teures Auto oder eine Luxusvilla im Ausland oder unvergessliche Fernreisen in die exotischsten Länder? Es könnte aber auch sein, dass Sie sich in Ihrer neu dazugewonnenen Freizeit lieber für Ihre Lieblingswohltätigkeitsorganisation oder Ihnen wichtige Projekte engagieren.

> »Rebellen sind die Menschen,
> die Ungeschehenes dem Geschehenen
> vorziehen.«
>
> ANNE DOUGLAS SEDGWICK

KAPITEL 4

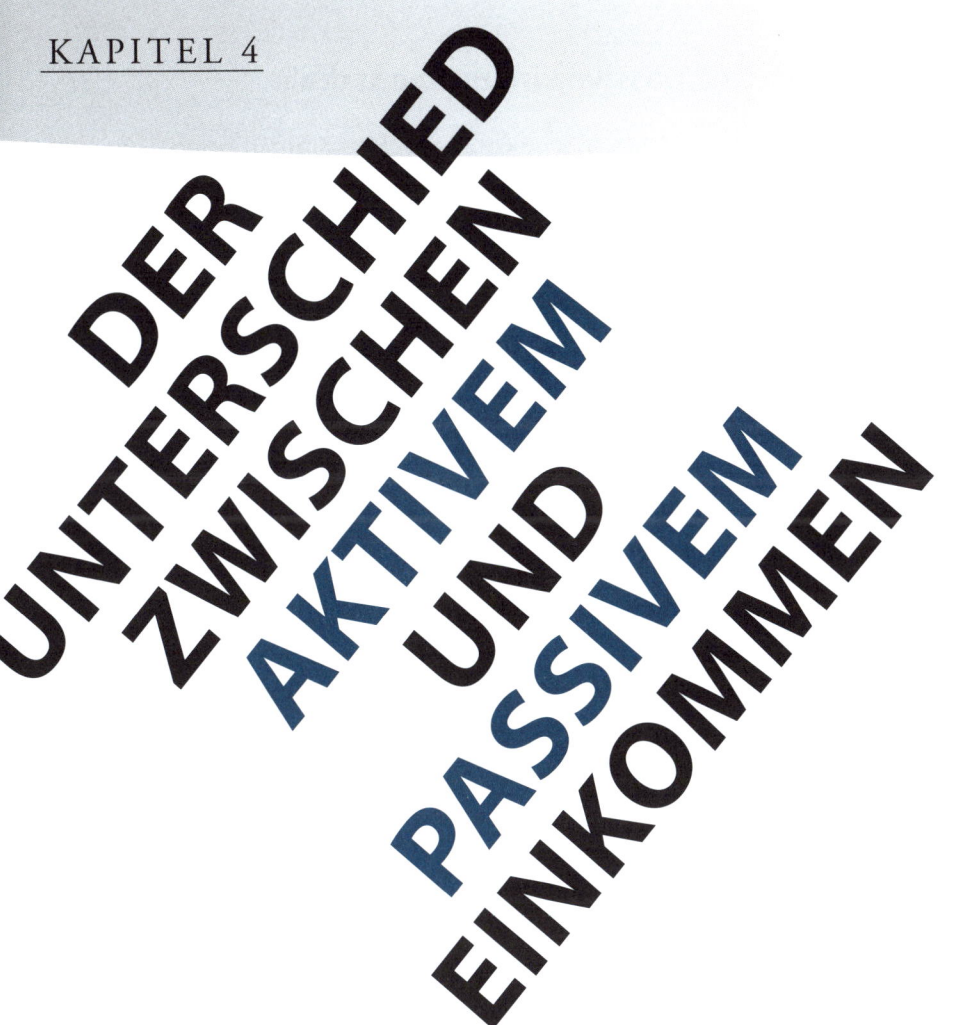

DER UNTERSCHIED ZWISCHEN AKTIVEM UND PASSIVEM EINKOMMEN

Der Schlüssel zum Erfolg in Sachen frei gestaltetes Leben liegt darin, aktives in passives Einkommen zu verwandeln. Während Sie die fünf Punkte Ihres Plans für das 5-Tage-Wochenende abarbeiten, wird jedoch zunächst Ihr aktives Einkommen ansteigen, da Sie sich als Unternehmer betätigen. In einem nächsten Schritt müssen Sie Ihre Geschäfte so strukturieren, dass Sie weniger Zeit dafür aufwenden müssen. Im Zuge dessen generieren Sie Vermögen, das zunehmend zum passiven Einkommen mutiert – Investitionen, die quasi ohne Ihr aktives Zutun Cashflow generieren.

Die aktive/passive Einkommensskala

Diese Skala zeigt auf, welche Arten von Einkommen es gibt. Die Einteilung der unterschiedlichen Verdienstmöglichkeiten erfolgte nach dem Kriterium, ob sie aktives oder passives Einkommen generieren, jedoch nicht nach streng wissenschaftlichen Methoden. Zwischen den beiden Extremen – ausschließlich aktives oder ausschließlich passives Einkommen – gibt es die unterschiedlichsten Arten, Geld zu verdienen. Berücksichtigt wurde zum Beispiel, um welche Tätigkeit es sich handelt, wie oft sie erbracht werden muss und ob die persönliche Präsenz dafür erforderlich ist oder nicht.

Die meisten Menschen generieren aktives Einkommen, einfach deshalb, weil Arbeit als Angestellter die am meisten verbreitete Art ist, seine Brötchen zu verdienen. Je weiter oben eine Tätigkeit steht, umso höher ist der passive Anteil der Einkommensgenerierung.

Die aktive/passive Einkommensskala

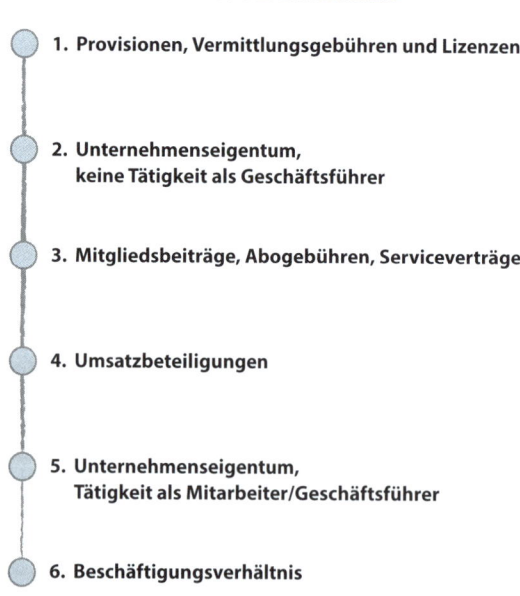

ÜBERWIEGEND PASSIVES EINKOMMEN

1. Provisionen, Vermittlungsgebühren und Lizenzen
2. Unternehmenseigentum, keine Tätigkeit als Geschäftsführer
3. Mitgliedsbeiträge, Abogebühren, Serviceverträge
4. Umsatzbeteiligungen
5. Unternehmenseigentum, Tätigkeit als Mitarbeiter/Geschäftsführer
6. Beschäftigungsverhältnis

ÜBERWIEGEND AKTIVES EINKOMMEN

Vom überwiegend passiven zum überwiegend aktiven Einkommen

1. Einkommen aus Provisionen, Vermittlungsgebühren und Lizenzen
- Rechte am geistigen Eigentum wie Patentrechte, Urheberrechte (an Büchern, Songtexten, Musik und so weiter), Waren- und Markenzeichen sowie URLs. Wer im Besitz dieser Rechte ist, kann gegen eine dauerhafte Gebühr Lizenzen daran vergeben oder Dritten die Nutzungsrechte daran einräumen oder übertragen.
- Abbaurechte für Öl, Gas oder Wasser. Wer im Besitz dieser Rechte ist, kann gegen eine dauerhafte Gebühr Lizenzen daran vergeben oder Dritten die Nutzungsrechte daran einräumen oder übertragen.
- Vermittlungsgebühren oder Provisionen auf den Verkauf von Produkten oder Dienstleistungen. Diese Einnahmen können durch die eigene Tätigkeit oder die der Mitarbeiter des eigenen Unternehmens entstehen wie Umsatzbeteiligungen oder Versicherungsprovisionen. Im Anschluss an den Verkauf gibt es kaum noch oder gar keine Arbeit mehr zu tun.
- Pacht- oder Mieteinnahmen – sprich kontinuierliche Einnahmen durch Wohneigentum oder das Eigentum an Grundstücken. Bei Pachteinnahmen durch Landeigentum fällt kaum oder gar keine Arbeit für den Grundstückseigentümer an. Bei Mietobjekten sieht es dagegen anders aus – bei Lagerräumen und dergleichen fällt weniger Arbeit für den Eigentümer an, bei Wohnobjekten dagegen mehr.
- Einnahmen in Form von Bitcoins oder anderen Kryptowährungen durch Anteile an einem Miningpool.

Arbeitseinsatz: Beobachten und halten. Nach Vertragsabschluss kann es zu einem fortlaufenden Einkommensstrom kommen. Dann hat der Eigentümer kaum etwas zu tun.

Physische Präsenz: Selten erforderlich.

2. Unternehmenseigentum, keine Tätigkeit als Geschäftsführer

Nettoeinkommen aus einem Unternehmen, das Ihnen ganz oder zum Teil gehört, aber von einem anderen gemanagt wird. Ihr Einkommen wird monatlich, vierteljährlich, jährlich oder bei Erwirtschaftung eines Gewinns ausbezahlt.

Arbeitseinsatz: Vierteljährliche oder regelmäßig stattfindende Besprechungen mit der Geschäftsführung, Prüfung der Jahresabschlüsse und die Einreichung der Steuerabschlüsse fallen normalerweise an. Zudem können hin und wieder Besichtigungen vor Ort auf der Tagesordnung stehen.

Physische Präsenz: Selten erforderlich.

3. Mitgliedsbeiträge, Abogebühren, Serviceverträge

Wiederkehrendes Einkommen in Form von Mitgliedsbeiträgen oder Serviceverträgen.

Arbeitseinsatz: Regelmäßig, je nachdem, ob Updates oder neue Services nötig sind.

Physische Präsenz: Unregelmäßig, oftmals automatisiert.

4. Umsatzbeteiligungen

Einkommen unmittelbar aus Provisionen für den Vertrieb von Waren oder die Erbringung von Dienstleistungen aus Geschäftsfeldern wie Immobilien, Versicherungen, Direktvermarktung und vielen anderen Umsatzerlösen einschließlich Technologie, Pharmazie und Unternehmensdienstleistungen. In der Regel wird ein bestimmter Prozentsatz des Umsatzes oder ein Pauschalbetrag als Einkommen ausbezahlt. Die Tätigkeit kann auf selbstständiger Basis oder im Angestelltenverhältnis ausgeübt werden.

Arbeitseinsatz: Hängt stark davon ab, ob Sie als selbstständiger oder angestellter Mitarbeiter tätig werden.

Physische Präsenz: Nicht dauerhaft erforderlich. Leistungen, sprich der Umsatz, stehen im Vordergrund, nicht die Anwesenheit.

5. Unternehmenseigentum, Tätigkeit als Mitarbeiter/Geschäftsführer

Gehalt und/oder Einkommen aus dem Gewinn eines Unternehmens, das Ihnen ganz oder teilweise gehört. Ihre Tätigkeit als Geschäftsführer ist unverzichtbar und bedeutet viele Arbeitsstunden.

Arbeitseinsatz: In der Regel 40 Stunden die Woche, meist mehr.

Physische Präsenz: Oft vor Ort erforderlich oder für das Tagesgeschäft.

6. Beschäftigungsverhältnis

Einkommen für Arbeitsleistungen, die nach Stunden, Tagen, Wochen, Monaten, Projekten oder als Gehalt bezahlt werden. Die Vergütung kann als Jahresgehalt, projekt- oder tätigkeitsgebundenes Honorar oder nach Stückzahl erfolgen. Das Gehalt fließt nur für geleistete Arbeit oder erbrachte Dienstleistungen oder für den Zeitaufwand.

Arbeitseinsatz: Eine 5-Tage-Woche und eventuelle Überstunden am Wochenende sind bei einer Vollzeitbeschäftigung normal, bei einer Teilzeitbeschäftigung reduziert sich die Stundenanzahl entsprechend.

Physische Präsenz: In der Regel wird beim Arbeitgeber gearbeitet. Wenn nicht, gilt eine Dokumentationspflicht für die geleistete Arbeit.

Entwickeln Sie Ihre passive Einkommensquote

Für das Verhältnis zwischen dem Verdienst und den Ausgaben eines Berufstätigen habe ich den Begriff »aktive Einkommensquote« (AEQ) eingeführt. Diese liegt bei den meisten Menschen am Monatsanfang bei 0 zu 1, was nichts anderes bedeutet, als dass sie nichts auf der hohen Kante haben, um ihre monatlichen Fixkosten bestreiten zu können, sondern dafür auf ihren Verdienst angewiesen sind. Ihr Ziel ist es, dieses Verhältnis am Monatsende auf 1 zu 1 zu erhöhen (das heißt, es wird genug Geld verdient, um die Ausgaben begleichen zu können). Es kommt manchmal vor, dass nicht einmal dieses Ziel erreicht und stattdessen auf Pump gelebt wird. Es gibt sogar Leute, die ihre

Schulden bei einer Kreditkartengesellschaft mit der Kreditkarte eines anderen Anbieters begleichen, also eine Art privates Schnellballsystem eingeführt haben – zumindest in Amerika ist das häufiger der Fall, als man denkt. Die Höhe des Kreditkartenlimits wird quasi als Zusatzeinkommen angesehen. Eine Einkommensquote von 1 zu 1 bedeutet, dass 100 Prozent des Verdienstes als Tauschgeschäft von Zeit gegen Geld fungieren und dazu dienen, den Lebensstil und die eigenen Verbindlichkeiten zu finanzieren.

Viel besser dagegen ist eine passive Einkommensquote (PEQ). Und ja, damit wird das Verhältnis zwischen dem passiven Einkommen und den Ausgaben bezeichnet. Eine PEQ von 1 zu 1 bedeutet, dass genug passives Einkommen vorhanden ist, um die monatlichen Ausgaben zu decken. In dem Fall befinden Sie sich auf der Überholspur, denn jeder Euro, den Sie aktiv einnehmen, wird nicht dafür ausgegeben, um Ihren Lebensunterhalt und -stil zu finanzieren, sondern im Idealfall, um den gesamten Verdienst in gewinnausschüttende Geldanlagen zu stecken. Damit sichern Sie sich einen entscheidenden Vorteil.

Was Sie als Minimum anstreben sollten, ist eine PEQ von 2 zu 1, das heißt, Sie generieren ein passives Einkommen, das doppelt so hoch ist wie Ihre monatlichen Ausgaben. Diese Quote bedeutet, dass Sie im Laufe der Zeit über hohe Rücklagen verfügen. Dafür habe ich mir den schönen Namen »Sicherheitsnetzinvestition« ausgedacht. Angenommen, Ihre monatlichen Unkosten liegen bei Euro 5000. Dann sollten Sie ein passives Einkommen in Höhe von Euro 10 000 anstreben – im Monat, versteht sich (und obendrein kommt dann noch Ihr Monatsverdienst als Angestellter oder aufgrund einer unternehmerischen Tätigkeit). Und jetzt denken Sie mal kurz darüber nach, wie viel Sorgen und Stress bei einer PEQ von 2 zu 1 auf einmal verschwinden.

Ich habe meine passive Einkommensquote von 2 zu 1 erreicht, als ich noch in meiner Rockband spielte. Damals verdiente ich gut an der Musikrechteverwertung, an Fanartikeln und den Tourneen. Dazu kamen noch Mieteinnahmen in Höhe von rund 20 000 Euro im Monat für die 17 Mietobjekte, die ich damals mein Eigen nannte. Als ich meine PEQ von 2 zu 1 erreicht hatte, kehrte ich der Musikbranche den Rücken.

Passive Einkommensquote

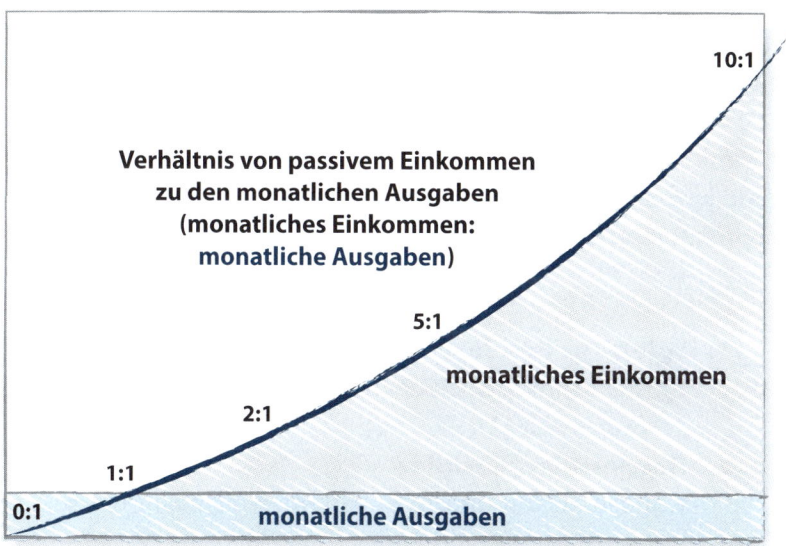

Mit einer PEQ von 2 zu 1 ist der Ausstieg aus Ihrem Job eine Möglichkeit von vielen. Sie müssen ja nicht kündigen, aber es wäre machbar. Denkbar wäre

»Reiche Leute entscheiden sich dafür, sich ihre Ergebnisse bezahlen zu lassen. Arme Leute entscheiden sich dafür, sich ihre Zeit bezahlen zu lassen.«
T. Harv Eker

aber auch, dass Sie beschließen, weiter zu arbeiten und 100 Prozent Ihres aktiven Einkommens zu investieren, um Ihre PEQ noch weiter zu erhöhen.

Sobald Ihre PEQ bei 2 zu 1 liegt, sollten Sie an einer progressiv ansteigenden Quote arbeiten. Meine Definition von finanzieller Unabhängigkeit ist eine PEQ von 5 zu 1, die von nachhaltigem finanziellen Reichtum eine PEQ von 10 zu 1. Angenommen, Ihre monatlichen Ausgaben liegen nach wie vor bei 5000 Euro, dann entspricht eine PEQ von 5 zu 1 genau 25 000 Euro und eine PEQ von 10 zu 1 immerhin 50 000 Euro monatlich.

Bewertungsbogen für passives Einkommen

Mit diesem Bewertungsbogen können Sie relativ einfach testen, ob ein geschäftliches Unterfangen oder eine Investition eher aktives oder eher passives Einkommen generiert.

Für jede Ihrer Antworten werden 1 bis 5 Punkte vergeben. 1 Punkt bedeutet, Ihr Vorhaben oder Ihre Investition besitzt ein geringes Potenzial, 5 Punkte bedeuten ein hohes Potenzial, passives Einkommen zu erzeugen.

Name der Investition _____

- [ ] **1. Sofortiger Cashflow**
  Entsteht Einkommen dadurch sofort (5) oder erst nach geraumer Zeit (1)?
- [ ] **2. Regelmäßiger Cashflow**
  Können Sie mit diesem Einkommen rechnen (5) oder bringt es nur sporadisch etwas ein (1)?
- [ ] **3. Nachhaltiger Cashflow**
  Wird dauerhaft Einkommen generiert (5) oder nur für einen begrenzten Zeitraum (1)?
- [ ] **4. Steigender Cashflow**
  Erhöht sich das Einkommen im Laufe der Zeit? Ja (5). Nein (1).
- [ ] **5. Ihr persönlicher Zeitaufwand damit**
  Ihr Aufwand liegt bei wie vielen Stunden monatlich? Null (5). Sehr vielen (1).
- [ ] **6. Einsatz vor Ort**
  Müssen Sie durch Ihre Anwesenheit glänzen? Nein (5). Ja, oft (1).
- [ ] **Gesamtbewertung**

Alles unter 10 Punkten sollte entweder umgeschichtet werden, damit mehr passives Einkommen generiert werden kann, oder Sie vergessen es. Alles zwischen 10 und 20 Punkten sollte optimiert werden, um das passive Potenzial weitestgehend auszuschöpfen.

Alles über 25 Punkte bedeutet, dass es sich um eine fantastische passive Investition handelt.

 Besuchen Sie unsere Website 5DayWeekend.com und füllen Sie den interaktiven Bewertungsbogen online aus oder laden Sie ihn herunter und drucken ihn aus (nur in englischer Sprache verfügbar).
Passwort: P1

Die böse Falle des aktiven Einkommens

Schon klar, dass ein gehobener Lebensstil und ein höheres Einkommen Hand in Hand gehen. Der ganze Prozess zur Verwirklichung eines 5-Tage-Wochenendes ist darauf ausgelegt, Ihnen den Lebensstil Ihrer Träume zu ermöglichen. Bedenken Sie dabei jedoch, dass die Frage des Lebensstils sich erst ganz am Schluss dieses Prozesses stellt. Es besteht nämlich die Gefahr, nicht weiter voranzugehen und sich letzten Endes in große Schwierigkeiten zu bringen, wenn die monatlichen Ausgaben steigen, weil man auf dem Weg zu einem besseren und luxuriöseren Lebensstil eine unzulässige Abkürzung gewählt hat. Im Prinzip gibt es dafür zwei Möglichkeiten:

»Abkürzungen führen zu langen Verzögerungen.«
J. R. R. Tolkien

Der Lebensstil wird über aktives Einkommen finanziert

Fakt ist: Wer seinen Lebensstil ausschließlich über seinen Verdienst finanziert, wird sich niemals aus der Falle des aktiven Einkommens befreien können. In den meisten Fällen haben diese Leute nur eine Einkommensquelle – ihren Job, was allein schon ein großes Risiko darstellt. Und anstatt so viel von ihrem Verdienst wie möglich in ihre Zukunft zu investieren, geht es komplett für ihren Lebensunterhalt drauf. Sie haben keine Gans, die ohne ihr Zutun goldene Eier legt.

> Wir brauchen eine Gans, die goldene Eier legt, damit uns das Gold niemals ausgeht.

Und das Gold, das sie durch persönlichen Einsatz verdienen, geben sie für Dinge aus wie Autos, Möbel und teure Urlaube, die entweder gar keinen Wert besitzen oder stets an Wert verlieren.

Damit auch Sie den Weg zum 5-Tage-Wochenende einschlagen können, müssen Sie Ihren Anspruch an einen höheren Lebensstil erst einmal zurückstellen und Ihren jetzigen in den Griff kriegen. Brian Tracy sagte dazu, die unabdingbare Voraussetzung für Erfolg sei es, so diszipliniert zu sein, dass man gerne auf kurzfristige Befriedigungen verzichtet, um später einmal in den Genuss langfristigen Vergnügens zu kommen.

Auch Sie sollten auf sofortige Befriedigungen und den Wunsch verzichten, mehr und mehr Verbindlichkeiten für Luxusgüter und dergleichen einzugehen. Schließlich lautet Ihr Ziel doch, eine solide Basis an Geldanlagen zu schaffen. Und erst der Cashflow, der sich durch Ihr Vermögen ergibt, finanziert Ihren künftigen Lebensstil. Die einzige Option, wie Sie Ihren Lebensstil und ein 5-Tage-Wochenende finanzieren können, ist, Ihr aktives Einkommen für Ihre Lebenshaltungskosten zu verwenden und jeden übriggebliebenen Cent in die Vermögensbildung zu stecken, um passives Vermögen zu generieren. Anders ausgedrückt: Schaffen Sie sich eine goldene Gans an.

Mit aktivem Einkommen trendorientierte Investitionen finanzieren

Wer aus der Phase, in der das einzige Einkommen das Gehalt ist, in die Phase springt, in der trendorientierte Investitionen die beste Lösung sind, ohne zu wissen, was er da im Grunde tut, steckt über kurz oder lang in erheblichen Schwierigkeiten.

> Es gibt genug Geld auf diesem Planeten, aber zu wenig Leute, die in großen Dimensionen denken.

Anders ausgedrückt spekulieren und zocken solche Leute auf große, hochriskante Projekte, ohne auch nur die Grundkenntnisse über Investments zu besitzen. Und dann hoffen sie auf und beten für eine hohe Rendite und besitzen keine oder kaum eine Möglichkeit, ihre Investitionen zu steuern. Ihr einziges Ziel ist schnelles Geld.

Was in diesem Szenarium fast immer passiert? Diese Leute verlieren alles. Und selbst wenn sich die Investition gelohnt hat, stehen sie am Ende doch ohne einen Cent da, weil sie lieber eine Abkürzung genommen und alles verprasst haben, anstatt zu lernen, wie man Renditen hält und weiter vermehrt.

Weiter hinten in diesem Buch erkläre ich Ihnen die unterschiedlichen Strategien für wachstums- und trendorientierte Investitionen. Für den Moment genügt es, wenn Sie wissen, dass die Reihenfolge der einzelnen Schritte auf Ihrem Weg in das 5-Tage-Wochenende unbedingt einzuhalten ist. Schließlich bauen alle Schritte aufeinander auf. Wie in allen Lebensbereichen gilt auch in der Welt der Finanzen, dass Abkürzungen zu nichts anderem führen als zu dauerhaftem Kummer.

Nie waren Ihre Chancen größer

Das 5-Tage-Wochenende ist keine Strategie, die nur den Cleveren, Klugen, Talentierten, Gebildeten, Reichen oder Menschen mit Beziehungen vorbehalten ist. Ganz im Gegenteil, auf diese Strategie kann *jeder* zugreifen. Schluss mit fadenscheinigen Ausreden wie: »Na ja, sicherlich schaffen das ein paar, aber ich doch nicht!« Doch, auch Sie schaffen das! Ihnen stehen Möglichkeiten offen, von denen Ihre Vorfahren noch nicht einmal zu träumen gewagt haben.

> »Sie verpassen 100 Prozent aller Chancen, die Sie nicht ergriffen haben.«
> WAYNE GRETZKY

In Ihrem Leben klappt nicht alles so, wie Sie sich das vorstellen? Nun, das Problem ist nicht Ihr Leben, sondern das Problem sind Sie. Vergeuden Sie es nicht mit Ausreden und schwimmen Sie doch mal gegen den Strom! Runter von der Couch und schaffen Sie sich Ihre Chancen selbst! Warten Sie nicht darauf, dass Sie eines Tages reich sein werden, sondern tun Sie etwas dafür!

Es steht Ihnen offen, Ihr Leben und Ihre Arbeit frei zu gestalten. Und wann ist der richtige Zeitpunkt dafür gekommen? Jetzt!

Call to Action: Ihr Plan für ein 5-Tage-Wochenende

Erschaffen Sie Ihre persönliche Version eines 5-Tage-Wochenendes.

Ihre Vision

Wie soll Ihr 5-Tage-Wochenende aussehen? Was würden Sie mit Ihrer Zeit anfangen? Von welchen Dingen würden Sie gerne mehr und von welchen weniger tun?

Ihre Eingaben und Ausgaben

Wie hoch ist Ihr aktives Nettoeinkommen zurzeit?
Wie hoch sind Ihre monatlichen Ausgaben?
Wie hoch ist Ihr passives Nettoeinkommen zurzeit?

Ihre Ziele

Wann wollen Sie Ihre passive Einkommensquote von 1 zu 1 erreicht haben (das heißt, Sie verfügen über ein so hohes passives Einkommen, dass Sie davon Ihre monatlichen Ausgaben bestreiten können)?
Stichtag?

Wann wollen Sie Ihre passive Einkommensquote von 2 zu 1 erreicht haben (das heißt, Ihre passiven Einnahmen sind doppelt so hoch wie Ihre Ausgaben)?
Stichtag?

Wann wollen Sie Ihre finanzielle Unabhängigkeit mit einer passiven Einkommensquote von 5 zu 1 erreicht haben?
Stichtag?

Wann wollen Sie Ihr Ziel nachhaltigen Wohlstands mit einer passiven Einkommensquote von 10 zu 1 erreicht haben?
Stichtag?

 Besuchen Sie unsere Website 5DayWeekend.com und laden Sie das passende Arbeitsblatt herunter und drucken es aus (nur in englischer Sprache verfügbar).
Passwort: P2

> »Du wirst morgen sein,
> was du heute denkst.«
> BOB PROCTOR

TEIL II: DIE GRUNDLAGE

Was bedeutet es, reich sein zu wollen? Heißt das, einfach nur mehr Geld zu verdienen? Kennen Sie jemanden, der besser verdient als Sie und dennoch unter finanziellen Engpässen zu leiden scheint?

Bevor Sie sich daranmachen, mehr Geld zu verdienen, und dafür Zeit aufwenden, Risiken eingehen und sich dafür ins Zeug legen, sollten Sie als Allererstes die Effizienz Ihrer vorhandenen finanziellen Mittel maximieren – und die Euros wieder hereinholen, die derzeit aufgrund von mangelnder Effizienz verlorengehen. Vermutlich ergeht es Ihnen dann nicht anders als den meisten Menschen: Sie werden in dieser Sache mehr zu tun haben als gedacht.

Bei dem Plan eines 5-Tage-Wochenendes handelt es sich um einen logischen Prozess, der aufeinander aufbaut. Damit dieser Plan aufgeht, muss jeder einzelne Schritt im richtigen Moment auf die richtige Art und Weise abgeschlossen werden. Bringen Sie die Reihenfolge durcheinander, droht Ineffizienz im besten und Desaster im schlimmsten Fall. Sie müssen als Allererstes Ihre Finanzen in Ordnung bringen.

DIE KAPITEL IM ÜBERBLICK

5. **Weg mit den Schulden!**
6. **Wie Sie Ihre Ausgaben in den Griff bekommen**
7. **Wie Sie Löcher im Cashflow stopfen**
8. **Und so geht die Vermögensbildung**
9. **Die Rockefeller-Formel**
10. **Eine grundsolide finanzielle Ausgangsbasis**

Call to Action

Raus aus der Schuldenfalle!

KAPITEL 5

WEG MIT DEN SCHULDEN!

Schulden. Diese zerstörerische Kraft, die wir am liebsten für immer aus unserem Leben verschwinden lassen wollen. Die meisten Menschen hassen Schulden, und doch hat sie so gut wie jeder. Wir tappen in die Schuldenfalle und versuchen dann, ihr so schnell wie möglich zu entfliehen.

Im Prinzip gibt es zwei Gründe, weshalb wir unseren Schulden entkommen wollen.

Erstens fehlt es uns an einem schlüssigen und gut überlegten Konzept, wie wir unsere Schulden am besten zurückzahlen. Dafür gibt es viele miteinander konkurrierende Möglichkeiten, doch die meisten Menschen wissen nicht, welche die effizienteste ist.

Zweitens berücksichtigt keine dieser Strategien die psychologischen Gründe, weshalb jemand Schulden hat. Solange nicht die Ursachen angegangen werden, mangelt es diesen Leuten weiterhin an der Disziplin, ihre Kredite zurückzuzahlen, zudem nehmen sie ständig neue auf.

Wenn man in einer Grube steckt, sollte man am besten aufhören zu graben. Für denjenigen, der sich mit Finanzen nicht auskennt, sind finanzielle Probleme vielleicht unvermeidbar. Doch wer sich entscheidet, seinen finanziellen IQ zu erhöhen, dem bleibt finanzielles Leid mit Sicherheit erspart. Vermeiden Sie Schulden, die sich nicht auszahlen. Machen Sie es sich zur Regel, keine Schulden aufzunehmen, außer sie bringen Ihnen Bares.

Die fachliche Seite ist mit unserem 4-Stufen-Plan zur Schuldenrückzahlung kein Problem. Die nötige Disziplin müssen Sie dagegen schon selbst aufbringen, was meist dann gelingt, wenn Sie sich klarmachen, weshalb Sie überhaupt Schulden machen.

Sobald Sie sich Ihren Schulden stellen und sich ein letztes Mal an die Rückzahlung machen, können Sie sich darauf konzentrieren, Ihre Produktivität und Ihren Cashflow zu erhöhen.

Die beste Art und Weise, Kredite zurückzuzahlen

Denken Sie daran, dass die Rückzahlung von Schulden nur einen Zweck hat: Gelder freizumachen, die dann dafür verwendet werden können, passives Einkommen zu generieren. Vor diesem Hintergrund möchte ich Ihnen nun verraten, wie Sie Ihre Schulden am schnellsten, sichersten und vor allem auf Dauer loswerden:

1. Bilden Sie zunächst Ersparnisse

Es ergibt keinen Sinn, die Kreditraten zu erhöhen, um die Schulden abzubauen, wenn Sie nicht mindestens drei Monatseinkommen, im Idealfall sechs, auf einem Sparkonto haben. Damit haben Sie für alle Fälle einen Notgroschen.

Überlegen Sie doch mal, was passiert, wenn Sie Ihren Kredit abbezahlen, dann aber ein unvorhergesehener Notfall eintritt und Sie dringend Geld brauchen. Sie stocken Ihren Kredit auf oder, noch schlechter, geraten mit den Raten in Rückstand, was sich schlecht auf Ihre Bonität auswirkt, sodass Sie dann mehr für künftige Kredite zahlen müssen.

2. Schulden Sie Ihre Kredite um

Sie haben grundsätzlich immer die Möglichkeit einer Umschuldung. Dabei werden kurzfristige, hoch verzinste Darlehen in langfristige zinsgünstige Darlehen umgewandelt, die teils von der Steuer abgesetzt werden können. Ziel dabei ist es, Ihre monatliche Belastung zu minimieren und zugleich Ihren Cashflow zu maximieren.

Angenommen, Sie verfügen über genug freies Immobilienvermögen. Dann können Sie Ihre Hypothek, die auch steuerlich absetzbar sein kann, refinanzieren und viele andere, nicht absetzbare Kredite (Kreditkartenschulden, Kredit fürs Auto und so weiter) dort mit einbinden.

Auf diese Weise sinken Ihre monatliche Belastung und Ihre Steuerschuld, wodurch Sie mehr Geld zur Verfügung haben. Und diesen freigesetzten Cashflow verwenden Sie dann, um einen Kredit nach dem anderen zurückzuzahlen.

3. Nehmen Sie einen Kredit nach dem anderen in Angriff

Nachdem Sie Ihre monatlichen Belastungen auf ein Minimum zurückgefahren und Ihren Cashflow damit maximiert haben, können Sie sich nun daranmachen, einen Kredit nach dem anderen zurückzuzahlen, bis Sie komplett schuldenfrei sind.

Die meisten Finanzberater und -experten empfehlen, zunächst hoch verzinste Darlehen zurückzuzahlen. Ich dagegen rate, den Zinssatz zu ignorieren und stattdessen auf eine von Garrett und seinem Team entwickelte Technik namens Cashflow-Index zu setzen. Damit lässt sich prima feststellen, welcher Kredit sinnvollerweise als Erstes zurückbezahlt werden sollte.

Die Berechnung Ihres Cashflow-Index ist ganz einfach: Dividieren Sie Ihren Darlehenssaldo durch den monatlichen Mindestrückzahlungsbetrag. Je kleiner die Zahl, die dabei herauskommt, umso ineffizienter das Darlehen. Wie die Tabelle auf der nächsten Seite veranschaulicht, sollte bei jedem Darlehen mit einem Cashflow-Index zwischen 0 und 50 die Alarmglocke schrillen und es so schnell wie möglich entweder umgeschuldet oder zurückgezahlt werden. Bei einem Kredit mit einem Cashflow-Index über 100 ist alles im grünen Bereich, und die Rückzahlung hat keine Priorität.

Cashflow-Index

Cashflow-Index = Darlehenssaldo ÷ monatlichen Mindestrückzahlungsbetrag

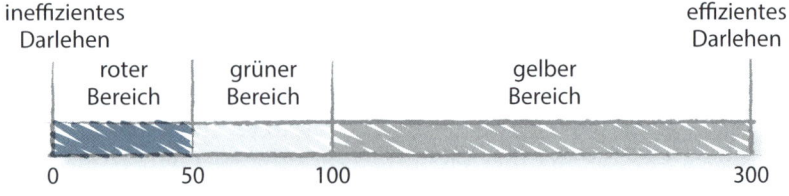

Als Erstes muss das Darlehen mit dem niedrigsten Cashflow-Index zurückgezahlt werden. Sehen Sie sich jetzt die folgenden Kredite an und überlegen Sie, welchen Sie als ersten auslösen würden:

Darlehen	Saldo	Zinssatz	Monatlicher Mindestrückzahlungsbetrag	Cashflow-Index
Hypothek	€ 228 000	7 %	€ 1665	137 (€ 228 000 ÷ € 1665)
Autokredit	€ 16 500	8 %	€ 450	37 (€ 16 500 ÷ € 450)
Kreditkarte	€ 13 000	12 %	€ 260	50 (€ 13 000 ÷ € 260)

Bei obigem Beispiel scheint es auf den ersten Blick sinnvoll, die Kreditkartenschuld zu begleichen, da der Zinssatz hier am höchsten ist. Doch der errechnete Cashflow-Index legt nahe, dass zunächst der Kredit für das Auto ausgelöst werden sollte. Somit steht dann monatlich mehr Geld zur Verfügung, was dann für die Rückzahlung des Kreditkartensaldos verwendet werden kann. Auf diese Weise werden beide Darlehen schneller zurückgezahlt, als dies möglich gewesen wäre, wenn zunächst die Kreditkartenschulden getilgt worden wären.

Der Trick dabei ist also, den Kredit als Erstes zurückzuzahlen, bei dem mit den geringsten Mitteln der höchste Cashflow freigesetzt wird.

4. Vorsicht bei Sonderzahlungen!
Sondertilgungen einer Hypothek sind nur angesagt, wenn Ihre finanzielle Lage stabil ist. Ansonsten stecken Sie dadurch Geld in Immobilienvermögen, an das Sie nur noch schwer wieder herankommen. Schließlich geht es bei der Schuldentilgung nicht darum, sie so schnell wie möglich loszuwerden und insgesamt weniger Zinsen zu zahlen, sondern auch darum, das persönliche Risiko zu verringern.

Als Faustregel gilt, nur dann Sonderzahlungen vorzunehmen, wenn bei kleiner werdender Restschuld auch die monatliche Mindestrückzahlungssumme sinkt, wie das zum Beispiel bei Kreditkartenschulden der Fall ist. Anderenfalls verschlechtert sich bei jeder Zahlung der entsprechende Cashflow-Index. Im Endeffekt haben Sie nicht gleich etwas davon, sondern erhöhen Ihr Risiko, weil Sie Ihre Liquidität mehr binden.

Klüger ist es, das Geld, das Sie als Sonderrückzahlung in Ihren Kredit stecken wollten, in ein separates Konto einzuzahlen und so lange mit einem Zinsgewinn anzusparen, bis Sie den Kredit damit vollends auslösen können. (Mehr Details dazu erfahren Sie in Kapitel 8 und 9.)

Weshalb sind Sie verschuldet?

Die schlechte Nachricht lautet, dass keine dieser Strategien langfristig etwas bringt – außer Sie ändern etwas an Ihrer Einstellung zum Thema Schulden. Damit Sie auf Dauer etwas ändern können, müssen Sie sich über die Gründe, weshalb Sie Kredite aufnehmen, klar sein und das Problem an der Wurzel packen, anstatt sich mit den Begleiterscheinungen (Zins- und Schuldenknechtschaft) herumzuplagen.

Stellen Sie sich die folgenden Fragen, bevor Sie die oben genannten Tipps umsetzen:

- Weshalb habe ich Kredite aufgenommen? Was wollte ich damit erreichen?
- Wollte ich das Geld für Konsum ausgeben oder wollte ich damit etwas schaffen?

- Hätte ich damit noch ein halbes Jahr warten können? Oder ein Jahr?
- Womit rechtfertige ich meine Schulden?
- Verschaffe ich mir Trost durch materielle Dinge?
- Habe ich Schulden, weil ich Investitionen getätigt habe, die im Grunde nichts anderes waren als Zockerei – ich habe Geld in Dinge gesteckt, von denen ich keine Ahnung habe und die ich nicht kontrollieren kann? Wenn ja, was kann ich daraus lernen, und wie kann ich das in Zukunft vermeiden?
- Habe ich Schulden, weil ich mich schlecht vorbereitet habe? Oder bin ich in einen finanziellen Engpass geraten, den ich in Zukunft verhindern kann?

> Es ist nicht deine Schuld, wenn du arm auf die Welt kommst. Aber es ist deine Schuld, wenn du arm stirbst.

Nachhaltig aus der Schuldenfalle herauszukommen, erfordert ein Umdenken. Diesen Tipp sollten Sie unbedingt beherzigen: *Nehmen Sie niemals einen Kredit auf, um dem Konsum zu frönen.* Geld für Dinge wie Möbel, Kleidung oder einen Urlaub sollten Sie erst ausgeben, wenn Sie es auch haben. Nehmen Sie Kredite nur für produktives Kapital und Betriebsmittel auf.

Wenn es darum geht, Ordnung in Ihre Finanzen zu bringen, geht es um mehr als nur die fachlichen Aspekte der Finanzen. Es geht um Ihre Einstellung und um die Psychologie dahinter. Und es geht um Ihren Willen, zugunsten langfristiger finanzieller Unabhängigkeit auf sofortige Befriedigung von Bedürfnissen, sprich Konsum, zu verzichten. Es geht darum, dass Sie eine Vision entwickeln und pflegen, die mehr beinhaltet, als den Rest Ihres Lebens von 9 bis 17 Uhr zu arbeiten. Sie haben dann nämlich mehr von Ihrem Leben und vergrößern Ihre Bandbreite.

Indem Sie Ihre Schulden tilgen, setzen Sie mehr Cashflow frei, der für Investitionen genutzt werden kann.

> »Heute werde ich tun,
> was andere nicht tun,
> damit ich morgen erreiche,
> was anderen nicht gelingt.«
> JERRY RICE

KAPITEL 6

WIE SIE IHRE AUSGABEN IN DEN GRIFF BEKOMMEN

An dieser Stelle möchte ich erstmal einen Schritt zurückgehen und Ihnen noch mehr zum Thema Schulden erzählen.

Schulden versus Verbindlichkeiten

Normalerweise spricht man von Schulden, wenn sich jemand Geld geborgt hat. Etwas fachlicher gesprochen ist von Schulden die Rede, wenn die Verbindlichkeiten größer sind als das Vermögen. Und was sind Verbindlichkeiten? Verbindlichkeiten sind Ausgaben, die wir tätigen müssen, wie Hypotheken, Raten für den Autokredit oder Kreditkartenschulden. Vermögen wie Grundeigentum, Immobilien, Unternehmen, Edelmetalle und Rechte am geistigen Eigentum führen zu Cashflow oder lassen sich in Cashflow umwandeln. Auch der Marktwert Ihres Hauses wird als Vermögen bezeichnet, während die Hypothek dafür zu Ihren Verbindlichkeiten zählt.

Angenommen, Ihr Eigenheim ist 250 000 Euro wert, Ihre Hypothek beläuft sich auf 200 000 Euro. Normalerweise würden wir jetzt sagen, dass Sie 200 000 Euro Schulden haben. Der Fachmann, also zum Beispiel ein Steuerberater, würde davon sprechen, dass Sie ein Nettovermögen in Höhe von 50 000 Euro besitzen, was das genaue Gegenteil von Schulden ist. Haben Sie dagegen eine Hypothek in Höhe von 260 000 Euro für ein Haus aufgenommen, das 250 000 Euro wert ist, haben Sie 10 000 Euro Schulden.

Schulden versus Verbindlichkeiten

	Marktwert	Verbindlichkeit geschuldete Summe	Vermögen Immobilienvermögen	Schulden
Haus 1	€ 250 000	€ 200 000	€ 50 000	€ 0
Haus 2	€ 250 000	€ 260 000	€ 0	€ 10 000

Das klingt in Ihren Ohren haarspalterisch? Mag sein, aber es ist sehr wichtig, dass Sie den Unterschied zwischen Schulden und Verbindlichkeiten verstehen. Wenn Ihr Ziel lautet, keine Schulden – in welcher Form auch immer – mehr haben zu wollen, berauben Sie sich dadurch der Möglichkeit, einen Kredit für einen produktiven Zweck wie Investitionen oder Unternehmenswachstum aufzunehmen.

Aus den Schulden herauszukommen, heißt nicht zwangsläufig, alle Darlehen zurückzuzahlen. Es bedeutet vielmehr, in einer Position zu sein, bei der das Vermögen größer ist als alle Verbindlichkeiten. Aus Ihrer Bilanz, in der sämtliche Vermögenswerte und Verbindlichkeiten ausgeführt werden, geht hervor, wie hoch Ihre Nettoverschuldung oder Ihr Nettovermögen ist.

5-Tage-Wochenendler analysieren Darlehen, Verbindlichkeiten und Vermögen aus einer anderen, ausgereifteren und fachlicheren Perspektive, als dies von den meisten Experten gelehrt wird. Unser Ziel lautet ja nicht nur, einfach alle Darlehen zurückzuzahlen, sondern möglichst viel Cashflow möglichst effizient zu generieren. Und aus diesem Grund ist es in Ordnung, wenn wir ein Darlehen aufnehmen oder bei der Rückzahlung andere Prioritäten setzen, als dies gemeinhin getan wird. Gut möglich, dass Sie sich dafür entscheiden, Ihre Verbindlichkeiten zu erhöhen, um Ihren Gewinn zu steigern – und aus Expertensicht nehmen Sie in dem Fall eben keine Schulden auf.

Konkreter wird das Ganze, wenn ich Ihnen aufzeige, wie Sie Ihre Schulden loswerden können, da ich dann in der Regel von Verbraucherkrediten spreche, zum Beispiel Kreditkartenschulden, die entstanden sind, weil damit Konsumgüter angeschafft wurden, die rasch an Wert verlieren wie Kleidung, Möbel und Spielzeug. Diese Schulden sind destruktiver Natur, da sie Ihre finanziellen Mittel aufbrauchen. Ja, solche Dinge mögen einem das Leben verschönern, aber das ist sehr kurzfristig gedacht. Langfristig gehen sie auf Kosten Ihrer finanziellen Unabhängigkeit.

Jetzt würde ich gerne noch tiefer in die Materie einsteigen und Ihnen unterschiedliche Ausgaben erläutern, die Garrett in verschiedene Kategorien eingeteilt hat.

Wir kürzen nur eine Ausgabe

Uns wurde beigebracht, dass Ausgaben etwas grundsätzlich Schlechtes sind und wir sie so weit wie möglich kürzen sollten – doch diese Sichtweise vereinfacht das Ganze zu stark und ist zudem noch irreführend. Fakt ist, dass es vier unterschiedliche Arten von Aufwendungen gibt – und nur eine davon sollten wir besser im Griff haben.

1. Aufwendungen für die Lebensführung

Zu diesen Ausgaben zählen der Restaurantbesuch ebenso wie der Urlaub, die Konzertkarten oder ein Flachbildfernseher. Keine Frage, es macht Spaß, Geld für die schönen Dinge des Lebens auszugeben, und wir erinnern uns auch gerne daran, aber leider bauen wir damit weder Vermögen noch passives Einkommen auf. Die gute Nachricht lautet, dass Sie ohne schlechtes Gewissen Geld dafür ausgeben können, solange Sie dafür keine Schulden machen und nicht mehr dafür ausgeben, als Sie sich leisten können.

Abgesehen davon sollten Sie sich darüber im Klaren sein, dass es keinen Sinn ergibt, sich solche Ausgaben generell zu verkneifen. Von Kindesbeinen an wurde uns gesagt, dass wir bis zur Rente warten sollen, um unser hart verdientes Geld mit vollen Händen auszugeben und dass ausschließlich die Rentenzeit dafür da ist, das Leben zu genießen. Genau das ist übrigens der Grund, weshalb es so viele schlecht gelaunte Millionäre gibt! Wer nie Geld für die schönen Dinge des Lebens ausgibt, dem fehlt etwas. Wo bleiben denn dann Spaß und Lebensfreude? Solange man es nicht übertreibt, ist es schon in Ordnung, sich etwas zu gönnen.

Garrett zeigt seinen Klienten, wie die Aufwendungen für die Lebensführung nach Preis, Opportunitätskosten und Wert analysiert werden können, um dann sagen zu können, ob sich ein Kauf lohnt oder nicht.

Zunächst zur Begriffsbestimmung:

- Preis: die Kaufsumme
- Opportunitätskosten: der entgangene Nutzen oder Ertrag, der sich bei einem anderen Einsatz als der tatsächlich gewählten Verwendung ergeben hätte
- Wert: der Gesamtwert – real und subjektiv wahrgenommen – eines Kaufes

Ich rate Ihnen, Kaufentscheidungen unter dem Aspekt des 5-Tage-Wochenendes anzusehen und sich zu fragen, ob Sie besser auf eine Anschaffung verzichten sollten. Aufgemerkt: Die schönen Dinge des Lebens sollten grundsätzlich nicht mit geliehenem Geld bezahlt oder über Kredite finanziert werden. Im Idealfall verwenden Sie dafür die wiederkehrenden Einnahmen aus Ihrem Investmentportfolio.

Kurz gesagt, Aufwendungen für den Lebensstil sollten wohlüberlegt getätigt werden.

2. Schutzbietende Aufwendungen

Darunter fallen alle Ausgaben für den Schutz Ihres Vermögens und Lebens. Fakt ist, dass dieser Finanzbereich häufig übersehen wird – vor allem von der Mittelklasse. Wohlhabende dagegen kümmern sich darum und schützen sich und ihr Vermögen meist umfassend. Denn sie wissen, dass unliebsame Überraschungen ihr Vermögen gefährden können.

Zu den schutzbietenden Aufwendungen gehören auch liquide Sparguthaben, von denen Sie Ihre Ausgaben mindestens sechs Monate lang bestreiten können sollten. Dieses Guthaben bringt zwar kaum Zinsen, aber es bietet Ihnen ausreichend Schutz und hält Sie davon ab, sich mit nichts anderem mehr zu befassen als mit Ihren Existenzängsten. Auch die Kosten für die Nachlassplanung, Steuergestaltung und -planung, Lebens-, Berufsunfähigkeits-, Kranken- und Autoversicherungen und die Notfallabsicherung gehören zu den schutzbietenden Aufwendungen.

3. Wertschöpfende Aufwendungen

Zu den wertschöpfenden Aufwendungen zählen die Vermögensbildung, die verstärkte Generierung von Cashflow und Investitionen ins Unternehmenswachstum, aber auch der Erwerb einer Steuerschuldverschreibung oder eines Mietobjekts. Sind Sie Eigentümer eines Unternehmens, fiele auch die Einstellung eines qualifizierten Mitarbeiters darunter. Oder auch die Ausgaben für Fortbildungsmaßnahmen, die Ihnen neue Möglichkeiten eröffnen.

Für diese Art von Ausgaben gilt: Für jeden Euro, den man investiert, kommt mehr wieder heraus, und zwar in Form von Vermögen, das Cashflow generiert und an Wert gewinnt. Diese Ausgaben verbessern Ihr Leben jetzt *und* in Zukunft – denn im Gegensatz zu den Aufwendungen für die Lebensführung verlieren die damit erworbenen Dinge nicht an Wert. Gut möglich, dass auch damit Verbindlichkeiten einhergehen wie eine Hypothek, die für ein Mietobjekt aufgenommen wurde, doch Sie verbessern damit Ihre Gesamtsituation. Geben Sie so viel Geld wie möglich für diese Art von Aufwendungen aus.

4. Zerstörerische Aufwendungen

Zu den destruktiven Ausgaben gehören Konsumentenkredite, Überziehungsgebühren und unnütze Ausgaben wie die Mitgliedschaft in einem Fitnessstudio, das Sie seit Monaten nicht mehr aufgesucht haben, oder Darlehen, die zu einer Überschuldung führen. Allgemein gesprochen sind das alle Ausgaben, die das Vermögen in Ihrem Leben schmälern, anstatt es zu vergrößern.

Dazu gehören auch Ausgaben für Laster und Schwächen wie Zocken und Drogen. Bei dieser Art von Ausgaben sollten Sie unbedingt den Rotstift ansetzen und sie letzten Endes ganz eliminieren.

Wenn Sie den Unterschied zwischen »echten« Schulden und reinen Verbindlichkeiten verstanden haben, wissen Sie auch, dass es viele Situationen gibt, in denen es auf dem Weg in die finanzielle Unabhängigkeit klüger ist, seine Verbindlichkeiten zu erhöhen anstatt zu verringern. Bei den Kosten für den Erwerb einer Steuerschuldverschreibung zum Beispiel handelt es sich um eine Verbindlichkeit. Doch als Gegenleistung winkt Ihnen ein satter Gewinn. Sie glauben, Ihre ganzen Verbindlichkeiten sind Ihr Feind? Dann werden Sie nie verstehen, wie Sie ohne Risiko und überlegt Gelder aufnehmen, um Ihre Gewinne zu steigern.

Aufgemerkt: Ihr Ziel lautet nicht, einfach nur Ihre Schulden abzubauen. Das ist nur ein kleiner Teil des großen Ganzen. Ihr Ziel lautet finanzielle Unabhängigkeit und ein 5-Tage-Wochenende.

> »Wohlstand wächst ebenso wie ein Baum aus einem kleinen Samen.«
> GEORGE S. CLASON

KAPITEL 7

WIE SIE LÖCHER IM CASHFLOW STOPFEN

Angenommen, Sie möchten einen löchrigen Eimer mit Wasser füllen. Sie nehmen den Gartenschlauch und drehen das Wasser auf. In dem Augenblick, in dem der Wasserstand steigt, spritzt das Wasser aus allen Löchern im Eimer heraus. Was, glauben Sie, ist besser: Den Wasserdruck so zu erhöhen, dass mehr Wasser in den Eimer gelangt als herausströmt, oder das Wasser erstmal wieder abzudrehen und die Löcher zu stopfen?

Die Antwort liegt auf der Hand. Blöd nur, dass die Sache nicht so offensichtlich ist, wenn es um Finanzen geht. Jeder, der finanziell nicht unabhängig ist, denkt, das liegt daran, dass er nur deshalb nicht reich ist, weil er nicht genug verdient. Bei dieser Denkweise wäre es logisch, mehr verdienen zu müssen, um über mehr Geld verfügen und einen Teil davon investieren zu können. Anders ausgedrückt, Sie drehen den Wasserhahn voll auf und ignorieren die Löcher im Eimer. Schlimmer wird es, wenn Sie die Löcher überhaupt nicht bemerken.

Die meisten Finanzgurus sind überzeugt, der Schlüssel zur finanziellen Unabhängigkeit sei es, die Ausgaben drastisch zu kürzen und zu einem knausrigen Geizkragen zu mutieren. Doch es gibt einen viel cleveren Weg, dieses Ziel zu erreichen. Es ist möglich, Monat für Monat Cashflow in nicht unerheblicher Höhe freizusetzen, ohne zugleich den Gürtel enger schnallen und das Ausgabenbudget kürzen zu müssen. Vergessen Sie Ihren Plan, auf den morgendlichen Latte oder auf Ihr Musik-Streamingdienst-Abo zu verzichten. Bringen Sie besser Ordnung in Ihre Versicherungen und Steuern, denn mit einer effizienteren Strukturierung können Sie hier bares Geld einsparen.

Und jetzt mal Butter bei die Fische: Es gibt Menschen, die ihre Ausgaben wirklich in den Griff kriegen müssen, da sie ihr ganzes Geld ausgeben und keinen Gedanken an die Zukunft verschwenden. Ich würde sagen, diese Menschen sind kaufsüchtig. Dazu so viel: Ich sage ja schließlich nicht, dass Sie sich keinerlei Gedanken über Ihr Kaufverhalten machen sollten. Ich sage lediglich, dass sich der Weg in die finanzielle Unabhängigkeit nicht abkürzen lässt – Sie müssen dafür nicht nur hart arbeiten, sondern auch clever vorgehen.

Garrett hat bereits mit Tausenden von Leuten gearbeitet und die Erfahrung gemacht, dass bei den meisten von ihnen etwa 10 Prozent des Einkommens unbemerkt verlustig gehen – zum Beispiel weil sie zu viele Steuern zahlen oder durch versteckte Anlagegebühren. Werden diese Löcher entdeckt und vor allen Dingen gestopft, erhöht sich das Einkommen, ohne den Konsum einschränken zu müssen. Auf manche Dinge zu verzichten, kann den Prozess zwar beschleunigen, aber die besten Tipps, wie Sie den meisten Cashflow herausholen können, kommen gleich.

Erhöhen Sie Ihren Kreditscore

Der Kredit-Score stellt die Kreditwürdigkeit eines Verbrauchers in Zahlen dar und kann zu dessen Vorteil genutzt werden. Ein maximaler Punktwert (so hoch wie möglich) ist der Schlüssel für eine Umschuldung, um Cashflow freizusetzen, in den Genuss niedrigerer Kreditzinsen zu kommen, niedrigere Versicherungsprämien zu zahlen und mehr. Gelingt es Ihnen, Ihren Kredit-Score zu erhöhen, können

Sie mit Ihrer Bank über eine bessere Verzinsung verhandeln oder einen Kredit in einen günstigeren verwandeln. Im Internet gibt es inzwischen mehrere Unternehmen, die eine Onlineprüfung Ihrer Bonität anbieten, darunter die Schufa.

Wie können Sie Ihre Bonität erhöhen? Zunächst zahlen Sie Ihre Rechnungen stets pünktlich und setzen die folgenden drei Tipps um:

1. **Lassen Sie falsche Auskünfte berichtigen.** Einer vom US-amerikanischen Kongress bestellten Studie der US-amerikanischen Bundeshandelskommission zufolge enthält bei einem von fünf Verbrauchern mindestens einer seiner drei Kreditauskünfte einen Fehler.[5] In Deutschland sieht es nicht viel besser aus: Einer Untersuchung der GP Forschungsgruppe zufolge, die 2015 auf einem Symposium des Bundesjustizministeriums vorgestellt wurde, ist jede vierte Schufa-Auskunft fehlerhaft.[6] Nehmen Sie Ihre Kreditauskunft nicht auf die leichte Schulter, denn ein Fehler darin kann darüber entscheiden, ob Ihnen ein Darlehen gewährt wird oder nicht, oder wie hoch der Zinssatz Ihres Anlagevermögens ist. In den USA wie auch in Deutschland sind die Kreditauskunftagenturen gesetzlich verpflichtet, jedem Verbraucher mindestens einmal im Jahr[7] Einblick in seine Bonitätsprüfung zu gewähren. Ich rate meinen amerikanischen Klienten, sich von unterschiedlichen Agenturen alle vier Monate eine Kreditauskunft geben zu lassen. Auf diese Weise wissen sie, wie es um ihre Kreditwürdigkeit bestellt ist, und können die Auskunft auf Fehler prüfen – all das, ohne einen Cent dafür ausgeben zu müssen. Sollten Sie Ihre Kreditauskunft seit Jahren nicht mehr oder noch nie überprüft haben, sollten Sie dies nachholen, auch wenn dafür Kosten anfallen. Und dann machen Sie sich das zur Gewohnheit.

Achten Sie bei Ihrer Auskunft darauf, ob die Kredithöhe stimmt, auf doppelte Konten und andere falsche Angaben. Sollten Sie Fehler finden, fechten Sie bei ein und derselben Auskunftei nicht mehr als drei Fehler auf einmal an.

2. **Beschränken Sie die Anzahl Ihrer Kreditkarten.** Am besten, Sie besitzen drei bis fünf Kreditkarten mit dem maximalen Kreditlimit, das Ihnen zugebilligt wird. Hüten Sie sich davor, so viele Kre-

ditkarten wie irgend möglich zu beantragen. Ideal ist, innerhalb von zwei Jahren nicht mehr als zwei zu beantragen. Achten Sie auf einen möglichst niedrigen Saldo – keinesfalls mehr als 30 Prozent Ihres Limits. Und kündigen Sie keine Kreditkarten, die Sie schon seit Langem besitzen. Je länger dieser Zeitraum, umso mehr Punkte für Ihre Bonität winken dafür.

3. **Nutzen Sie einen Ratenkredit innerhalb der letzten zwei Jahre Ihrer Kredithistorie.**
Dieser Kredit ist für einen bestimmten Zeitraum mit einer festen Rate (als Minimum) abgeschlossen, so wie zum Beispiel Ihr Autokredit, Leasing oder Ähnliches.

Umschuldung von Krediten

Bei der Suche, wo Ihnen bares Geld durch die Lappen geht, sollten Sie als Erstes Ihre Kredite überprüfen. Haben Sie es in den letzten zwei Jahren oder so versäumt, Ihre Zinshöhe zu verhandeln, oder haben Sie Ihren Kredit nicht umgeschuldet, zahlen Sie vermutlich zu hohe Zinsen, was sich negativ auf Ihren Cashflow auswirken kann.

Je nach Ihrer Situation sind folgende Strategien hilfreich:

- Wandeln Sie hoch verzinste, nicht steuerlich absetzbare Kredite in niedrig verzinste, steuerlich absetzbare Kredite um. Sie könnten zum Beispiel Ihr Eigenheim refinanzieren und Ihre Kreditkartenschulden in die neue Hypothek mit aufnehmen.
- Refinanzieren Sie Ihre Hypothek.
- Haben Sie Ihren Autokredit getilgt, könnten Sie das Fahrzeug neu finanzieren und mit diesem Kredit einen höher verzinsten auslösen.
- Nutzen Sie ein Darlehen aus einer Kapitallebensversicherungspolice (ein sogenanntes Policendarlehen), um einen hoch verzinsten Kredit abzulösen.
- Verlängern Sie die Rückzahlungsdauer eines Kredits, um die Ratenhöhe zu verringern und Ihren Cashflow-Index zu verbessern.
- Nutzen Sie ein Darlehen, das über Ihre Altersvorsorge abgesichert ist, um einen hoch verzinsten Kredit abzulösen.

- Leihen Sie sich von einem Familienmitglied oder Freund gegen einen Schuldschein Geld. Die Zinsen dafür sollten niedriger sein als die von Ihrer Bank geforderten und höher als die Zinsen, die Sie erhalten würden, sollten Sie Ihr Geld stattdessen anlegen.

Geschichten aus dem wahren Leben

Jordan Cooper ist von Beruf Zahnarzt und wandte sich an Garrett, der Gelder für ihn freimachen, seine Finanzen optimieren und sein Geschäft ausbauen sollte. Als Erstes sahen sich die beiden Coopers Kredite an – insgesamt 16 Stück, die dringend überarbeitet werden mussten. Zunächst nahmen sie die schlimmsten Übeltäter in Angriff, die entweder nur eine kurze Laufzeit hatten oder für die hohe Zinsen berechnet wurden. Ungefähr die Hälfte dieser Schulden wurde neu finanziert, was den Cashflow monatlich um immerhin 20 000 US-Dollar ansteigen ließ. Und diese Summe investiert er jetzt in seine Praxis.

Ben und Joyce Frank nennen drei Eishockeyclubs für Jugendliche in Südkalifornien ihr Eigen. Auf einer Veranstaltung von Garrett erfuhren sie von den Vorteilen einer Umschuldung. Noch in der Pause rief Ben zwei der Unternehmen an, über die sie einen Kredit aufgenommen hatten, und erkundigte sich danach, ob eine Umschuldung möglich sei. Da ihre Rückzahlungen immer pünktlich eingetroffen waren, willigten beide Unternehmen ein. Daraufhin wurde die Laufzeit verlängert, die monatliche Zahlung bei einem der Kredite um 1500 US-Dollar, beim anderen um 1000 US-Dollar reduziert.

Dazu Ben: »Damit konnten wir in den ersten fünf Jahren richtig durchstarten. Ohne die freigesetzten Gelder wäre uns das nicht möglich gewesen. Auf diese Weise konnten wir neue, höher qualifizierte Mitarbeiter einstellen, weshalb wir beide uns mehr auf das Geschäft konzentrieren können. Außerdem haben wir unsere Technologien und Systeme auf Vordermann gebracht. Da Monat für Monat mehr Cashflow zur Verfügung steht, kam es zu einem Dominoeffekt, denn jetzt können wir uns auf das nächste große Projekt konzentrieren. Alles geht jetzt viel schneller.«

Strukturieren Sie Ihre Versicherungen

Auch schlecht strukturierte Versicherungen führen häufig dazu, dass monatlich zu viel Geld ausgegeben wird. Richten Sie Ihr Augenmerk daher vor allem auf diese Bereiche:

1. **Erhöhen Sie Ihre Eigenbeteiligung.** Je geringer sie ist, umso höher ist die monatliche Prämie. Im Grunde sind doch nur größere Verluste und Schäden versichert, weshalb eine niedrige Selbstbeteiligung keinen Sinn ergibt. Im Versicherungsfall steigen die Prämien dann an. Ich empfehle eine Eigenbeteiligung von 1000 bis 2500 Euro, je nach Versicherungsgesellschaft und der Höhe der Summe, die dadurch monatlich eingespart wird.
2. **Prüfen Sie auf doppelt abgeschlossene oder unnötige Versicherungen.** Gut möglich, dass Sie mehrere Versicherungspolicen entdecken, die exakt den gleichen Fall absichern. Prüfen Sie, ob Sie bei Ihrer privaten Haftpflichtversicherung tatsächlich eine Forderungsausfalldeckung benötigen oder ob es beim zehn Jahre alten Auto tatsächlich eine Vollkaskoversicherung sein muss. Falls Sie bei einer Versicherung ein Versicherungspaket abgeschlossen haben, nehmen Sie auch das unter die Lupe und fragen Sie sich kritisch, ob Sie diese Versicherungen benötigen oder Ihre Versicherung bitten, Ihnen ein individuelleres Paket zu schnüren. Überlegen Sie, ob Sie Policen kündigen, die Katastrophenereignisse ausschließen, wie das bei Krankenhaustagegeld-, Unfalltod- und Invaliditäts- und anderen Versicherungen mit begrenzter Deckung der Fall ist.
3. **Prüfen Sie die eigenen Versicherungsverträge.** Versicherungen können sich bezüglich der Preise stark unterscheiden, suchen Sie daher immer nach günstigeren Alternativen, die dennoch die Schadensfälle abdecken, die für Sie von Bedeutung sind. Die Stiftung Warentest hat beispielsweise bei Wohngebäudeversicherungen festgestellt, dass der teuerste Vertrag viermal so viel kostet wie der günstigste.[8]
4. **Verlängern Sie die Karenzzeit Ihrer Berufsunfähigkeitsversicherung.** Die Karenzzeit ist der Zeitraum zwischen Eintritt einer dauerhaften Berufsunfähigkeit und der Auszahlung der vereinbar-

ten Rente. Im Prinzip ist das die Selbstbeteiligung für Berufsunfähigkeitsversicherungen. Bei Karenzzeiten zwischen 30 und 60 Tagen sind die Prämien extrem hoch, bei 180 Tagen deutlich geringer.

Nutzen Sie Steuervorteile

Eins vorab: Sie zahlen vermutlich zu viel Steuern. Unternehmen und Selbstständige kommen in den Genuss unzähliger Steuervergünstigungen, von denen ein Angestellter nur träumen kann.

Es spielt keine Rolle, ob Sie Mitarbeiter haben oder ein Büro. Für das 5-Tage-Wochenende ist Selbstständigkeit in irgendeiner Form ein Muss. Am besten Sie gründen so schnell wie möglich ein Unternehmen und machen einen Termin mit einem Wirtschaftsprüfer oder Steuerberater aus, wie Sie die folgenden Steuersparmöglichkeiten und noch viele andere nutzen können.

- **häusliches Arbeitszimmer:** Sie führen von zu Hause aus dienstliche Telefonate und arbeiten am Computer? Dann funktionieren Sie ein Zimmer in Ihrem Zuhause zu Ihrem Arbeitszimmer um und setzen alle Kosten dafür von der Steuer ab.
- **Telefon, Internet und Zubehör:** Sie können die Kosten für Ihr Telefon, Faxgerät und Ihren Internetzugang sowie den dafür anfallenden Anteil an Energiekosten steuerlich geltend machen.
- **Spesen:** Auf Geschäftsreisen und bei Besprechungen mit Ihren Kunden im Restaurant können Sie diese Bewirtungskosten und andere Repräsentationskosten von der Steuer absetzen.
- **Firmenwagen:** Jedes Mal, wenn Sie dienstlich mit dem Auto unterwegs sind, können Sie die dafür anfallenden Kosten von der Steuer absetzen.
- **Geschäftsreisen:** Geschäftsreisen können grundsätzlich von der Steuer abgesetzt werden.
- **Fortbildung:** Sämtliche Kosten von für Ihre Tätigkeit angemessenen Fortbildungsmaßnahmen sind steuerlich absetzbar.

- **Einstellung von Familienmitgliedern:** Erkundigen Sie sich bei Ihrem Steuerberater oder Wirtschaftsprüfer, welche Möglichkeiten Ihnen da offenstehen.

Keine Frage, das Steuerrecht ist viel komplexer, als wir das hier ausführen könnten, weshalb wir Ihnen dringend raten, sich an einen Steuerberater oder Wirtschaftsberater zu wenden, damit Sie in den Genuss sämtlicher Steuervergünstigungen kommen und zugleich alle Gesetze einhalten.

Welche Rechtsform Sie für Ihr Unternehmen wählen, hängt von mehreren Faktoren ab wie Steuervorteile, Haftungsregelung, Nachfolgeregelung und Ausstiegsstrategien, künftige Finanzierungs- und Investitionskriterien, um nur einige zu nennen. Für diejenigen, die auf eine einfache Struktur und Flexibilität bei der Partnerschaft setzen, empfiehlt sich die Rechtsform einer GmbH. Bei anderen, komplexeren Unternehmen, die es erfordern, anhand der steuerlichen Planung strukturiert zu werden, kann eine andere Rechtsform sinnvoller sein. Wenden Sie sich an einen Rechtsanwalt und lassen Sie sich beraten, bevor Sie Ihr Unternehmen gründen.

Auch wenn Sie schon ein Unternehmen gegründet haben, können Sie Ihre Steuerlast vermutlich noch senken. Garrett hat im Laufe der Jahre schon mit Tausenden von Unternehmern gearbeitet, und mehr als 93 Prozent von ihnen haben mehr Steuern bezahlt, als sie eigentlich gemusst hätten.

Geschichten aus dem wahren Leben

Craig Golightly bezieht sein Einkommen über seinen eigenen kleinen Betrieb und erzielt darüber hinaus noch Mieteinnahmen. Seine Steuererklärung hat er seit Jahren selbst erledigt. Da er Angst vor einer eventuellen Steuerprüfung hatte, nahm er seine Steuerangelegenheiten sehr genau, doch da er nicht vom Fach war, zahlte er mehr Steuern, als er dem Staat schuldete. Nachdem er dann endlich einen Steuerberater damit beauftragt hatte, sparte er Tausende von Dollar – im Jahr versteht sich.

Eines Tages flatterte ihm ein Schreiben des Finanzamtes ins Haus, in dem von Diskrepanzen bei seiner Steuererklärung die Rede war, weshalb er nun 2750 US-Dollar nachzahlen müsse. Dazu Craig: »Noch vor ein paar Jahren wäre ich in Panik geraten und hätte die Rechnung sofort bezahlt. Doch jetzt rief ich meinen Steuerberater an, und wir gingen gemeinsam meine Steuerunterlagen durch. Dabei entdeckten wir ein paar Belege, die ich falsch gebucht hatte. Wir berichtigten meine Steuererklärung, und das war dann für mich die Bestätigung, dass ich das nie wieder selbst erledige.«

Kurze Zeit später trudelte erneut ein Schreiben des Finanzamtes bei ihm ein. Dieses Mal jedoch mit einer weitaus angenehmeren Nachricht: Ihm wurden 2702 US-Dollar erstattet. Und obendrein gab es noch 117,59 US-Dollar an Zinsen. Craig war mehr als erfreut: »Meinem Steuerberater habe ich es zu verdanken, dass ich jetzt über mehr Geld verfüge – ganz legal!«

Jim Hori ist Zahnarzt und wollte Gelder freimachen. Deshalb wandte er sich an einen Steuerberater, denn vielleicht ließe sich seine Steuerlast ja senken. Dieser stellte fest, dass Jim bei einer Investition einen hohen Verlust erlitten hatte. Der Mann, der ihm zu dieser Geldanlage geraten hatte, saß mittlerweile hinter Gittern. Jims früherer Steuerberater hatte ihm gesagt, er könne diesen Verlust nur mit 3000 US-Dollar jährlich abschreiben. Doch sein neuer Steuerberater teilte ihm mit, er könne den gesamten Verlust in Höhe von 200 000 US-Dollar steuerlich geltend machen, da sein Investitionspartner deshalb rechtskräftig verurteilt worden sei. Auf diese Weise sparte sich Jim satte 100 000 US-Dollar an Steuern! Wie Sie sehen, lohnt es sich durchaus, einen kompetenten Steuerberater an seiner Seite zu haben.

Checken Sie Ihre Investitionen nach versteckten Gebühren

In einigen konventionellen Investitionen wie der betrieblichen Altersvorsorge durch Entgeltumwandlung verstecken sich ziemlich hohe Gebühren, was die meisten Einzahler aber gar nicht wissen. Aufgemerkt: Selbst eine Gebühr von 1 Prozent kann im Laufe von 30 Jahren zu einer Stange Geld anwachsen.

Die folgende Auflistung erhebt keinen Anspruch auf Vollständigkeit, zeigt Ihnen aber, welche Gebühren für Investitionen anfallen können (normalerweise aber nicht alle auf einmal):

- **Verwaltungshonorar für einen Vermögensverwalter:** Diese Gebühr bewegt sich üblicherweise im Bereich von 1 bis 1,5 Prozent.
- **Kostenquote:** Bei Investmentfonds oder börsengehandelten Fonds fallen je nach Fonds Gebühren zwischen 1 und 2 Prozent an.
- **Verwaltungsgebühren:** Für den Abschluss einer privaten Altersvorsorge wie der Riester- oder der Rürup-Rente fallen Verwaltungsgebühren an, die stark variieren können. Prüfen Sie die Abschluss- und Verwaltungskosten ganz genau.
- **Depotgebühren:** Bei Investmentfonds fallen beim Kauf sogenannte Depotgebühren an, teilweise bis zu 5 Prozent und mehr. Dazu kommen aber noch die Transaktionskosten und meistens auch noch Börsenspesen für den Makler, der Ihnen die Anteile oder Aktien vermittelt hat.
- **Sonstige Gebühren:** Halten Sie die Augen offen und lesen Sie sich immer auch das Kleingedruckte durch. Selbst wenn die Gebühren auf den ersten Blick so niedrig erscheinen, dass man sie gut und gerne vergisst, bedenken Sie: Auch Kleinvieh macht Mist.

Noch ein Tipp: Sollten Sie einen Kredit aufgenommen und zugleich Vermögen angelegt haben, erwirtschaften Sie vermutlich weniger Zinsen, als Sie zahlen. Wenn Sie Ihren Kredit ablösen, haben Sie automatisch mehr Geld zur Verfügung, das Sie dann auf jeden Fall sparen können, anstatt das Risiko einzugehen, Geld über Ihre Anlagen zu verdienen.

Wie Sie den richtigen Umgang mit Geld erlernen

Nachdem ich Ihnen gezeigt habe, wie Sie Ihren Cashflow erhöhen können, ohne zugleich Ihre Ausgaben kürzen zu müssen, möchte ich nochmals betonen, wie wichtig Disziplin beim Umgang mit Geld ist. Damit Sie Ihr 5-Tage-Wochenende genießen können, sind konzertierte Aktionen vonnöten.

Geld sollte Ihnen gehorsam und arbeitsam dienen und Sie nicht beherrschen. Geld muss für Sie arbeiten und nicht umgekehrt. Und dafür müssen Sie Ihr Verhältnis zum Geld ändern. Am besten geht das, wenn Sie die folgenden drei Disziplinen beherrschen.

1. Zahlen Sie sich Ihr Gehalt als Erstes

Wenn Sie dieses Prinzip konsequent anwenden, werden Sie zum Meister in Sachen Geld. Ebenso wie viele Wege nach Rom führen, gibt es mehrere Methoden, sich diese Disziplin anzueignen. Als ich mich selbstständig machte, gewöhnte ich mir gleich eine davon an und schickte mir jede Woche eine Rechnung. Für mich war das die regelmäßige Erinnerung, mich selbst als Erstes zu bezahlen.

Auf diese Weise füllen Sie Ihre »Kriegskasse« nach und nach auf und können zuschlagen, sobald sich eine gute Gelegenheit bietet. Sich selbst zuerst zu bezahlen, zeugt davon, dass Sie im Umgang mit Geld gut sind, und wirkt sich in nicht unerheblichem Maße auf Ihre Motivation aus.

2. Erlernen Sie die 5-Sekunden-Regel

Die 5-Sekunden-Regel ist der ultimative Schutz vor Spontankäufen. Sie besagt, vor jedem Kauf erst einmal kurz innezuhalten und sich zu fragen, ob man das »Teil« wirklich sofort braucht. Oder könnte man auch ein halbes oder ganzes Jahr damit warten? Muss das wirklich sein? Ist der Kauf vernünftig? Ist das Objekt Ihrer Begierde mehr wert, als es kostet?

Die meisten Menschen schlagen wahllos zu und überlegen sich die Folgen eines Kaufs in der Regel nicht.

3. Lassen Sie Ihre Kreditkarte zu Hause und eröffnen Sie ein Guthabenkonto

Mit dieser Methode stellen Sie sicher, dass Sie nur Geld ausgeben, wenn Ihr Konto im Plus ist. Genau das verstehe ich unter einem weisen Umgang mit Geld. Zücken Sie im Laden oder Internet Ihre Debitkarte, wird Ihnen diese Ausgabe bewusster als mit einer Kreditkarte.

Sobald Sie Ihre Schulden zum größten Teil abbezahlt und die 5-Sekunden-Regel verinnerlicht haben, können Sie sich den Luxus einer Kreditkarte leisten.

Wenn es Ihnen gelingt, mehr Geld als bislang zur Verfügung zu haben, indem Sie nicht mehr Steuern als nötig zahlen, Ihre Versicherungen und die Gebühren für Ihre Geldanlagen im Griff haben und keine Spontankäufe mehr tätigen, stehen Ihnen mehr Mittel zur Verfügung, um an Ihrem 5-Tage-Wochenende zu arbeiten.

> »Achte auf die Kosten und die Gewinne sorgen für sich selbst.«
> ANDREW CARNEGIE

KAPITEL 8

UND SO GEHT DIE VERMÖGENSBILDUNG

Sobald Sie die Löcher in Ihren Finanzen gestopft haben, können Sie mit der Vermögensbildung beginnen.

Der Schlüssel zum Erfolg liegt darin, dass der Vermögensaufbau weitestgehend automatisch ablaufen sollte. Im Idealfall haben Sie es so eingerichtet, dass ein bestimmter Prozentsatz Ihres Einkommens automatisch auf ein Sparkonto überwiesen wird, bevor Sie auch nur daran denken können, es mit vollen Händen auszugeben. Auf diese Weise legen Sie Monat für Monat Geld zur Seite, auch wenn Sie Ihr Gehaltskonto jeden Monat bis auf den letzten Cent leerräumen. (Wir raten dazu, dafür ein extra Sparkonto zu eröffnen.)

Gerade, wenn Sie knapp bei Kasse sind, ist diese Art des automatisierten Sparens besonders wichtig, da Sie so gezwungen werden, Ihr Geld zusammenzuhalten, während Ihr Vermögen langsam, aber sicher wächst. Es ist besser, Monat für Monat einen bestimmten Prozentsatz auf die hohe Kante zu legen als einen bestimmten Betrag, denn dann sparen Sie mehr, wenn Ihr Einkommen höher wird. Und auf diese Weise wächst Ihr Vermögen im Laufe der Zeit immer schneller an.

Die Rückzahlung von hoch verzinsten Krediten sollte oberste Priorität für Sie haben. Sobald dieser Punkt erledigt ist, eröffnen Sie neue Konten, die Sie wie weiter unten beschrieben einrichten.

Konten für den Vermögensaufbau

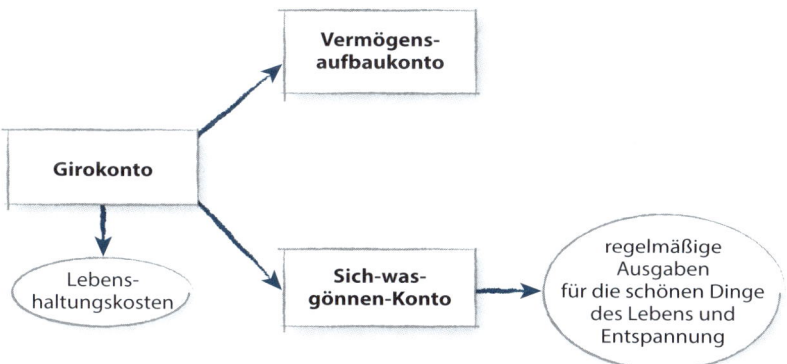

Konto Nummer 1: das Vermögensaufbaukonto

Ein sogenanntes Vermögensaufbaukonto ist ideal, um Monat für Monat etwas für seinen Vermögensaufbau zu tun. Es ist ganz einfach: Sie eröffnen bei Ihrer Hausbank ein Vermögensaufbaukonto, das mit einem Referenzkonto (in der Regel das Girokonto) verknüpft ist, auf das jeden Monat Ihr Einkommen überwiesen wird. Und jetzt sorgen Sie dafür, dass jeden Monat ein bestimmter Prozentsatz davon auf Ihr Vermögensaufbaukonto transferiert wird.

Im Idealfall sparen Sie 15 Prozent Ihres Monatseinkommens (netto nach allen Abzügen und Steuern). Das hört sich nach jeder Menge Geld an? Keine Bange! Sie können auch mit einem niedrigeren Prozentsatz beginnen und sich dann langsam auf die 15 Prozent »hocharbeiten«. Das Gute daran ist ja, dass Sie Monat für Monat reicher werden.

Sie wissen zum Beispiel, dass Ihrem Girokonto jeweils am 1. und am 15. des Monats 3000 Euro gutgeschrieben werden. Dann richten Sie es so ein, dass jeweils am 2. und am 16. des Monats automatisch 15 Prozent (450 Euro) auf Ihr Vermögensaufbaukonto fließen. Auf diese Weise weist dieses Konto schon im ersten Monat ein Guthaben von Euro 900 auf, nach drei Monaten sind es schon 2700 Euro und nach einem Jahr schon 10 800 Euro – ganz automatisch!

Ihr Vermögensaufbaukonto ist zum einen für Notfälle da und beruhigt die Nerven, und zum anderen bauen Sie auf diese Weise Kapital auf, das Sie später investieren können.

Weshalb sollten ausgerechnet 15 Prozent gespart werden?
15 Prozent sind keine willkürlich gewählte Größe. Wir haben uns schon etwas dabei gedacht. Für den Aufbau von Vermögen gilt es, verschiedene Faktoren zu berücksichtigen, und das wären insbesondere diese hier:

- **3 Prozent für Steuern:** Ist Ihnen schon jemals völlig überraschend eine Zahlungsaufforderung des Finanzamtes ins Haus geflattert? Mit dem Vermögensaufbaukonto ist das kein Problem (mehr).
- **3 Prozent für Inflation:** Die Inflation, die den Wert von Geld schmälert, liegt im Allgemeinen bei rund 3 Prozent (konservativ geschätzt).
- **3 Prozent für technologischen Wandel:** Je weiter die Technik fortschreitet, umso billiger wird sie, aber wir wollen dann immer das Neueste vom Neuen haben und greifen öfter zu.
- **3 Prozent für Konsumfreudigkeit:** Was als Luxus beginnt, wird rasch zu einer Notwendigkeit. Es ist noch gar nicht so lange her, da besaß niemand ein Handy. Jetzt hat jeder eines – auch Obdachlose. Sobald wir uns an einen gewissen Lebensstil gewöhnt haben, wollen wir ihn nicht mehr aufgeben.
- **3 Prozent für Neuanschaffungen:** Haushaltswaren und -geräte gehen nun einmal kaputt, und dann müssen neue her. Das lässt sich nicht verhindern, aber es ist sehr gut, wenn man für diesen Fall Geld auf die Seite gelegt hat. Und dann bringt ein kaputter Kühlschrank unsere Vermögensbildung nicht in Gefahr.

Konto Nummer 2: das Sich-was-gönnen-Konto

Sinn und Zweck dieses Kontos ist es, Geld für die schönen Dinge des Lebens auf die Seite zu legen und sich dann ohne schlechtes Gewissen den Restaurantbesuch, eine Shoppingtour, einen Urlaub, Konzerte und Sportveranstaltungen oder sonstigen Luxus zu gönnen, der einem dabei hilft, zu entspannen oder Energie zu tanken. Wir empfehlen, dass Sie 3 Prozent Ihres Einkommens auf Ihr Sich-was-gönnen-Konto einzahlen.

Sie sollten die Bedeutung dieses Kontos nicht unterschätzen. Es geht schlichtweg darum, sich hin und wieder auch mal etwas zu gönnen, auch wenn das Ziel eigentlich lautet, Vermögen aufzubauen. Jede Wette, dass Sie es nicht lange durchhalten, wenn Sie den Gürtel eng und enger schnallen und sich alle Annehmlichkeiten des Lebens versagen. Glauben Sie uns, so wird das nichts mit dem 5-Tage-Wochenende. Doch dieses Konto hilft Ihnen dabei, am Ball zu bleiben, produktiv zu sein und etwas für Ihre Entspannung zu tun.

Zusammengenommen sollten Sie auf beiden Konten etwa 18 Prozent Ihres Einkommens sparen. Und was machen Sie dann damit?

Ein großer Schritt

Wenn Sie diese Konten eingerichtet haben und alles wie geplant läuft, sind Sie Ihrem 5-Tage-Wochenende einen großen Schritt näher gekommen. Jetzt sind Sie so weit, ein Konto dafür zu nutzen, um größtmögliche Investitionen zu tätigen. Im nächsten Kapitel zeigen wir Ihnen, wofür Sie das Guthaben auf Ihrem Vermögensaufbaukonto einsetzen können.

> »Ein Ziel ohne Plan ist nur ein Wunsch.«
> Antoine de Saint-Exupéry

KAPITEL 9

DIE ROCKEFELLER-FORMEL

Ich empfehle die Rockefeller-Formel, damit Sie das Beste aus Ihrem Vermögensaufbaukonto herausholen können. Diese Formel, mit der sich Vermögen kontinuierlich und automatisch bilden lässt, verdanken wir Garrett und seinem Team. Außerdem ist sie eine sichere, liquide Methode, mit der Sie Geld für Ihr Unternehmen oder Ihre Investitionen ansparen können.

Mit der Rockefeller-Formel ist es möglich, ein angenehmes Leben zu führen, ohne Angst haben zu müssen, die Geldströme könnten eines Tages versiegen. Sie gründen eine nachhaltige Familienbank, um Ihr Geld zusammenzuhalten und zu vermehren.

Die Rockefellers haben auf ein ähnliches System gebaut, um ihren Wohlstand über Generationen hinweg zu sichern und weiter auszubauen. Viele andere wohlhabende Familien nutzen die gleichen Prinzipien und Werkzeuge.

Am besten geeignet dafür ist eine gut strukturierte Lebensversicherung mit Überdeckung, die von Garrett »Cashflow-Versicherung« getauft wurde. Das Geld für diese Police stammt aus Ihrem Vermögensaufbaukonto.

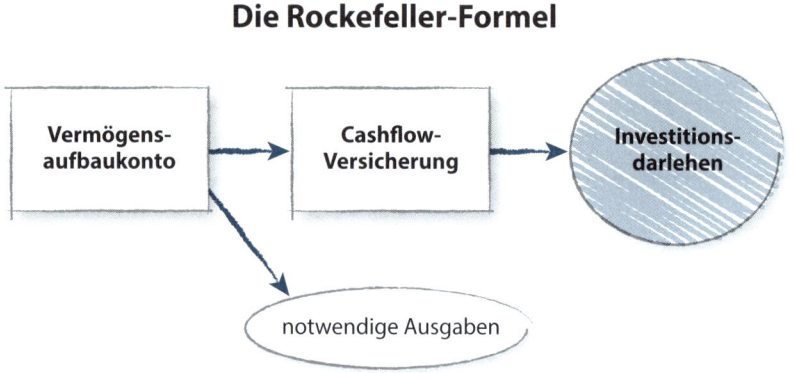

Die Rockefeller-Formel

Das Gesamtbild

Sie schließen eine Lebensversicherung ab, bei der es möglich ist, mehr als die geforderte Mindestprämie einzuzahlen.
- Mit Geld aus Ihrem Vermögensaufbaukonto sorgen Sie nun für eine Überdeckung, indem Sie eine viel höhere Prämie als angesetzt bezahlen. Auf diese Weise entsteht sehr schnell ein hoher Wert, was Sie in die Lage versetzt, die Vorteile der Lebensversicherung noch zu Lebzeiten zu genießen.
- Sobald Ihre Versicherung einen ausreichend hohen Rückkaufswert aufweist – was üblicherweise nach ein bis zwei Jahren der Fall ist –, können Sie jederzeit ein Darlehen in Höhe von bis zu 90 Prozent des Rückkaufswertes Ihrer Versicherung aufnehmen, als Sicherheit gilt natürlich Ihre Lebensversicherung. Sie haben sicherlich bemerkt, dass wir davon sprachen, dass Ihre Versicherung als Sicherheit dient – und nicht etwa gekündigt wird, um an die einbezahlten Prämien zu kommen. Das Darlehen wird nicht aus dem Rückkaufswert entnommen, sondern der Rückkaufswert dient als Si-

cherheit. An Ihrer Police ändert das nichts, das über die Prämien entstandene Vermögen wächst weiter an, da kein Geld aus der einbezahlten Versicherungssumme entnommen wurde.

Und was haben Sie davon?

Mit einem Policendarlehen erhalten Sie finanzielle Mittel, die Sie für jeden beliebigen Zweck nutzen können (während zugleich Ihr Saldo weiterhin wächst). Mit dem ausbezahlten Darlehen können Sie das Studium Ihrer Kinder oder Ihr Eigenheim finanzieren, Investitionen tätigen oder andere Darlehen zurückzahlen. Bei Policendarlehen von Ihrer »Bank« handelt es sich um Privatkredite, es gibt keinen festgelegten Tilgungszeitraum und eine Bonitätsprüfung ist auch nicht nötig (nicht mal ein guter Kreditscore).

Sie können Ihr Policendarlehen aber auch für den Erwerb von Kapitalanlagen einsetzen. Wir raten, dieses Darlehen so schnell wie möglich zurückzuzahlen. Aufgemerkt: Zahlen Sie nicht nur die Darlehenssumme zurück – sondern auch die Zinsen. Die Höhe der Zinsen sollte der entsprechen, wie sie eine Bank für einen herkömmlichen Kredit verlangen würde – und nicht der Höhe, die Sie tatsächlich für Ihr Policendarlehen zahlen. Auf diese Weise wächst Ihr Vertragsguthaben sogar noch schneller, denn Sie zahlen die Zinsen ja an sich selbst und nicht an eine Bank.

Bei der Tilgung eines Policendarlehens ist keine Eile geboten. Fakt ist, dass es den meisten Versicherungsgesellschaften egal ist, ob Sie mit einer oder mehreren Monatsraten im Rückstand sind oder nicht eine einzige getätigt haben – die ausstehende Summe wird dann einfach von der Leistung im Todesfall abgezogen. Vor diesem Hintergrund raten wir Ihnen, das Darlehen möglichst schnell zurückzuzahlen, denn dieses Geld können Sie auch für künftige Darlehen für Kapitalanlagen verwenden.

Ein Darlehen über eine Cashflow-Versicherung wirkt sich nicht auf Ihre Bonität aus, da es hier so etwas wie Zahlungsrückstand schlichtweg nicht gibt. Stecken Sie die Darlehenssumme zudem in

Ihr Unternehmen, können Sie die dafür gezahlten Zinsen steuerlich geltend machen.

So werden Investitionen finanziert

Eine Cashflow-Versicherung ist für Unternehmer und Investoren das perfekte Instrument zur Vermögensbildung. Das eingezahlte Kapital ist anders als bei anderen Modellen zur Altersvorsorge, wie der betrieblichen Altersvorsorge oder der Rürup-Rente, eben nicht bis zum Alter von rund 60 Jahren unzugänglich, sondern steht als Darlehen zur Verfügung, um das Wachstum Ihres Unternehmens anzukurbeln oder Kapitalanlagen zu erwerben.

Angenommen, Ihnen wird ein großartiges Immobiliengeschäft angeboten, mit dem Sie in kurzer Zeit ziemlich viel Geld machen können, der einzige Haken dabei ist, dass Sie dafür sofort 20 000 Euro benötigen. Sollten Sie diesen Betrag nicht verfügbar haben, nehmen Sie einfach ein Darlehen über Ihre Cashflow-Versicherung auf – ohne Bonitätsprüfung, mit extrem niedrigen Zinsen und völlig frei wählbarer Tilgung. Und mit den Mieteinnahmen aus Ihrem Immobiliengeschäft können Sie das Darlehen zurückzahlen.[9]

Alles Kapital, das in Ihre persönliche Cashflow-Versicherung fließt, verliert nie an Wert, sondern bietet vollständigen Kapitalerhalt, ohne Gefährdung der Versicherungssumme. Der Rückkaufswert Ihrer Versicherung bleibt auch bei Marktvolatilität stabil, selbst bei einer erneuten Wirtschaftskrise. Auch im Falle eines Rechtsstreits ist dieses Vermögen geschützt, was nichts anderes bedeutet, als dass Sie keine Angst davor zu haben brauchen, Ihr Geld aufgrund eines Gerichtsurteils oder eines Konkursverfahrens zu verlieren (diese Schutzfunktion ist je nach Land anders geregelt).

Ihr Konto ist eine Art Vertrag, weshalb Sie exakt wissen, wie hoch die garantierte Rendite ist. Und da es sich um einen privaten Vertrag handelt, gelten auch keine Einschränkungen wie bei der staatlich geförderten Altersvorsorge.

Ihr Vermögen wächst automatisch, da Sie in den Genuss von Steuervorteilen kommen und auch Zins und Zinseszins für Sie arbeiten. Im Durchschnitt liegt die garantierte Rendite bei 4 Prozent, der Rückkaufswert kann sich aber durch nicht garantierte Überschussbeteiligungen um zusätzlich mindestens 1 Prozent erhöhen.

Als Geschäftsmann ist Garrett stets auf der Suche nach lukrativen Geschäften, und mithilfe seiner Cashflow-Versicherung kann er solche Chancen stets nutzen – was er seit 1998 auch schon häufig getan hat. Mit dem Geld hat er sich Unternehmensbeteiligungen gesichert, Immobilienkredite finanziert, Kreditkartenschulden zurückgezahlt und aus geschäftlichen Gründen in ein Aufnahmestudio investiert. Mit dem Geld, das er dabei eingenommen hat, konnte er die Beiträge für seine Lebensversicherung bezahlen.

Geschichten aus dem wahren Leben

Troy Remelski ist Unternehmer, der eine Cashflow-Versicherung abgeschlossen hat, um Vermögen aufzubauen. Eines Tages bekam er die Chance, ein Haus zu kaufen, das sich gut vermieten lassen würde. Allerdings würden die Modernisierungskosten im sechsstelligen Bereich liegen. Troy erzählte uns: »Vor meiner Cashflow-Versicherung hätte ich vor der schwierigen Frage gestanden, wie ich den Umbau am besten finanzieren könnte. Im Prinzip hätte ich vor der Entscheidung gestanden, entweder etwas für meine Altersvorsorge zu tun und die Modernisierung erstmal auf die lange Bank zu schieben oder an meiner Altersvorsorge zu sparen, damit ich den Umbau zahlen könnte. Doch mithilfe meiner Lebensversicherung war das Ganze dann ein Kinderspiel. Ich steckte Geld in diese Versicherung und nahm darüber einen Kredit für alles auf, was ich nicht gleich über Cashflow finanzieren konnte. Jetzt arbeitet mein Geld für mich, zum einen über die Versicherung und zum anderen durch den Kapitalzuwachs, da der Wert des Hauses durch die Modernisierung gestiegen ist. Außerdem ist mein Stresspegel dadurch erheblich gesunken, da ich wusste, ich kann mir jederzeit noch mehr Geld leihen, sollten unvorhergesehene Kosten entstehen.«

Jeff Chamberlain ist Chiropraktiker und kämpfte mit einem Kredit in Höhe von gut 86 000 US-Dollar, den er für einen Röntgenapparat aufgenommen hatte, und Kreditkartenschulden. Seine monatliche Belastung lag bei etwa 3000 US-Dollar. Dazu Jeff: »Ich hasse es, Schulden zu haben. Ich hasse das Gefühl, wenn irgendjemand oder irgendetwas mehr Kontrolle hat als ich selbst. In dieser Situation lastet ein enormes Gewicht auf meinen Schultern, und das habe ich immer im Hinterkopf.«

Er entschied er sich für eine Cashflow-Versicherung mit Überdeckung. Dann nahm er 86 000 US-Dollar aus seinem IRA (Individual Retirement Account), bei dem es keine Garantie gibt, wie hoch die Rendite ist, und beglich damit seine Schulden. Im Endeffekt gewährte der Privatmensch Jeff seinem Unternehmen einen Kredit. Aus den Einnahmen seiner Chiropraxis zahlte er sich die 3000 US-Dollar im Monat, die er früher an seine Kreditgeber bezahlt hatte. Doch jetzt flossen diese Zahlungen in seine Cashflow-Versicherung. Und wieder Jeff: »Meine Cashflow-Versicherung hat nicht nur eine garantierte Rendite von 4 Prozent, sondern ist zugleich eine zuverlässige Quelle für Cashflow. Sie versetzt mich in die Lage, jederzeit nach meinen Bedingungen meine eigene Bank zu sein.«

Wichtige Überlegungen

Es ist von entscheidender Bedeutung, dass Ihre Cashflow-Versicherung einwandfrei finanziert und gestaltet ist. Müssen Sie sie vorzeitig kündigen, verlieren Sie Geld, da beim Abschluss der Versicherung Gebühren anfallen.

Ist die Versicherung nicht perfekt an Ihre Situation angepasst, könnten die Prämien zu hoch sein, oder es könnte zu lange dauern, bis Sie an Ihr Geld rankommen. Vor dem Abschluss einer solchen Lebensversicherung sollten Sie die Police aufmerksam studieren und Ihren Finanzberater Löcher in den Bauch fragen, damit Sie in den Genuss aller von uns skizzierten Vorteile kommen.

Sonstige flüssige Mittel

Lebensversicherungen stellen zwar nicht die einzige Möglichkeit dar, Geld auf die Seite zu bringen und den Rückkaufwert als Sicherheit für ein Darlehen zu nutzen. Doch kein anderes Sparinstrument bietet die gleichen Vorteile wie eine Cashflow-Versicherung.

Manche Altersvorsorgemodelle könnten funktionieren, da sie auch beliehen werden können – doch für das eingezahlte Kapital gibt es keine garantierte Rendite, sodass man auf den Geldmarkt angewiesen ist und unter Umständen nur sehr niedrige Zinsen kassiert. Außerdem gibt es bei diesem Modell keine Leistung im Todesfall. Die Höhe des Kredits ist stark eingeschränkt, die Rückzahlung stark reglementiert, und die Option, mehr als die Darlehenssumme zurückzuzahlen, um Zinsen zu erwirtschaften, ist bei diesem Modell nicht vorgesehen.

Sparkonten bei der Bank könnten ebenfalls funktionieren, doch zurzeit werden Sparguthaben unter 1 Prozent verzinst. Einlagenzertifikate und so manche Anleihen und Schuldverschreibungen bieten zwar eine höhere Rendite als Sparkonten und sind auch einigermaßen sicher, aber es drohen Strafzahlungen, wenn das eingezahlte Kapital liquidiert werden soll. In manchen Fällen wird eine Kreditlinie oder ein Darlehen gegen die Sicherheit von Einlagenzertifikaten gewährt, aber auch dieses Modell bietet bei Weitem nicht so viele Vorteile wie eine Cashflow-Versicherung, und die Zinsrate ist außerdem nicht so hoch.

Wir stecken ungern Geld in Einlagenzertifikate oder spekulieren auf dem Finanzmarkt, denn hier winken allenfalls Steuern und niedrige Zinsen, und Sie sind der Gunst des Kreditgebers unterworfen. Eine Cashflow-Versicherung dagegen bietet eine konstante, garantierte Rendite und als Sahnehäubchen obendrein winken nicht unerhebliche Steuervorteile und Liquidität. Bei einer Cashflow-Versicherung spielt es keine Rolle, ob die Zinsen steigen oder fallen, denn der Rückkaufwert wird fest verzinst, solange die Prämien bezahlt wurden. Das bedeutet für Sie, dass keine Kapitalentwertung stattfindet (die Versicherungssumme bleibt unverändert). Das nennen wir Stabilität und Planbarkeit.

Dazu kommt, dass Ihr in eine Lebensversicherung einbezahltes Kapital sicherer als bei anderen Sparmodellen ist, sollte die Versicherungsgesellschaft bankrottgehen. Als der US-amerikanische Versicherungskonzern Executive Life 1980 seine Geschäftstätigkeit einstellte, verlor keiner der Versicherungsnehmer auch nur einen Cent, da ein anderes Unternehmen alle Verträge erwarb. Doch selbst wenn kein anderes Unternehmen einspringt, sind die Leistungen im Todesfall und der Rückkaufswert garantiert. Gesellschaften, die Lebensversicherungen auf Gegenseitigkeit anbieten und ein A-Rating haben, sind stabiler und kalkulierbarer als jedes andere Finanzinstitut.

Erste Schritte

Der Abschluss einer Cashflow-Versicherung empfiehlt sich erst dann, wenn Sie mit dem Guthaben auf Ihrem Vermögensaufbaukonto mindestens drei Monate Ihre Ausgaben bestreiten können. Dann ist der richtige Moment da, um mit diesem Geld eine Cashflow-Versicherung abzuschließen, die strategisch klug an Ihre Situation angepasst ist, damit Sie in den Genuss sämtlicher damit verbundener Vorteile kommen.

Zudem legen Sie einen bestimmten Teil des Guthabens auf Ihrem Vermögensaufbaukonto auf die Seite – und zahlen Ihre Lebensversicherungsprämien nicht aus diesem Topf. Dieses Guthaben dient sozusagen Ihrem inneren Frieden, als Notgroschen für alle Fälle. Wir empfehlen ein Guthaben in Höhe von 10 Prozent Ihrer Verbindlichkeiten oder in Höhe von sechs Monatseinkommen. Sollten Sie zum Beispiel arbeitslos werden, können Sie Ihre Kredite weiterhin tilgen und brauchen sich keine Gedanken über die Lebenshaltungskosten zu machen.

 Mehr Information über die Rockefeller-Formel finden Sie auf 5DayWeekend.com (nur in englischer Sprache verfügbar).
Passwort: P3

Denken Sie wie die Reichen

Sie möchten reich sein? Gut, dann fangen Sie an, so zu denken. Einige der mächtigsten und wohlhabendsten Größen des vergangenen Jahrhunderts haben sich auf die Rockefeller-Formel und Cashflow-Versicherungen verlassen. Nicht nur der Rockefeller-Clan, sondern auch Leute und Unternehmen wie Walt Disney, J.C. Penney, Ray Kroc, die Rothschilds, John F. Kennedy und Franklin D. Roosevelt stehen auf dieser Liste der Elite. Senator John McCain sicherte die Finanzierung seiner Wahlkampagnen im Jahr 2008 mit seiner Lebensversicherung ab.[10]

Die Reichen spielen nach ihren eigenen Regeln. Doch die Lösung dieses Problems ist einfach: Wer reich werden möchte, muss so investieren, wie es die Reichen tun, und seine eigene Familienbank gründen.

> »Geld ist für diejenigen im Überfluss vorhanden, die die einfachen Gesetze verstehen, wie man dazu kommt.«
> GEORGE S. CLASON

KAPITEL 10

EINE GRUNDSOLIDE FINANZIELLE AUSGANGSBASIS

Was steckt hinter den ersten Schritten auf Ihrem Weg zu einem 5-Tage-Wochenende? Richtig, Sie müssen Ihre Finanzen im Griff haben und eine solide Grundlage schaffen, damit Sie Ihr Einkommen gefahrlos erhöhen und Investitionen tätigen können.

Weiter unten stehen die Meilensteine, die Sie in unseren Augen erreicht haben sollten, bevor Sie den nächsten Schritt wagen. Diese Meilensteine stehen für eine gesunde finanzielle Basis und bieten Ihnen viel Sicherheit.

1. Umfassender Schutz ist das A und O

Kfz-Versicherung

Angenommen, Sie verursachen einen Unfall, bei dem der Unfallgegner verletzt wird und ein halbes Jahr arbeitsunfähig ist. Würde Ihre Versicherung die damit verbundenen Kosten vollständig übernehmen? Verstehen Sie den Versicherungsjargon Ihrer Police, sodass Sie sich sicher sein können, dass Sie diese Frage richtig beantworten?

Nur wenige Menschen wissen, dass die Haftung ihrer Kfz-Kaskoversicherung begrenzt ist. Abgedeckt sind Personenschäden und Ausgleichszahlungen für nicht versicherte und unterversicherte Forderungen. Angenommen, jemand nimmt Ihnen die Vorfahrt, es kommt zu einem Unfall, und Sie können sechs Monate oder länger nicht arbeiten. Die Haftpflichtversicherung Ihres Unfallgegners deckt aber nur Schäden bis 25 000 Euro, doch Ihr Verdienst liegt bei etwa 150 000 Euro im Jahr. Angenommen, Ihre Haftungssumme ist hoch genug, dann würde die Versicherung für die unterversicherte Differenz aufkommen.

Es ist wichtig, den Unterschied zwischen Sachvermögen (Autos, Computer etc.) und den Wert eines Menschenlebens (in Bezug auf die Arbeitskraft) zu kennen. Merkwürdigerweise versichern die meisten Menschen ihr Eigentum, doch wenn es um Arbeitskraft geht, ist der Großteil bedauerlicherweise unterversichert. Doch was zählt mehr? Dass Ihre Arbeitskraft nach einem Unfall wiederhergestellt wird oder dass Ihr Auto repariert wird?

Eigenheimversicherung

Angenommen, gegen Ihre Eigenheimversicherung wird ein Haftpflichtanspruch geltend gemacht. Haben Sie Ihre Immobilie umfassend dagegen versichert? Oder ist auch bei dieser Versicherung die Haftung begrenzt wie bei Ihrer Kfz-Versicherung?

Ist Ihre Versicherungssumme hoch genug, und haben Sie Anspruch auf vollständigen Ersatz oder nur auf den Zeitwert? Haben Sie ein Video von Ihrem Sachvermögen, das außerhalb Ihres Hauses aufbewahrt wird? Ist Ihr Selbstbehalt angemessen hoch? Haben Sie einen ordentlichen Rabatt herausgeschlagen, weil Sie mehrere Versicherungen (Eigenheim- und Kfz-Versicherung) bei derselben Versicherungsgesellschaft abgeschlossen haben?

Exzedentenversicherung/Haftpflichtversicherung mit Ausfalldeckung

Eine Exzedentenversicherung ist ein absolutes Muss, wenn es um den Schutz von Sachvermögen geht. Aufgrund der Ausfalldeckung sind Sie vor größeren Forderungen und eventuellen Klagen geschützt. Außerdem lassen sich damit die Prämien für Ihre Eigenheim- und Kfz-Versicherung senken, sofern das entsprechend kombiniert wurde.

Sie können zum Beispiel Ihre Deckungssumme Ihrer Eigenheim- und Kfz-Versicherung auf das gesetzliche Minimum senken, und im Katastrophenfall greift Ihre Haftpflichtversicherung mit Ausfalldeckung.

Berufsunfähigkeitsversicherung

Sollten Sie berufsunfähig werden, ist das mit Glück nur von vorübergehender Dauer. Doch selbst das kann eine mittlere Katastrophe für Sie und Ihre Familie bedeuten. Was würde passieren, wenn Sie drei Monate oder länger keinen Cent verdienen? Ist es in Ihren Augen tatsächlich sinnvoll, Ihr Auto gegen Schäden zu versichern, Ihre Arbeitskraft und damit Ihr Einkommen jedoch nicht?

Krankenversicherung

Besitzen Sie die richtige, an Ihre Situation angepasste Krankenversicherung? Ist die Eigenbeteiligung Ihrer privaten Krankenversicherung so gewählt, dass Sie niedrigere Monatsbeiträge zahlen, aber weiterhin ruhig schlafen können, da Sie sich stets bester Gesundheit erfreuen und genug Rücklagen haben, sollten Sie wider Erwarten doch einmal krank werden?

Lebensversicherung

Angenommen, Sie sterben heute. Wäre Ihre Versicherungssumme hoch genug, um Ihren wirtschaftlichen Wert zu kompensieren und Ihrer Familie den jetzigen Lebensstandard zu sichern?

Wer an seine Lebensversicherung denkt, hat meist Summe X vor Augen, die im Todesfall ausgezahlt wird. Das ist aber nicht die richtige Perspektive. Fragen Sie sich stattdessen, wie lange Ihre Familie von dieser Summe X leben kann. Wir haben übrigens noch nie Hinterbliebene kennengelernt, die sich darüber beschwert hätten, dass die ausbezahlte Versicherungssumme zu hoch gewesen wäre.

Wissen Sie, welche unterschiedlichen Lebensversicherungen es gibt? Haben Sie die für Sie richtige abgeschlossen? Entspricht das hinterlegte Bezugsrecht Ihrem Willen?

Nachlassplanung
Über die Nachlassplanung bestimmen Sie, was nach Ihrem Tod mit Ihrem Vermögen passiert. Ebenso wichtig ist allerdings die Aufrechterhaltung Ihrer Werte, Weltanschauung, Vision und Ihrer Beiträge zum Wohl der Gemeinschaft. Eine adäquate Nachlassplanung optimiert Ihr Vermächtnis – in finanzieller, aber auch in persönlicher Hinsicht.

Haben Sie ein Testament verfasst? Wenn ja, genügt es den Anforderungen, um gültig zu sein? Haben Sie für eine Treuhandverwaltung gesorgt? Haben Sie für den Fall der Fälle eine Vorsorgevollmacht und Patientenverfügung ausgefüllt? Sind Sie bei Ihrer Nachlassplanung auf den Transfer Ihrer geistigen Werte (Werte, Weltbild, Beiträge) eingegangen?

Liquidität, Girokonto und Sparguthaben
Haben Sie Vertrauen in die Solvenz und Qualität Ihrer Bank? Besitzen Sie ein Tagesgeldkonto oder Ähnliches, auf dem sich ein Guthaben für sechs Monatsausgaben befindet? Verfügen Sie über Cash in Höhe Ihrer monatlichen Ausgaben und über Edelmetalle für einen weiteren Monat?

2. Wie Sie Ihre finanzielle Effizienz maximieren

Schulden
Haben Sie den Cashflow-Index für Ihre gesamten Schulden berechnet? Haben Sie einen Plan, wie Sie ineffiziente Kredite so schnell und effizient wie möglich abzahlen können?

Kredite
Haben Sie bei Ihrer Bank die besten Zinsraten herausgeholt? Haben Sie sämtliche Steuervorteile genutzt und das Sparpotenzial maximal ausgenutzt, weil Sie Ihren Kredit steuerlich geltend machen können? Haben Sie einen detaillierten und strukturierten Plan für eine eventuelle Umschuldung?

Buchhaltung und Steuern
Verfügen Sie über adäquate und effektive Buchhaltungssysteme, um Ihre Arbeitsleistungen zu dokumentieren und zu messen? Planen Sie das ganze Jahr über, wie Sie Steuern sparen können? Haben Sie mit einem anderen Fachmann als Ihrem aktuellen Steuerberater über Ihre Steuererstattungen gesprochen und geklärt, ob das alles seine Richtigkeit hatte und ob Sie noch mehr hätten herausholen können? Hat Ihr Unternehmen aus steuerlicher und rechtlicher Sicht die passende Rechtsform?

Haben Sie einen Plan B für Ihre Altersvorsorge, Ihren Aktien- und Immobilienbesitz und andere Kapitalanlagen, um Ihre Steuerlast zu senken?

3. Wie Sie Ihre Produktivität optimieren

Ihre Bilanz stellt Vermögen und Verbindlichkeiten gegenüber, woraus sich Ihr Nettovermögen oder die tatsächlichen Schulden ergeben (wenn die Verbindlichkeiten höher sind als das Vermögen). Der Schlüssel zum Erfolg liegt darin, mehr zu erzeugen als zu verbrauchen, damit am Ende bei Ihrer persönlichen Bilanz ein positives Ergebnis (Überschuss) herauskommt.

Schöpfen Sie mehr Wert für die Welt, als Sie sich nehmen? Kennen Sie Ihre Leidenschaften, Ihren Lebenszweck und Ihre Werte, und spiegelt Ihr Unternehmen oder Ihre berufliche Laufbahn sie wider? Können Sie Ihre Talente und Ihr Wissen im Beruf wirkungsvoll einsetzen, um für Dritte Wert zu schöpfen?

Die Rockefeller-Formel und die Cashflow-Versicherung

Haben Sie Ihr eigenes Banksystem eingerichtet, um sich selbst zu finanzieren und sich selbst Zinsen zu bezahlen, die normalerweise die Banken kassieren?

Kreditscore

Kennen Sie Ihren Kreditscore? Wissen Sie, wie Sie diesen Wert beibehalten oder verbessern können? Mit einem guten Kreditscore haben Sie gute Chancen, mit Ihrer Bank über niedrigere Zinsraten für Ihre laufenden Kredite zu sprechen, und Sie sind auf jeden Fall kreditwürdig, wenn Sie mal ein Darlehen benötigen, um Ihre Produktivität oder Gewinne zu steigern.

> »Jeder besitzt die Fähigkeit,
> sich seine eigene finanzielle Arche
> zu bauen, um sein Überleben und
> seinen künftigen Wohlstand zu sichern.«
> ROBERT KIYOSAKI

Call to Action
Raus aus der Schuldenfalle!

Kümmern Sie sich um Ihre jetzigen Darlehen.
Erstellen Sie eine Liste mit allen laufenden Krediten. Tragen Sie zudem den aktuellen Darlehenssaldo, die Zinsrate, monatliche Tilgungsrate und den Cashflow-Index (Darlehenssaldo geteilt durch monatlichen Mindestrückzahlungsbetrag) ein. Sortieren Sie alle Kredite (zum Beispiel Visacard, Autofinanzierung, Hypothek) vom niedrigsten bis zum höchsten Cashflow-Index. Und jetzt wissen Sie, in welcher Reihenfolge Sie Ihre Kredite zurückzahlen sollten.

Stopfen Sie Löcher.
Was ist Ihr jetziger Kreditscore? Und der Ihres Lebenspartners? Wie planen Sie, Ihren Kreditscore zu erhöhen? Kann eine Umschuldung Ihren Cashflow erhöhen? Kann eine Umstrukturierung Ihrer Versicherungen Ihren Cashflow erhöhen?
Haben Sie Ihrem Unternehmen schon eine Rechtsform (zum Beispiel GmbH, Partnerschaftsgesellschaft und so weiter) gegeben? Wenn nicht, reden Sie unbedingt mit einem Steuerberater oder Wirtschaftsprüfer.

Widmen Sie sich Ihrer Vermögensbildung.
Wie viel Geld (in Prozent Ihres Einkommens) fließt derzeit in Ihr Vermögensaufbaukonto? Wann wollen Sie 15 Prozent Ihres Einkommens auf dieses Konto überweisen?
Wann wollen Sie eine Cashflow-Versicherung abschließen?

Besuchen Sie unsere Webseite 5DayWeekend.com, laden Sie das passende Arbeitsblatt herunter und drucken Sie es aus (nur in englischer Sprache verfügbar).
Passwort: P4

TEIL III: EINKOMMENSWACHSTUM

MEHR GELD VERDIENEN

Auch wenn Sie damit beschäftigt sind, Ordnung in Ihre Finanzen zu bringen, sollten Sie schon jetzt daran arbeiten, künftig mehr zu verdienen. Am schnellsten geht das als Unternehmer. Jetzt heißt es für Sie, sich so richtig ins Zeug zu legen, um Ihr aktives Einkommen zu erhöhen. Sinn und Zweck dieses Unterfangens ist es jedoch nicht, Ihren Lebensstandard anzuheben – zumindest noch nicht. Im Moment lautet das Ziel, über frei verfügbares Einkommen zu verfügen, um sämtliche Gelegenheiten nutzen zu können, mehr passives Einkommen zu generieren.

Das Unternehmertum ist die beste Möglichkeit, für Wohlstand und Cashflow zu sorgen, Steuervorteile für sich zu nutzen und Sie auf Ihr künftiges Leben im Wohlstand vorzubereiten. Auch die Steuergesetze begünstigen Selbstständige und bestrafen die unteren Lohngruppen. Das Einkommen von ganz normalen Angestellten, Sparguthaben und die Altersvorsorge der Mittelklasse und der Geringverdiener werden überproportional hoch versteuert.

DIE EINZELNEN KAPITEL IM ÜBERBLICK:

11. **Das aktive Einkommen erhöhen**
12. **Dafür braucht es kein Geld**
13. **Ideen für die Selbstständigkeit für sich entdecken**
14. **Lässt sich damit etwas verdienen?**
15. **Bevor Sie Ihren Job kündigen**

Call to Action

Ihre Einkommensplanung in der Selbstständigkeit

KAPITEL 11

DAS AKTIVE EINKOMMEN ERHÖHEN

Prima, Sie haben eine solide finanzielle Grundlage geschaffen. Sie sind allmählich schuldenfrei. Sie holen sich Geld zurück, das sich das Finanzamt zu Unrecht geschnappt hat, das schlecht investiert wurde, das irrsinnigerweise in nicht an Ihre Lebensumstände angepasste Versicherungen floss, und Sie nehmen Zinsen ein. Und das Tüpfelchen auf dem i ist, dass Sie Geld zur Seite legen können.

Jetzt lautet das Ziel, Ihr aktives Einkommen zu erhöhen. Das kommt Ihnen jetzt sicherlich spanisch vor, weil ich doch die ganze Zeit über behauptet habe, das mit dem 5-Tage-Wochenende klappt nur, wenn das passive Einkommen entsprechend hoch ausfällt. Dazu kommen wir später noch. Am Anfang müssen Sie Ihr aktives Einkommen erhöhen, damit Sie über die erforderlichen finanziellen Mittel verfügen, Ihr Geld klug investieren zu können. Man braucht Geld, um Geld zu verdienen, heißt es doch so schön – aber das stimmt nicht. Mehr dazu erfahren Sie im nächsten Kapitel. Was jedoch stimmt, ist, dass man Geld für Investitionen braucht. Und je mehr Sie investieren können, umso schneller erreichen Sie Ihr 5-Tage-Wochenende.

In dieser Phase rede ich definitiv nicht davon, dass Sie jetzt ständig Überstunden schieben oder Ihren Chef um eine Gehaltserhöhung bitten sollen (auch wenn das zugegebenermaßen keine schlechte Idee wäre). Was ich Ihnen sagen will, ist, dass Sie im Nebenjob selbstständig arbeiten, mehr von diesem Geld haben und sich Ihnen dann schon bald größere Chancen bieten als je zuvor.

Mit dieser Vorgehensweise können Sie nichts falsch machen. Schließlich geraten dadurch weder Ihre Finanzen in Schieflage, noch leiden Ihr Lebensstandard oder Ihre Familie darunter. Ich sage ja eben nicht, dass Sie Ihren Job kündigen und dann darauf hoffen sollen, dass es schon irgendwie weitergeht. Im Prinzip ist das eine Art Probelauf der Selbstständigkeit. Das kostet Sie nicht viel. Aber Sie lernen, was klappt und was nicht, und können auf Letzterem aufbauen.

Loslegen, ausprobieren und aus Fehlern lernen

Sollten Sie bisher noch nie selbstständig tätig gewesen sein, könnte ich mir vorstellen, dass Ihnen allein der Gedanke daran Angst einjagt. Vielleicht wissen Sie ja nicht, was Sie als Unternehmer tun könnten. Oder wo Sie anfangen sollen.

Des Rätsels Lösung? Fangen Sie einfach an. Tun Sie was! Lassen Sie sich doch nicht von Ihrer Angst ausbremsen oder von mangelndem Wissen oder Fähigkeiten. Je länger Sie diesen Schritt aufschieben, umso größer wird die Angst nämlich. Legen Sie einfach los, dann sehen Sie schon, was passiert.

»Misserfolg ist ein Bluterguss, kein Tattoo.«
JON SINCLAIR

Mit manchen Ihrer Ideen werden Sie auf die Nase fallen. Tja, das Gute daran ist, dass Sie sich keine Sorgen zu machen brauchen, ob Sie dann Ihre Rechnungen noch zahlen können. Schließlich ist Ihre

Selbstständigkeit nur ein Nebenerwerb. Machen Sie sich klar, was Sie daraus lernen können, und wenden Sie dieses Wissen und diese Erfahrung bei Ihrem nächsten Vorhaben an. Und wenn Ihr erster Versuch geklappt hat, umso besser: Dann bauen Sie diese Idee so lange aus, wie es geht. Vielleicht machen Sie damit ja auf längere Sicht so viel Geld, dass Sie Ihren jetzigen Job doch kündigen können.

Geschichten aus dem wahren Leben
Kyle Moffat hat in Alaska das Licht der Welt erblickt und ist dort aufgewachsen. Inzwischen ist er 30 und arbeitet Vollzeit als Produktionsleiter an einer Pumpstation, wo Öl in die Trans-Alaska-Pipeline geleitet wird. Er verdient hervorragend und arbeitet de facto nur fünf Monate im Jahr, da er immer zwei Wochen arbeitet und dann wieder zwei Wochen frei hat.

Doch ganz gleich, wie viel er auch verdient und wie flexibel seine Arbeitszeiten sind, er weiß, dass er nie wirklich frei sein wird, solange er für jemanden arbeitet.

2012 rief er einen Blog namens *The Alaska Life* ins Leben. Als kerniger Naturbursche und Abenteurer wurde er oft nach seiner Ausrüstung gefragt. Das war für ihn Grund genug, den Blog zu starten, denn auf diese Weise erreichten seine Antworten viele Menschen. Er legte einfach damit los, hatte keinen Businessplan. Für ihn war es nur ein Hobby. Zu seiner großen Freude und Überraschung kam der Blog gut an und hatte schon bald viele treue Stammleser.

> »Es gibt zwei Möglichkeiten, auf die Spitze einer Eiche zu gelangen. Entweder man setzt sich auf eine Eichel und wartet oder man klettert hinauf.«
> KEMMONS WILSON

Dann fing er damit an, Mützen, Hoodies und T-Shirts bekannter Hersteller zu verkaufen, und machte neben seinem Hauptjob einen Bruttoumsatz zwischen 20 000 bis 30 000 US-Dollar. Nach ein paar Jahren hatte er mehr als 250 000 Fans auf Facebook.

Da sein Geschäft so gut lief, wollte er es noch weiter ausbauen. Nachdem er ein paar Onlinekurse über das Direktgeschäft absolviert hatte, eröffnete er am 1. Oktober 2014 einen Onlineshop mit Amazon als Geschäftspartner. Zu den ersten dort angebotenen Produkten zählten Selfie-Sticks für Go-Pro-Kameras, die er unter einem Eigennamen vertrieb, und Wasserflaschen aus Edelstahl. Natürlich hatte er Angst, ob er überhaupt etwas davon verkaufen würde, aber die legte sich schnell, als der erste Auftrag im Warenwert von rund 6000 US-Dollar bei ihm einging. Bereits acht Wochen nach der Eröffnung erzielte er einen monatlichen Umsatz von etwa 90 000 US-Dollar (in der Urlaubszeit sogar noch mehr). 2015, in seinem ersten vollständigen Geschäftsjahr, lag sein Bruttoumsatz bei rund 750 000 US-Dollar. Inzwischen sind Einzelaufträge über 100 000 US-Dollar keine Seltenheit mehr.

Obwohl Kyle einen monatlichen Gewinn zwischen 6000 und 12 000 US-Dollar erzielt, hat er noch keinen Cent davon für sich ausgegeben, sondern steckt alles wieder ins Geschäft, das er weiterhin auf Wachstumskurs halten will. So gesehen finanziert sich sein Laden von selbst. Er geht davon aus, dass er schon bald gut davon leben kann.

Kyle erzählte uns: »Angesichts unserer kurzen Arbeitszeiten verdienen meine Kollegen und ich in unserem Pipelinejob durchaus gutes Geld. Die Leute hier sind fett, dumm und anspruchslos. Sie stecken ihr Geld in die staatlich geförderte Altersvorsorge. Doch reich wird damit keiner. Ich sag ihnen immer, sie sollen umdenken. Nur wenn man selbstständig ist, wird man wirklich Karriere machen und vorankommen. Als Angestellter ist das einfach nicht drin, auch wenn man viel verdient.«

Möglichst klein anfangen

Eine Vision zu haben, ist in den meisten Fällen eine gute Sache. Doch wer den Schritt in die Selbstständigkeit erstmal in Form einer Nebenbeschäftigung wagen will, den kann eine Vision ziemlich ausbremsen. Die meisten Menschen schrecken nämlich davor zurück, wenn sie sich konkret vorstellen, was da alles auf sie zukommt.

Der Schlüssel zum Erfolg liegt darin, in kleinen, machbaren Schritten zu denken und sich zum Beispiel auf ein Produkt zu konzentrieren. »Aber da wäre doch dieses tolle Projekt, das unglaubliche Chancen bietet …« Vergessen Sie's, denn für solche Vorhaben sind meistens ein großer Kapitaleinsatz, ein Team, eine Infrastruktur und dergleichen mehr erforderlich. Stürzen Sie sich lieber in die Vermarktung von Produkten oder Dienstleistungen, die keinen oder nur minimalen Kapitaleinsatz fordern. An diesem Punkt kommt eine Strategie ins Spiel, die Garrett mit den Worten beschreibt: »Erst siegen, dann spielen.« Anders ausgedrückt: Bevor Sie sich vollends in ein Projekt stürzen oder eine scheinbar großartige Gelegenheit beim Schopf packen, müssen Sie Ihr Vorhaben auf Markttauglichkeit testen. Ist überhaupt Nachfrage danach vorhanden? Das müssen Sie klären, bevor Sie haufenweise Zeit, Geld und Energie investieren. Um es mal mit den Worten eines Fußballers zu sagen: Sie müssen nicht gleich einen Elfmeter verwandeln, wichtig ist erstmal, aufs Feld zu gehen und den Ballkontakt zu üben.

Geschichten aus dem wahren Leben

Stephen Palmer ist Schriftsteller und Lebensberater, der sein passives Einkommen erhöhen wollte und erstmal Ideen sammelte, wie ihm das gelingen könnte. Ihm gefiel die Vorstellung, inspirierende Sinnsprüche auf Poster und Leinwände zu drucken.

Stephen hatte keine Ahnung, ob sich seine Poster verkaufen würden. Da er weder viel Zeit noch Geld investieren wollte, beließ er es zunächst bei einem Sinnspruch über Familie und beauftragte einen Grafiker mit dem Design dafür. In der Phase war er noch meilenweit davon entfernt, ein Unternehmen zu gründen. Er hatte nicht einmal eine Website. Er druckte immer nur ein Poster aus und ließ Fotos davon rahmen. Dann stellte er das Poster auf eine Website, die täglich neue Schnäppchen anbot (vergleichbar mit Groupon). Er sah sich die anderen Produkte auf dieser Website an und kam zu dem Schluss, dass er damit nur weitermachen würde, wenn er mindestens 50 Stück verkauft hätte. Gelänge ihm dies nicht, würde er etwas anderes ausprobieren.

> »Die beste Art, sich selbstständig zu machen, geht so: Peilen Sie ein möglichst kleines Projekt an, bei dem Ihnen jemand dafür Geld gibt, dass Sie ein Problem für ihn lösen, dessen er sich bewusst ist. Stellen Sie dann weniger in Rechnung, als Ihre Leistung wert ist, aber mehr, als es Sie gekostet hat. Wiederholen Sie diese Schritte. Warten Sie nicht auf das perfekte, große, lang ersehnte oder umwerfende Projekt, sondern fangen Sie an – jetzt!«
> SETH GODIN[41]

Zu seiner großen Freude und Überraschung verkaufte er schon bei seiner ersten Offerte 392 Stück. Jetzt musste er sich mit dem Druck aber beeilen, um seine ersten Bestellungen zeitnah liefern zu können. Und erst dann machte er sich daran, sein Geschäft aufzubauen.

Mittlerweile betreibt er eine professionelle Website, und sein Onlineshop bietet zwölf verschiedene Sinnsprüche in unterschiedlichen Formaten an. Damit verdient er mit relativ geringem Zeitaufwand mehrere Tausend US-Dollar im Jahr. Und wie viel Geld hat er in den Aufbau seines Geschäfts gesteckt? Im Prinzip hat er lediglich die Rechnung des Grafikers für das erste Poster bezahlt. Ab dann hat sich sein Laden selbst finanziert, und er konnte alle anderen Ausgaben mit dem Geld bezahlen, das ihm sein Onlineshop einbrachte.

Dan McCoy arbeitete im Jahr 2002 Vollzeit als Elektroingenieur für ein großes Luft- und Raumfahrtunternehmen. Er kannte sich mit Computern aus und war frustriert, dass so bekannte Unternehmen wie Dell solche »Schrottkisten«, wie er sie nannte, auf den Markt brachten. Doch im Endeffekt erkannte er, dass dies seine Nische, seine Gelegenheit war. Und so begann er, Computer zu bauen, die optimierter, von besserer Qualität und schneller waren als die von namhaften Unternehmen vertriebenen. Auch er begann sein Geschäft als Nebenerwerb. Zudem war es ihm wichtig, seinen Kunden umfassenden Service zu bieten, der keine Wünsche offenließ.

Für ihn war das Ganze mehr ein Hobby, doch die Nachfrage wuchs. Im Laufe der Zeit bot er immer mehr Dienstleistungen rund um den PC an. 2009 offerierte er kleinen und mittelständischen Unternehmen Beratungsleistungen und IT-Dienste (obwohl er noch immer Vollzeit als Angestellter arbeitete). Ihm war durch die Arbeit mit seinen Kunden aufgefallen, was in seiner Branche zwar üblich, aber in seinen Augen nicht der richtige Ansatz war. Er und seine Mitbewerber wurden nur dann hinzugezogen, wenn die Computer ihrer Kunden so abgestürzt waren, dass ein Profi ranmusste. Weshalb also sollten sie darum bemüht sein, dass ihre Computer immer auf dem neuesten Stand waren und liefen? Und da hatte er einen Geistesblitz: Er wollte nicht mehr nur dann einspringen, wenn der Computer seiner Kunden keinen Mucks mehr von sich gab, und dafür nach Stunden abrechnen, sondern sein künftiges Geschäftsmodell sollte auf wiederkehrenden Umsätzen basieren. Seine Kunden sollten ihm eine monatliche Pauschale dafür zahlen, dass er sich darum kümmerte, dass ihre PCs und Netzwerke immer reibungslos funktionierten. Seinen Kunden gefiel dieses Leistungsversprechen, und dieses Modell passte besser zu Dans Kerngeschäft. Nach und nach stellte er sein Geschäft entsprechend um. Nach nur einem Jahr erwirtschaftete er über 80 000 US-Dollar Umsatz im Jahr damit.

Im September 2010 wurde er von seinem Arbeitgeber aufgrund seiner Nebentätigkeit und weil er private E-Mails auf dem Firmen-PC beantwortet hatte, abgemahnt, obwohl er das immer nur in den Pausen gemacht hatte. Zu seinem großen Ärger stellten sie ihn außerdem unbezahlt drei Arbeitstage frei. Zu dem Zeitpunkt war seine Tochter ein Jahr alt, sein Sohn neun. Er verbrachte die drei Tage damit, mit seiner Tochter zu spielen, was ihm klar machte, was er alles verpasst hatte, als sein Sohn in dem Alter war. Damit sollte jetzt Schluss sein. Es war höchste Zeit, sich beruflich zu verändern.

Nach seiner Zwangspause kehrte er an seinen Arbeitsplatz zurück, wo er mit hohen Anforderungen konfrontiert wurde, was seinen Entschluss nur noch bekräftigte. Er erinnerte sich: »Ich musste auf einmal zu bestimmten Zeiten anwesend sein. Als ob Zeit und nicht Wertschöpfung das Entscheidende an meinem Job wäre. Sie haben mich in meiner Freiheit beschnitten, produktiv zu sein. Es war ihr Versuch, mich an die Kandare zu nehmen, und ich hasste meine Arbeitgeber dafür.«

Dan befolgte Garretts Tipps, zunächst Cashflow freizumachen, wie ich das weiter oben ausgeführt habe. Und seine Rechnung ging auf: Er konnte mit einer monatlichen Geldeinbuße von 60 Prozent leben, indem er seinen Job kündigte, hatte dann aber genug Zeit für seine Familie. In der Anfangszeit leistete er zwar viele Überstunden, um sein Geschäft in Schwung zu bringen und seinen Kundenstamm zu erweitern. Der 14. Januar 2011 war der letzte Tag, an dem er für einen Arbeitgeber im klassischen Sinn arbeitete.

Innerhalb eines Jahres, nachdem er seine Kündigung eingereicht hatte, hatte sich der Umsatz seines Unternehmens bereits verdoppelt.

Mittlerweile ist er beim vierfachen des ursprünglichen Umsatzes angelangt, und sein Gewinn hat sich verdreifacht.

Etwa 85 Prozent seines Umsatzes erzielt er mit wiederkehrenden Umsätzen, sein Bruttogewinn liegt zwischen 50 und 60 Prozent davon. Derzeit beschäftigt er zwei Mitarbeiter in Vollzeit und vergibt Aufträge an rund 60 freiberufliche Kollegen. Jetzt besitzt er die Freiheit, zu tun, was er will und wann immer er das tun möchte. Und all das hat als kleiner Nebenjob angefangen.

Wir fragten Dan, welchen Rat er jemanden gäbe, der vom Angestelltendasein in die Selbstständigkeit wechseln möchte. Hier seine Antwort: »Das Wichtigste ist, sich etwas zu überlegen, das einem Spaß macht. Es gibt nichts Schlimmeres, als selbstständig zu sein und seinen Job zu hassen. Man muss gern aufstehen, leidenschaftlich bei der Sache sein und für seine Kunden einen Unterschied machen. Ohne Leidenschaft schleppt man sich durch sein Leben, als ob alles egal wäre. Und man sollte wissen, wo man hinwill. Wo möchte man in fünf oder zehn Jahren stehen?«

Stetige Verbesserung

Es spricht nichts dagegen, im kleinen Stil anzufangen und ein paar Testballons zu starten, ohne ein größeres Risiko einzugehen. Das soll aber nicht heißen, mit angezogener Handbremse durchstarten zu wollen. Auf das 5-Tage-Wochenende hinzuarbeiten, erfordert Mut und Tatkraft. Es braucht eine gehörige Portion Einsatz und den Willen, jeden Tag ein kleines Stückchen über sich selbst hinauszuwachsen. Und zwar auch, wenn sich manche Anstrengung als vergebene Liebesmüh erweist. Der Schlüssel zum Erfolg liegt in kontinuierlicher Verbesserung.

Mir persönlich gefällt dafür der japanische Begriff »kaizen«, der für das Streben nach kontinuierlicher und dauerhafter Verbesserung steht. Auch die größten Erfolge sind das Resultat vieler kleiner Änderungen, die aufeinander aufbauen.

Ich möchte Sie jetzt auffordern, Ihr Einkommen Monat für Monat um 3 Prozent zu erhöhen. Wie lange das so gehen soll? Auf jeden Fall die ersten paar Jahre, während der Sie auf Ihr 5-Tage-Wochenende hinarbeiten. Schon am Ende des ersten Jahres haben Sie Ihr Einkommen dann um 38,4 Prozent gesteigert, am Ende des zweiten bereits um 97,4 Prozent, also um fast das Doppelte. Angenommen, Sie verdienen derzeit 3000 Euro im Monat. Dann sieht unsere Rechnung wie folgt aus:

> »Verbringe jeden Tag damit, am Abend ein klein wenig weiser zu sein als beim Aufstehen. Du kommst immer nur einen Schritt nach dem anderen voran. Disziplin erlernst du, indem du auf den Endspurt trainierst.«
> CHARLIE MUNGER

Im 1. Jahr

- Im ersten Monat: 3000 Euro × 3 % = 90 Euro
- Im zweiten Monat: 3090 Euro × 3 % = 92,70 Euro
- Im dritten Monat: 3182,70 Euro × 3 % = 95,48 Euro
- Im vierten Monat: 3278,18 Euro × 3 % = 98,35 Euro
- Im fünften Monat: 3376,53 Euro × 3 % = 101,30 Euro
- Im sechsten Monat: 3477,83 Euro × 3 % = 104,33 Euro
- Nach sechs Monaten: 3477,83 Euro (Zuwachs um 16 Prozent)
- Nach einem Jahr: 4152,70 Euro (Zuwachs um 38,4 Prozent
- Nach zwei Jahren: 5920,77 Euro (Zuwachs um 97,4 Prozent)

Diese Vorgehensweise »gamifiziert« Ihre ersten »Gehversuche« und stellt zugleich einen Anreiz für Sie dar, sich kontinuierlich zu steigern. Die Erlöse eines Monats messen sich mit denen des Vormonats, was der Gamifizierung immer wieder neuen Auftrieb verleiht. Keine Frage, es spricht nichts dagegen, Ihre Einnahmen auch mal um mehr als 3 Prozent monatlich zu steigern, aber weniger sollte es nicht sein. Sollte Sie das überfordern, legen Sie sich Ihr persönliches konkretes Ziel selbst fest und setzen Sie alles daran, es auch zu erreichen. Allein mit der Hoffnung, alles werde sich schon zum Guten wenden, gewinnen Sie hier keinen Preis.

In den ersten Jahren ist es natürlich einfacher, sein Einkommen zu erhöhen, da Sie ja noch nicht so viel verdienen. Im Laufe der Jahre wird es immer schwieriger, aber Ihr Motto lautet weiterhin: »Die Kunst liegt darin, mich stets zu verbessern und nie damit aufzuhören, mein monatliches Einkommen zu steigern.«

> »Die kleinste Handlung ist immer besser als die edelste Absicht.«
> ROBIN SHARMA

KAPITEL 12

DAFÜR BRAUCHT ES KEIN GELD

Nach ihrer Scheidung zog Monica mit ihren drei Kindern von New York nach Utah, wo sie faktisch bei null anfangen musste, da sie ohne einen Cent in der Tasche, nur mit zwei Koffern, in die ihr ganzes Hab und Gut passte, dort ankam. Kurze Zeit später fing sie als Verkäuferin in einem Geschenkeladen in einem Einkaufszentrum an und konnte sich und ihren Kindern wenigstens das Nötigste leisten. Doch Monica wusste, dass sie mehr draufhatte. Sie war eine passionierte Köchin und mit voller Leidenschaft dabei, wenn es um gutes Essen und gesunde Ernährung ging. Es war schon immer ihr Traum gewesen, ihren Mitmenschen »ihre Liebe über Essen zu zeigen«, wie sie sich ausdrückte. Sie wollte nicht nur, dass sie sich gesünder ernährten, sondern auch, dass es ihnen besser schmeckte. Die Vorstellung, sich damit selbstständig zu machen, jagte ihr Angst ein, da das Risiko, damit zu scheitern, in ihren Augen zu groß war.

Doch zum Glück gab Monica nicht auf. Sie sah, dass andere Erfolg mit dem hatten, was sie von Herzen gerne tun wollte, was sie zu dem Schluss kommen ließ, ihr Traum ließe sich doch verwirklichen.

Und so begann sie, für eine Handvoll Kunden zu kochen (Garrett war einer ihrer ersten). Dass ihr Essen unbeschreiblich lecker war, machte schnell die Runde, sodass sie schon kurze Zeit später so viele Kontakte geknüpft und Kunden gewonnen hatte, dass sie ihren Job im Geschenkeladen kündigen und sich Vollzeit ihrem Traum widmen konnte. Ein Jahr später verdiente sie ihr damaliges Jahresgehalt in einer Woche!

Monica und viele andere Leute, die aus dem gleichen Holz geschnitzt sind, sind der lebende Beweis, dass man eben kein Geld braucht, um Geld zu verdienen. Was es jedoch braucht, sind Initiative, Entschlossenheit und die Fähigkeit, Wert zu generieren. Geld ist schließlich nichts anderes als der Nachweis, dass die Wertschöpfung geglückt ist. Geld hat keinen Wert an sich, sondern zeugt davon, dass Werte zwischen zwei Personen ausgetauscht wurden. Und dazu kommt es, wenn Probleme gelöst oder Schmerzen gelindert wurden und wenn den Menschen zu Freude verholfen wurde.

> »Ich war niemals arm, ich hatte nur oft kein Geld. Arm zu sein, ist eine Bewusstseinsfrage, nichts zu haben eine vorübergehende Situation.«
> MIKE TODD

Lassen Sie es nie zu, dass Geldmangel Sie davon abhält, in die Welt hinauszutreten und Wert zu schaffen. Das Einzige, was Sie brauchen, um mehr Geld zu machen, liegt zwischen Ihren Ohren. Sie werden nicht nach Stunden bezahlt. Sie werden für den Wert bezahlt, den Sie einer Stunde verleihen. Jetzt brauchen Sie nur noch zu lernen, wie Sie Ihren Stunden zu mehr Wert verhelfen.

Drei Arten von Kapital: Garretts Wertegleichung

Die meisten Leute glauben, sie bräuchten Finanzkapital, um ein Unternehmen zu gründen oder sich selbstständig zu machen. Doch es ist eine Tatsache, dass es drei Arten von Kapital gibt, und das Finanzkapital ist das am wenigsten benötigte.

Geistiges Kapital

Geistiges Kapital ermöglicht es uns, Wert für unsere Mitmenschen zu generieren. Doch was ist geistiges Kapital eigentlich? Einfach ausgedrückt: Alles, was jemand weiß. Dazu gehören sämtliche Fähigkeiten, in der Schulzeit und Ausbildung vermittelte Kenntnisse, Erfahrungen, Erkenntnisse und alle anderen Dinge, die man weiß oder beherrscht. In den meisten Fällen geht damit auch eine gewisse Spezialisierung einher. Niemand kann alles wissen, aber jeder kann sich auf ein Fachgebiet spezialisieren und darin brillieren.

> »Wer glaubt, Bildung sei teuer, möge es mit Dummheit versuchen.«
> HARVEY MACKAY

Wir legen Ihnen dringend ans Herz, Ihr Wissen zu vertiefen und am besten täglich etwas dazuzulernen.

Beziehungskapital

Beziehungskapital umfasst alle Leute, mit denen Sie in Verbindung stehen, für die Sie Wert schaffen und die Ihnen vertrauen, weil sie Sie kennen. Anderen Menschen dabei zu helfen, Probleme zu lösen oder ihnen zu Diensten zu sein, schafft Beziehungskapital oder Goodwill.

Leistungsträger schützen ihre Kontakte und geben sich üblicherweise nicht mit Leuten ab, die keinen Wert generieren. In wichtigen Beziehungen sollten Mentoren, Lehrer und andere, die dazu beitragen, dass Ihr geistiges Kapital größer wird, eine tragende Rolle spielen.

Vielleicht ist Ihnen der Ausdruck »Das Geld anderer Leute« ja schon einmal untergekommen – was definitiv für das Beziehungskapital gilt. Doch das ist noch längst nicht alles, auch die Netzwerke anderer Leute, die Zeit anderer Leute und dergleichen mehr fallen darunter. Es geht nicht um Ihr eigenes Geld, um Ihre Kontakte, Zeit oder Energie, wenn Sie etwas erreichen wollen. Es genügt zum größten Teil, wenn Sie Beziehungen zu den Leuten aufbauen, die über die Mittel verfügen oder Zugang zu den Mitteln haben, die Sie benötigen.

Finanzkapital

Finanzkapital ist genau das, wonach es klingt – Geld, auf das Sie Zugriff haben. Finanzkapital wird mehr, wenn Sie mehr Wert erzeugen als verbrauchen. Im Endeffekt ist es Nebenprodukt dessen, wie effizient Sie Ihr geistiges Kapital einsetzen, um Wert für andere zu schaffen. Aufgemerkt: Finanzkapital muss nicht unbedingt Ihr Geld sein. Es kann durchaus anderen gehören, am besten denjenigen, mit denen Sie Beziehungskapital geschaffen haben.

> »Du bist immer nur einen Kontakt oder eine Idee von dem nächsten Wohlstandslevel entfernt.«
> GARRETT GUNDERSON

Da es problemlos möglich ist, alle drei Kapitalarten auf einmal zu erhöhen, kommt es dann zu einem exponentiellen Wachstum, und das wiederum versetzt Sie in die Lage, Werte zu schaffen und dadurch Ihre Rücklagen und Potenziale zu erhöhen. Einfach ausgedrückt: Je mehr Sie zu bieten haben, umso mehr erhalten Sie dafür.

Wenn Sie mit Geldschwierigkeiten zu kämpfen haben, ist es im Grunde kein Geldproblem. Es liegt viel mehr daran, dass Sie nicht genug geistiges Kapital oder Beziehungskapital besitzen. Kurz gesagt, Ihre Wertegleichung geht nicht auf. Die Formel dafür lautet:

Geistiges Kapital × Beziehungskapital = Finanzkapital

Wenn Sie mehr Geld haben wollen (sprich mehr Finanzkapital), müssen Sie das Wachstum Ihres geistigen oder Ihres Beziehungskapitals ankurbeln – oder beides. Sie sind immer nur eine Idee oder einen Kontakt vom Durchbruch entfernt.

Das jetzige Vermögen sinnvoll einsetzen und maximieren

Wohin man auch blickt, überall sitzt jemand da und wartet – auf einen besseren Job, auf mehr Geld oder darauf, dass die Sterne gut stehen. Oder der Wunsch nach mehr Zeit oder mehr Mitteln wird laut.

Doch einfach nur abzuwarten (und Tee zu trinken) kann auch eine Ausrede dafür sein, sein Leben nicht in die eigene Hand zu nehmen, und zuzulassen, dass Angst das Ruder übernimmt. Ich bin überzeugt, Ihnen mangelt es an nichts – Sie haben zwei Augen, um zu sehen, und Ihnen stehen weitaus mehr Ressourcen zur Verfügung, als Sie glauben. Was können Sie anderen in diesem Augenblick bieten, um Wert zu schaffen? Worauf warten Sie noch?

»Du musst dort anfangen, wo du gerade bist. Du musst das nutzen, worüber du jetzt verfügst. Und du musst tun, was immer du tun kannst.«
ARTHUR ASHE

Garrett und ich haben beide ohne einen Cent Eigenkapital angefangen. Weder er noch ich wurden mit dem goldenen Löffel im Mund geboren. Wir mussten beide lernen, die Initiative zu ergreifen, innovativ und einfallsreich zu sein. Wir haben beide die Erfahrung gemacht, dass man eben kein Geld braucht, um Geld zu verdienen. Das Einzige, was man wirklich braucht, ist der eiserne Wille, sich ins Zeug zu legen, und die Bereitschaft, aus seinen Fehlern zu lernen.

Meine Geschichte

Ich war erst zehn Jahre alt, als mein Bruder Jim und ich eines regnerischen Nachmittags eine Dokumentation über Jimi Hendrix im Fernsehen ansahen. Für mich war Hendrix der Coolste. Er war unglaublich kreativ und ganz anders als andere berühmte Gitarristen. Ich bin mir ziemlich sicher, dass er den Funken in mir zündete, der sich schon bald zu einem inneren Feuer der Leidenschaft auswuchs.

Nicht lange nach der Sendung hatte ich meine erste Gitarrenstunde, und ich machte rasch Fortschritte. Mit zwölf konnte mir mein erster Gitarrenlehrer nichts mehr beibringen. Mit 13 übte ich jeden Tag mindestens drei Stunden nach der Schule. Ich widmete mein Leben der Musik. Dann begann ich, anderen Gitarrenstunden zu geben. Ich hängte in Musikläden Zettel auf und warb für mich. Interessierte kamen dann zu mir nach Hause und fragten mich an der Tür dann nach Nik Halik. Wenn ich mir dann auf die Brust tippte, brachen sie in lautes Gelächter aus, schließlich war ich nur halb so groß und alt wie sie. Wollten sie sich dann auf dem Absatz umdrehen, bat ich sie, mir eine Chance zu geben, schnappte meine Gitarre und spielte ein paar Riffs, damit sie wussten, was ich draufhatte.

Es dauerte nicht lange, bis ich besser war als mein zweiter Gitarrenlehrer. Ich war richtig gut darin. Mit 15 war es dann so weit, dass es in meiner Heimatstadt Melbourne keinen Gitarrenlehrer gab, der mir noch etwas hätte beibringen können.

Inzwischen hatte ich selbst über 50 Schüler, von denen ein paar sogar ihre Brötchen damit verdienten, aufzutreten. Ich verlangte damals 25 US-Dollar die Stunde, eine stolze Summe für einen Teenager. Damit konnte ich mir teure Gitarren und Verstärker leisten. Außerdem beschäftigte ich fünf weitere Gitarrenlehrer, denen ich 10 US-Dollar die Stunde zahlte, was mir weitere 75 US-Dollar je Stunde in meine Kasse spülte. Das war meine erste Erfahrung mit Leverage, dem Hebeleffekt bei Investitionen.

Mit 17 hatte ich 30 000 US-Dollar auf dem Sparkonto liegen, mehr als genug, um meinen ersten größeren Umzug zu finanzieren. Ich wollte nach Los Angeles ziehen und dort Gitarre und Musikkomposition bei den talentiertesten Musikern der Welt studieren. Mein Traum war es, als Gitarrist auf der Bühne zu stehen und Karriere zu machen.

»Die Mutigen leben nicht ewig. Aber die Ängstlichen leben gar nicht.«
MEG CABOT

Ich gewann ein Stipendium an der berühmten Musikschule Guitar Institute of Technology (GIT), der wohl innovativsten Schule für zeitgenössische Musik, die zum Musicians Institute in Hollywood gehört. Die Ausbildung dort ist umfassend und praxisorientiert. GIT (jetzt Musicians Institute) ist das, was die Harvard University für angehende Juristen und das MIT für künftige Informatiker und Naturwissenschaftler ist.

In meinen späten Teenagerjahren zog ich also nach Hollywood, um am GIT zu studieren. Dort waren die tollsten Musiker der Welt – eine mehr als beeindruckende Erfahrung für mich. Das Institut war für über 300 angehende Musiker an sieben Tagen die Woche rund um die Uhr geöffnet.

Mein Entschluss, Australien den Rücken zu kehren, inspirierte mich wie nie zuvor. Ich fühlte mich viel lebendiger und barst förmlich vor Energie und Tatendrang. Mein Traum, dass die weltbesten Musiker mich unter ihre Fittiche nahmen, war wahr geworden, und das war für mich so etwas wie eine Initialzündung. Kurz nach meinem Umzug nach LA gründete ich meine erste Rockband. Über ein Jahrzehnt waren wir mit den größten Rockbands der damaligen Zeit auf Tournee, und ich hatte eine tolle Zeit als Rockgitarrist.

In dieser Zeit lernte ich jede Menge, und aus diesem Wissen entwickelten sich noch mehr größere und bessere Dinge. Mir wurde zum Beispiel klar, dass ich mit meinem Wissen und Talent Wert schaffen konnte. Mich hielt nichts davon ab, meinen Lebensunterhalt nach meiner Fasson zu verdienen. Und das Beste daran war, dass ich kein Geld dafür brauchte – nur mein Traum zählte und ein Ort, an dem alles begann. Ich bin überzeugt, dass wir entweder leben, um unseren eigenen Traum zu erfüllen, oder um dazu beizutragen, den eines anderen zu leben.

Garretts Geschichte

Mit 15 stellten mir meine Eltern als Belohnung für gute Noten den 75 Chevy Pickup meines Dads in Aussicht. Voller Vorfreude verbrachte ich Stunden damit, den Pickup aufzubereiten, was meinen Vater schwer beeindruckte. Er arbeitete in einer Kohlenmine, und als einer seiner Vorgesetzten einmal in die Stadt kam, wollte er, dass ich einen der Firmenwagen herrichtete.

So kam ich auf die Idee, mich mit der Aufbereitung von Fahrzeugen selbstständig zu machen. Ich spielte mein Beziehungskapital mit meinem Vater aus, um mit seinem Chef reden zu können, da ich einen Vertrag über die Aufbereitung sämtlicher oberirdisch eingesetzter Firmenfahrzeuge der Kohlenmine haben wollte. Damals besaß ich so gut wie kein Finanzkapital. Von dem wenigen Geld, das ich mir durch Rasenmähen und Babysitting verdient hatte, kaufte ich mir eine Poliermaschine und ein paar andere Geräte.

Nachdem ich den Vertrag mit der Kohlenmine geschlossen hatte, ging ich zur örtlichen Bank (in der meine Mutter arbeitete). Auch bei diesem Unternehmen war Bedarf da, denn hin und wieder platzten

Kredite und sie saßen dann auf Autos, die überholt werden mussten. Ich wandte mich an den obersten Chef und brachte auch ihn dazu, einen Vertrag mit mir abzuschließen. Ich sprach mit Gott und der Welt über mein Ein-Mann-Unternehmen, und immer wenn ein Auto fertig war, bat ich meinen Kunden, mich weiterzuempfehlen. Inzwischen war ich richtig gut darin geworden, die Werbetrommel für mich zu rühren. Dann ließ ich von meinem Gewinn mein Firmenlogo auf Lufterfrischer und kleine Mülltüten drucken, die ich nach der Reinigung im Auto ließ.

Als Teenager hatte ich offen gestanden keine Ahnung, was ich für meine Dienste verlangen könnte. Ich kannte lediglich die Preise des örtlichen Autohändlers, und in meinen Augen war der unverhältnismäßig teuer. Deshalb fiel es mir leicht, seine Preise zu unterbieten, und verlangte 30 US-Dollar pro Wagen. Im Laufe der Zeit verlangte ich dann je nach Fahrzeug zwischen 50 und 75 US-Dollar. Trotzdem war ich im Ort der günstigste Fahrzeugaufbereiter. Ich war mehr als zufrieden damit, denn in meinen Augen verdiente ich einen Haufen Geld.

Ich war noch nicht allzu lange im Geschäft, da stellte ich bereits mehrere Mitarbeiter ein, denen ich 10 US-Dollar die Stunde bezahlte. Einer von ihnen war der Sohn eines gut vernetzten Zahlarztes in der Stadt. Ihm hatte ich tonnenweise neue Kunden zu verdanken, wovon auch der Sohn profitierte, dem ich für jeden Neukunden eine Provision auszahlte. Ich verdiente locker 20 US-Dollar die Stunde – und das zu einer Zeit, als der Mindestlohn bei gerade mal 5 US-Dollar lag. Außerdem verdiente ich ja auch noch an meinen Mitarbeitern, und ich konnte mir frei einteilen, wann ich arbeiten wollte. Keine schlechte Sache für einen Teenager, oder?

> »Sei stark genug, um eigenständig zu sein, klug genug, um zu wissen, wann du Hilfe brauchst, und mutig genug, um danach zu fragen.«
> Mark Amend

Ich bat meine Lehrer und andere, mir die Grundzüge von Betriebswirtschaft und Buchhaltung zu erklären, sodass ich mit ihrer Hilfe lernte, meine Steuererklärung und Bilanzen selbst anzufertigen. In dieser Zeit habe ich diese Lektion gelernt: Den meisten Menschen ist es peinlich, andere um Hilfe zu bitten, oder sie haben Angst vor einer

Absage. Doch die allermeisten Menschen sind gerne hilfsbereit – vor allem wenn man lernt, im Gegenzug Wert für sie zu schaffen.

Mein Laden lief gut, bis ich ans College ging. Kurz zuvor war ich noch zum Jungunternehmer des Jahres gewählt worden und bekam ein Preisgeld in Höhe von 5000 US-Dollar. Ich verwendete das Geld für meine Zulassung als Finanzberater und für Software, was den Beginn meiner Karriere im Finanzdienstleistungssektor darstellte.

Kurz gesagt, ich startete da, wo ich war, mit dem, was ich hatte, und arbeitete mich Stufe um Stufe hoch. Jede Stufe brachte mir mehr Geld ein, das ich dann als Startkapital für mein nächstes Vorhaben einsetzen konnte.

Seien Sie einfallsreich

Wenn Sie der Ansicht sind, dass mangelnde finanzielle Mittel der Grund sind, weshalb Sie sich noch nicht selbstständig gemacht haben, haben Sie Ihr Problem nicht erkannt. Ihr unternehmerischer Erfolg hängt nicht davon ab, wie viel Ressourcen Sie anhäufen können, sondern vielmehr von Ihrem Einfallsreichtum. Im Allgemeinen wird Einfallsreichtum definiert als die Fähigkeit, schnell kluge Lösungen zu entwickeln, um Schwierigkeiten zu überwinden. Ohne Fantasie, Kreativität, Neugier und Leidenschaft, Entschiedenheit und Entschlusskraft ist Einfallsreichtum unvorstellbar. Diese Kraft prägt Ihre einzigartige Art und Weise, wie Sie die Welt sehen und mit ihr interagieren – und welche Probleme nur Sie erkennen und auch nur Sie lösen können.

Es gibt keine nicht einfallsreichen Menschen, nur nicht einfallsreiche Mentalitäten. Es fehlt Ihnen bestimmt nichts von dem, was Sie brauchen, um Erfolg zu haben. Alles, was dazu nötig ist, steckt in Ihnen und wartet nur darauf, durch Ihren unermüdlichen Einsatz für ein bestimmtes Ziel aufgeweckt zu werden. Sämtliche Ressourcen, die Sie jemals benötigen, werden den Weg zu Ihnen finden, solange Sie mit ganzem Herzen dabei sind, sorgfältig arbeiten, kreativ denken und mutig den ersten Schritt tun.

> »Das zu tun, was du liebst,
> ist der Eckpfeiler davon,
> Überfluss in deinem Leben
> zu haben.«
> WAYNE DYER

KAPITEL 13

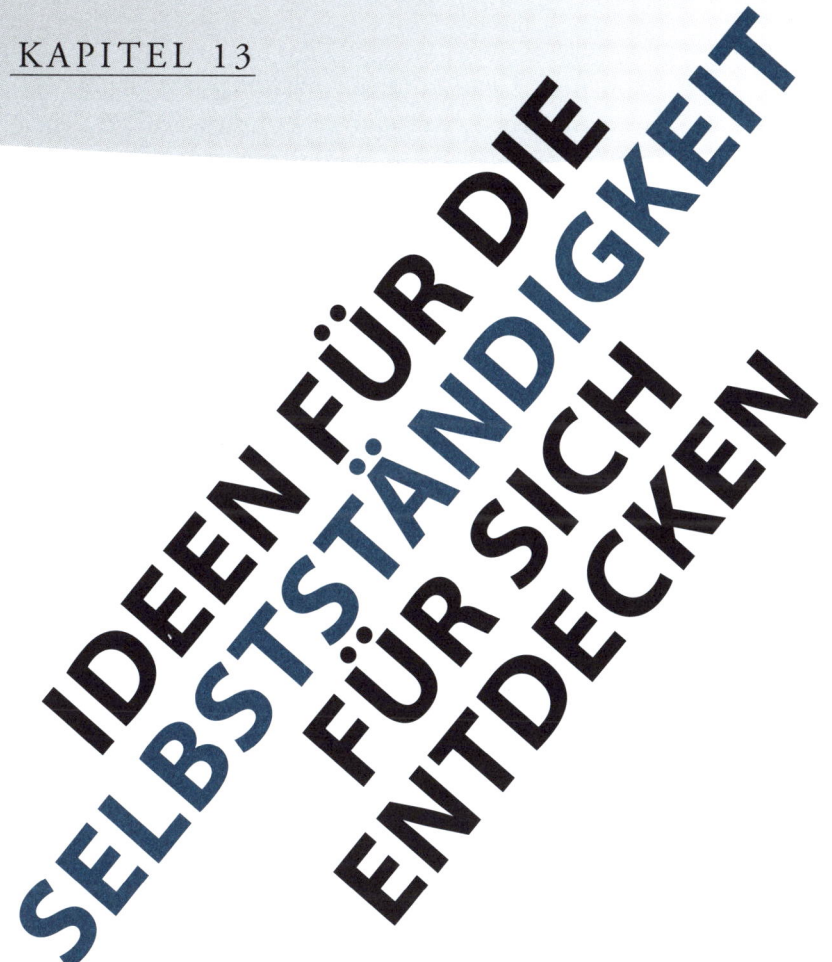

IDEEN FÜR DIE SELBSTSTÄNDIGKEIT FÜR SICH ENTDECKEN

Die Welt hat sich drastisch und fundamental verändert. Im Informationszeitalter bieten Technologie, Kommunikation und die globale Ökonomie Chancen für alle – was bislang in dem Ausmaß noch nie der Fall war. Ich selbst habe mir den Spitznamen »Cyber-Zigeuner« verpasst, da ich die Investitionen von jedem Ort auf dieser Welt übers Handy vermitteln kann. Die Zeiten, in denen wir zusammengepfercht in einem Großraumbüro winzige Büroflächen teilen mussten, sind ein für alle Mal vorbei. Es ist einfach nicht mehr nötig, denn immer mehr Bürojobs lassen sich prima von zu Hause aus erledigen.

Nie zuvor standen die Chancen besser, auch mit sehr wenig oder gar keinem Startkapital ein Unternehmen zu gründen. Die neuen technologischen Werkzeuge eröffnen nahezu unbegrenzte Möglichkeiten der Selbstständigkeit, und alles, was dafür gebraucht wird, sind Zeit und Einsatz.

Lassen Sie es sich doch mal durch den Kopf gehen, ob einer der folgenden Vorschläge etwas für Sie wäre.

Persönlich erbrachte Dienstleistungen

Ebenso wie bei einem Angestelltenverhältnis wird auch bei den persönlich erbrachten Dienstleistungen Zeit gegen Geld getauscht. Gut möglich, dass das langfristig nichts für Sie ist, aber diese Branche ist aus mehreren Gründen ein guter Anfang. Dahinter steckt die Idee, sein Einkommen mit einem Nebenjob aufzubessern und auf diese Weise Kapital aufzubauen, das später investiert werden kann. Außerdem ist es gut denkbar, dass Sie damit mehr Geld machen als in Ihrem Hauptjob. In dem Fall wäre es zumindest eine Überlegung wert, ob Sie Ihren Job nicht besser kündigen, um sich finanziell zu sanieren.

Zudem besteht grundsätzlich die Möglichkeit, aus einem Nebenjob etwas Größeres zu machen, zum Beispiel, indem Sie Mitarbeiter einstellen, die Ihre Funktion übernehmen und das Geschäft ausbauen. Wie auch immer Sie sich entscheiden, eines steht fest: In Ihrem Nebenjob werden Sie wichtige Erfahrungen sammeln und wertvolle Lektionen lernen.

Und das sind einige der Möglichkeiten, die Ihnen offenstehen:

Freiberufliche Tätigkeiten

Der freiberufliche Sektor boomt wie nie zuvor, was erhebliche kulturelle und ökonomische Änderungen nach sich zieht. In den USA arbeiten 53 Millionen US-Bürger auf freiberuflicher Basis, was immerhin 34 Prozent der US-amerikanischen Erwerbskräfte darstellt. Das Wirtschaftsmagazin Forbes geht davon aus, dass es 2020 bereits mehr als 50 Prozent sein werden. Auch in Deutschland steigt die Zahl der Freiberufler seit Jahrzehnten kontinuierlich an. Im Jahr 2018 gab es etwa 1,41 Millionen Selbstständige in Deutschland.[11] Und in welchen Bereichen kann man freiberuflich tätig werden? Vielleicht wäre ja die Tätigkeit als Grafikdesigner, Autor, Marketingexperte, Webentwickler oder Projektmanager etwas für Sie, um nur ein paar wenige zu nennen.

Wie bei jeder unternehmerischen Tätigkeit müssen Sie auch als Freiberufler lernen, sich effizient zu vermarkten. Für sich selbst die Werbetrommel zu rühren, ist eine der wichtigsten Fähigkeiten, die Sie sich aneignen müssen, um einmal in den Genuss eines 5-Tage-Wochenendes zu kommen.

Onlineplattformen
Es gibt diverse Plattformen im Internet, auf denen freiberufliche Dienstleistungen in den verschiedensten Bereichen angeboten werden. Die Vielfalt reicht von allgemeinen Plattformen wie freelancer.de oder twago.de bis hin Spezialbörsen wie gulp.de (für IT-Projekte) oder textbroker.de (fürs Verfassen oder Übersetzen von Texten aller Art). Während ich an diesem Buch arbeite, listet die US-Plattform Fiverr mehr als drei Millionen Dienstleistungen von 5 bis 500 US-Dollar auf seiner Website.

Dienstleistungsunternehmen
Das könnte alles sein, was sich sofort und mit nur sehr geringem Startkapital verwirklichen lässt. Denkbar sind Tätigkeiten wie Fensterreinigung, Rasenmähen, Haareschneiden, Malerarbeiten oder Haustierpflege.

Es gibt jedoch ein Gegenargument: Sie müssen aufpassen, dass Sie nicht in der Art von Selbstständigkeit landen, bei der es keine oder kaum eine Möglichkeit eines Durchbruchs gibt und Sie damit nicht genug Geld verdienen, um Ihren Traum von dem 5-Tages-Wochenende realisieren zu können.

Entwicklung von Handy-Apps
Derzeit dreht sich fast alles um Anwendungen für Smartphones und andere mobile Endgeräte, also um mobile Apps. In diesem Zusam-

menhang möchte ich Ihnen die verblüffenden Zahlen vom Mai 2015 vorstellen, die für den amerikanischen Markt erhoben wurden:
- 52 Prozent der Gesamtzeit, die mit digitalen Medien verbracht wird, entfallen auf mobile Apps.
- Bei den Nutzern von Smartphones entfallen 89 Prozent der Zeit, die sie mit digitalen Medien verbringen, auf mobile Apps.
- 42 Prozent des gesamten Umsatzes, der von den führenden 500 Unternehmen mit mobilen Endgeräten und allem, was dazugehört, generiert wurde, entfallen auf mobile Apps.
- Zwischen 2004 und 2014 erhöhte sich die Zeit, die durchschnittlich mit Apps verbracht wurde, um 21 Prozent.
- 85 Prozent der Nutzer ziehen heimische mobile Apps mobilen Webseiten vor.[12]

Keine Frage, Apps sind so was von nachhaltig, dass es nur noch eine Möglichkeit gibt: Sie werden noch beliebter werden, und es wird immer mehr davon geben.

Eine App zu entwickeln und auf den Markt zu bringen, um damit reich zu werden, ist ein riskantes Vorhaben. Aber davon rede ich ja auch nicht. Was ich meine, ist die Entwicklung von mobilen Apps für Firmeninhaber. In den USA gibt es derzeit 19 Millionen örtliche Betriebe, von denen weniger als 1 Prozent eine App anbieten können – eine riesige Chance für App-Entwickler, was auch für Deutschland mit seinen knapp 9 Millionen Betrieben gilt. Mobile Apps sind für Klein- und Kleinstbetriebe das, was für sie im Jahr 2000 die Websites waren – der Markt ist zwar recht übersichtlich, explodiert aber in dem Moment, in dem Firmeninhaber erkennen, wie nützlich eine App für ihr Geschäft sein kann.

Schon möglich, dass Sie keine Ahnung haben, wie man eine App entwickelt, aber das können Sie ja getrost freiberuflichen Mitarbeitern überlassen. Ihr Job ist es nämlich, mobile Apps an alle möglichen Betriebe – vom Kleinstbetrieb über den Mittelstand bis hin zu den Großkonzernen – zu vertreiben. Das lässt sich auch mit Online-Marketing über die sozialen Medien erreichen. Bei Ihren potenziellen Kunden kann es sich um Rechtsanwälte, Immobilienhändler, Zahnärzte, Ärzte, Restaurants, Reisebüros, Nachtclubs – praktisch jedes Unternehmen – handeln. Mit Apps können die Firmeninhaber Push-Benachrichtigungen versenden, Termine vereinbaren, auf ihre Seiten in den sozialen Medien wie Facebook verweisen, YouTube-Videos teilen und vieles mehr.

Dass das Entwickeln von Apps mit unter 300 Euro immer günstiger wird, macht die ganze Sache noch einfacher. Meine Rechnung sähe so aus: Berechnen Sie den Firmeninhabern 997,00 Euro für die Entwicklung und monatlich 97 Euro für die Pflege ihrer App und überlassen Sie das Programmieren Ihren freiberuflichen Mitarbeitern.

Coaching
Für diesen Bereich müssen zwei Voraussetzungen erfüllt sein: Erstens, Sie müssen Erfahrung in einem oder mehreren Fachgebieten haben, zweitens, der Bedarf nach Coaching muss vorhanden sein. Coaching ist zum Beispiel in diesen Bereichen denkbar: Fitness, bei öffentlichen Auftritten und Reden, Medienarbeit, Verfassen von Texten aller Art, bildende und Aktionskunst, aber auch Mode und äußeres Erscheinungsbild. In einem Artikel des US-Wirtschaftsblatts *Fortune* wurde berichtet, dass sich gut und gerne 50 000 US-Dollar damit verdienen lassen, indem man Leuten beibringt, wie man Videospiele spielt![13]

Für diese Branche gilt wie für andere auch, dass die Technologie die Sache viel einfacher macht als je zuvor. Sie können Coaching-Dienste auch über Skype anbieten, Webinare abhalten und die Termine über entsprechende Software vereinbaren.

Beratungstätigkeit
In der *Forbes* heißt es, dass die Beraterbranche, neudeutsch Consulting, in Amerika ein 1 Milliarden US-Dollar schwerer Sektor ist. Das Internet hat in erheblichem Maße dazu beigetragen, dass das Beratungsbüro bequem zu Hause eingerichtet werden kann. In den meisten Fällen genügen dafür ein Laptop, ein Handy und Ihr Wissen – nicht 1 Cent Anlegerkapital ist dafür nötig. Die Beratungstätigkeit ermöglicht einen hohen Grad an Flexibilität, denn Sie können arbeiten, wann immer Sie wollen.

Das Gute daran ist außerdem, dass Sie dafür weder ein abgeschlossenes Studium noch ein Büro oder Mitarbeiter brauchen. Ihr Geschäftsfeld ist quasi die Schnittmenge aus Ihren Fähigkeiten und der Nachfrage danach in den vorherrschenden Branchentrends. Wandeln Sie Ihr Fachwissen in eine Ressource um, für die jemand (besser: viele Personen) Geld auszugeben bereit ist.

Ein Berater wird aus nur einem Grund beauftragt: Wissen. Ein Kunde gibt Ihnen einen Auftrag, etwas für ihn zu erledigen, weil er das selbst nicht kann. Sie helfen Ihren Klienten bei der Lösung ihrer Probleme und erzielen in ihrem Auftrag Ergebnisse. Ihre Bezahlung spiegelt Ihre Fähigkeit wider, Schwierigkeiten zu beseitigen.

Spielen Sie am Anfang Ihre Kompetenz aus und beginnen Sie Ihre Beratungstätigkeit in der Branche, in der Sie derzeit tätig sind oder mit der Sie sich gut auskennen.

Beschreiben Sie in Ihrem Profil, welche Probleme Sie schon alle gelöst haben und weshalb Sie bei Ihrem jetzigen Arbeitgeber als innovativ gelten. Machen Sie sich einen Namen, indem Sie einen Blog ins Leben rufen, Artikel verfassen, Reden halten, sich bei Berufsverbänden Ihrer Branche hervortun oder ein Buch veröffentlichen. Mausern Sie sich zu einem wahren Experten Ihres Fachgebiets, und sorgen Sie dafür, dass sich das herumspricht.

Machen Sie sich über Nischen Ihres Sektors schlau. Lesen Sie die Posts in den sozialen Medien und die Kommentare. Was verraten Ihnen die Kommentare über die Emotionen und das Sprachniveau der Verfasser? Finden Sie heraus, wer die größten Influencer dieser Nischen sind und was sie ihren Followern mitteilen. Gehen Sie auf Websites wie buzzsumo.com, um über Ihre Social-Media-Strategie und Ihr Content Marketing wertvolle Erkenntnisse zu gewinnen. Dort gibt es Tools, über die festgestellt wird, welche Inhalte besonders oft im Social Web (Facebook, LinkedIn, Twitter, Google+, Pinterest) geteilt werden. Das können Artikel einer bestimmten Website oder zu einem beliebigen Keyword sein. So lassen sich ganz einfach Themen identifizieren, über die im Web häufig gesprochen wird. Auf diese Weise können Marketingexperten und Berater ihren Content an ihr

Zielpublikum anpassen und optimieren. Auch Facebook bietet hier mit Facebook Insights ein hilfreiches Tool an.

Eine Möglichkeit herauszufinden, wie hoch Ihr Beratungshonorar sein kann, ist, sich mal bei der Konkurrenz umzusehen. Orientieren Sie sich bei der Festlegung Ihrer Monatspauschale nicht an Ihren Kosten und auch nicht daran, wie lange Sie für jede einzelne Aufgabe brauchen. Fragen Sie sich stattdessen lieber, was Ihre Beratung Ihren Kunden wert ist. Welchen Wert haben die Probleme, die Sie lösen? Unternehmen sind immer am Erlös interessiert, weshalb Sie wissen sollten, wie Sie deren Gewinne erhöhen können.

Wenn Sie erstmal nebenberuflich als Berater anfangen, sollten Sie zunächst kleinere Aufträge – immer schön der Reihe nach – bearbeiten. Ihr Ziel sollte sein, Stammkunden zu gewinnen, mit denen Sie eine langfristige Geschäftsbeziehung führen. Sich als Berater selbstständig zu machen, ist nicht unbedingt ein Kinderspiel, aber es ist eine Gelegenheit, sich etwas dazuzuverdienen. Sehen Sie es als Möglichkeit an, nach und nach aus Ihrem jetzigen Vollzeitjob auszusteigen.

Nutzen Sie zu Beginn Ihrer Tätigkeit als Berater die kostenlosen Plattformen auf den sozialen Medien, um sich einen potenziellen Kundenstamm aufzubauen. Posten Sie interessante Beiträge auf Facebook und bieten Sie Ihrer Community Ihre Dienste an. Haben Sie zwei oder drei Kunden gewonnen, sollten Sie sich überlegen, ob bezahlte Werbung auf den sozialen Medien eine Möglichkeit für Sie wäre, Ihr Geschäft anzukurbeln. Die freiberufliche Tätigkeit als Berater bietet Ihnen die Möglichkeit, Geld auf die hohe Kante zu legen, um davon später einmal Investitionen zu tätigen und andere Gelegenheiten zu nutzen, sich das 5-Tage-Wochenende zu ermöglichen.

Marketing über die sozialen Medien

Die sozialen Medien sind ein effizientes Tool, um für sein Geschäft zu werben. Die meisten Firmeninhaber haben allerdings kaum eine Ahnung davon, wie sie die unterschiedlichen Plattformen nutzen sollen, um neue Interessenten und Kunden zu gewinnen. Mehr Kunden zu haben, bedeutet in der Regel, weniger Probleme zu haben.

Sind Sie in der Lage, über Marketing auf den sozialen Medien potenzielle Kunden für Firmeninhaber an Land zu ziehen, haben Sie freie Hand! Dann können Sie Ihren Kunden dafür nämlich zwischen 1000 und 5000 Euro monatlich in Rechnung stellen.

E-Commerce

Onlineunternehmer können über Plattformen wie Shopify ihren eigenen Shop gründen und Hunderte von Produkten anbieten, die als Direktverkauf über Verkäufer an den Kunden geliefert werden. Sie können die Besucherzahlen noch erhöhen, wenn Sie bezahlte Onlinewerbung auf Facebook und Instagram mit einbauen.

Für den Start Ihres E-Commerce-Geschäfts brauchen Sie drei Dinge: einen Onlineshop, eine Produktnische und Anbieter beziehungsweise Lieferanten. Auf Shopify können Sie einen bereits existierenden Onlineshop für eine geringe Gebühr im Monat mieten.

Die optimale Möglichkeit, wie Sie Ihre Produktnische finden und alles über die Marktfähigkeit und -nachfrage erfahren, bietet Google Trends. Geben Sie auf der Website trends.google.com Ihre Produktideen ein und lassen Sie sich anzeigen, welche Suchbegriffe von Nutzern der Suchmaschine Google wie oft eingegeben wurden. Auf diese Weise erhalten Sie zumindest eine grobe Vorstellung, ob überhaupt Nachfrage nach Ihrem Produkt besteht. Stellen Sie keine Ware auf Ihrem Shopify-Laden ein, die über 50 Euro kostet. Bei preisgünstiger Ware überlegt der Käufer nicht lange und schlägt gleich zu.

Möchten Sie weitere Produkte in Ihrem Laden anbieten, beziehen Sie sie am besten über einen Drop-Shipping-Service wie AliExpress.com, eine Online-Einzelhandelsplattform, die sich aus kleinen Unternehmen zusammensetzt, die internationale Produkte für Onlinekäufer auf der Plattform anbieten. Es geht ganz einfach: Sie kopieren das Produkt von AliExpress in Ihren Onlineladen, legen Ihren Preis dafür fest und nachdem Sie es verkauft haben, bestellen Sie es bei AliExpress und lassen es direkt an Ihren Kunden liefern. Über Oberlo.com können Sie für das Direktgeschäft geeignete Waren direkt in Ihren

Onlineshop importieren. Oberlo wurde für Shopify entwickelt und ist darauf ausgelegt, den Direktversand über AliExpress zu verwalten. Darüber lassen sich Hunderte von Produkten in wenigen Minuten in Ihren Onlineladen importieren.

Einer der Vorteile, einen profitablen Onlineshop aufgebaut zu haben, ist die Option, ihn mit einem satten Gewinn zu verkaufen. Online tummeln sich zahlreiche Investoren, die nur darauf warten, in einen Gewinn abwerfenden Laden zu investieren, der mindestens zwei Jahre lang gut läuft.

Dies ist eine wahrhaft einzigartige Möglichkeit für Unternehmer, denn sie können in bestimmten Marktnischen einen Onlineshop aufziehen und dann mit Gewinn veräußern. Der Käufer erhält ein strukturiertes Vertriebssystem und obendrein noch eine Anleitung, wie er den Laden am besten führen sollte.

Für den Verkauf eines florierenden Onlineshops ist in Geschäftskreisen eine als Erlösmultiplikator bezeichnete Formel üblich. Angenommen, der Nettogewinn nach allen Ausgaben beträgt 7000 Euro im Monat beziehungsweise 84 000 Euro im Jahr. Clevere Investoren sind bereit, das Drei- bis Fünffache des Jahresgewinns für diesen Onlineshop einschließlich des gesamten Betriebsvermögens zu bezahlen. Damit sprechen wir von einem möglichen Verkaufspreis von 252 000 bis 420 000 Euro.

Die Fix-und-Flip-Strategie (Reparatur und Weiterverkauf)

Ursprünglich kommt diese recht beliebte Einnahmequelle aus der Immobilienbranche, doch ich wende das auf jeden Weiterverkauf mit Wertschöpfung an. Im Klartext bedeutet das, etwas zu einem niedrigen Preis zu kaufen, in irgendeiner Form zu bearbeiten und dann zu einem höheren Preis zu verkaufen. Dafür geeignet sind Immobilien, Autos, Möbel, aber auch Web-Domains, monetarisierte Websites und vieles mehr.

Und hier habe ich noch einige Tipps für Sie:

- Je größer und teurer das Objekt, umso höher der potenzielle Gewinn. Das klingt erst mal gut, aber das bedeutet zugleich ein höheres Startkapital, höhere Komplexität und ein größeres Risiko eines Verlustes. In der Immobilienbranche bestehen die größten Chancen, sich beim Weiterverkauf eine goldene Nase zu verdienen, aber solche Projekte sind ziemlich komplex und riskant, vor allem, wenn Sie das zum ersten Mal machen und eigentlich keine Ahnung haben, worauf Sie sich da eingelassen haben.
- Allein aus diesem Grund raten wir, klein anzufangen und erst mit zunehmender Erfahrung auch größere Projekte in Angriff zu nehmen. Je weniger Sie für Ihr erstes Objekt ausgeben, umso weniger Geld verlieren Sie, wenn Sie es nicht losbringen oder wenn unvorhergesehene Probleme auftreten, die Sie eine Stange Geld kosten. Aufgemerkt: Sie fangen mit kleinen Projekten an und riskieren erst mit zunehmender Erfahrung mehr.

Ich selbst habe als Teenager mit dem »House-Flipping« angefangen, habe also ein heruntergekommenes Haus gekauft, renoviert und wieder verkauft, aber mir wurde sehr bald klar, dass das Ganze ziemlich schnell in einem Hamsterrad enden könnte. Meiner Erfahrung nach ist Fix und Flip eine lukrative Angelegenheit, doch da es mit ziemlich großem Aufwand verbunden ist, lege ich Ihnen ans Herz, es nicht als langfristige Verdienstmöglichkeit zu betrachten.

Letzten Endes müssen Sie Ihren Gewinn in Cashflow umwandeln. Doch wenn Sie ständig Ihr Immobilienvermögen verkaufen, wird dadurch die Möglichkeit zunichte gemacht, laufenden Cashflow zu generieren. Wie gesagt, House-Flipping mag als kurzfristige Strategie eine lukrative Option sein, um Mittel in beliebiger Höhe als Basis für künftige Investitionen freizusetzen.

Ich habe dafür den Begriff »Valufacturing« geprägt, der sich aus den englischen Wörtern »value« für Wert und »manufacturing« für Herstellen zusammensetzt, den ganzheitlichen Aspekt des Flix-und-Flip-Systems herausstellt und nichts anderes bedeutet, als einen Wert herzustellen. Valufacturing bedeutet für mich, mich nach Immobilien mit Reparaturstau und anderen Geschäftsmöglichkeiten umzusehen und mir zu überlegen, wie ich bei diesem Projekt Wert generieren kann, um die langfristigen Gewinne zu erhöhen. Ich suche also nicht nach dem schnellen Euro, denn ich will langfristigen Cashflow generieren und möchte für später eine möglichst lukrative Ausstiegsmöglichkeit. Bereits der Kauf muss einen Gewinn abwerfen. Mir geht es darum, nicht für immer und ewig in der Tretmühle des Fix-und-Flip-Systems festzustecken. Sie wissen ja, »laufender Cashflow« heißen die Zauberworte.

Geschichten aus dem wahren Leben
Derick Van Ness war in der glücklichen Lage, mit House-Flipping ein automatisiertes Cashflow-Business zu schaffen. Nach dem College fing er in Los Angeles im Vertrieb an. Nach ein paar Jahren hatte er genug davon, für wenig Geld schwer schuften zu müssen. Deshalb blieb er eines Tages der Arbeit fern und dachte darüber nach, welche Alternativen sich ihm böten. Da sein Vater Bauunternehmer war, konnte er sich House-Flipping sehr gut vorstellen. Seine Überlegung war es, ein Haus zu kaufen, dort einzuziehen, es für 10 000 bis 20 000 US-Dollar zu modernisieren und dann mit einem Gewinn von 20 000 US-Dollar zu verkaufen. Drei solcher Projekte im Jahr entsprächen seinem jetzigen Jahresgehalt, für das er täglich an die 200 unaufgeforderte Werbeanrufe tätigen musste.

Daraufhin begann er mit seiner Onlinerecherche und stieß alsbald auf ein Coaching-Programm für House-Flipping. Er bezahlte die Kursgebühren in Höhe von 1500 US-Dollar – damals eine Menge Geld für ihn – mit seiner Kreditkarte. Doch wie sich später herausstellte, hatte er diese Summe gut angelegt. Derick trat eine neue Stelle an, die ihm mehr Freizeit ließ, und in dieser gewonnenen Zeit informierte er sich über die Immobilienbranche. Er beantragte weitere Kreditkarten und erzählte uns, dass er »die nächsten sechs Monate sämtliche Vergnügungen gestrichen hatte und jeden Cent auf die hohe Kante legte«. Er nutzte die Zeit und pries seine Dienste verzweifelten Hausbesitzern an.

Letzten Endes schafft es Derick, um die 15 000 US-Dollar zu sparen, und verfügte über einen Kreditrahmen von etwa 30 000 US-Dollar. Als er regelmäßige Anrufe von Hauseigentümern erhielt, die ihr Eigenheim loshaben wollten, kündigte er im Juli 2002 seinen Job. Er erinnert sich noch gut: »Zwei Monate, nachdem ich den Job hingeworfen hatte, hatte ich noch keinen einzigen Verkauf besiegelt, aber trotzdem meine monatlichen Ausgaben zu zahlen. Mir war angst und bang. Was hatte ich bloß getan? Doch dann machte ich mir klar, dass ich den Sprung in die Selbstständigkeit schon gewagt hatte und bis zum bitteren Ende weitermachen würde.«

Ein paar Tage später läutete das Telefon, und er ergatterte einen Auftrag. Er leistete eine Anzahlung in Höhe von 500 US-Dollar und übernahm die Hypothek des Hauseigentümers. Rasch machte er sich an die Modernisierung des Hauses und verkaufte es anschließend mit einem Gewinn von 17 000 US-Dollar.

Derick machte sich sofort wieder auf die Suche nach dem nächsten Deal. Ihm war klar, dass er mehr Bauprojekte auf einmal abwickeln müsste, dass es ihm aber an Wissen fehlte. Deshalb trat er dem örtlichen Maklerverein bei und suchte dort nach einem Mentor. Die Vorsteherin des Vereins war eine sehr erfahrene Immobilienhändlerin und erklärte sich bereit, ihn unter ihre Fittiche zu nehmen. Unter ihrer Anleitung erwarb er zwei weitere Liegenschaften. In einem halben Jahr hatte er drei Häuser modernisiert und rund 50 000 US-Dollar daran verdient.

Daraufhin investierte er einen Teil des Geldes in automatisiertes Marketing, durch das er letzten Endes an fast einen Auftrag pro Monat für das kommende Jahr kam. Nachdem er im ersten Jahr schon rund 128 000 US-Dollar eingenommen hatte, beschloss er, noch eine Schippe draufzulegen. Er bezahlte einem anderen Mentor 12 000 US-Dollar und lernte von ihm kreativere Lösungen, um weitere Aufträge an Land zu ziehen. Er erzählte uns: »Es war von großem Wert für mich, dass ich mehr wusste als meine Mitbewerber, vor allem, wenn es um Kreativität ging. Viele meiner Aufträge hingen von meiner Fähigkeit ab, das Geschäft so abzuwickeln, dass alle Beteiligten damit zufrieden waren. Ich hörte genau hin, was sich meine Kunden so vorstellten, und entwickelte maßgeschneiderte Lösungen für sie. Der

Durchschnittsinvestor hätte das bestimmt nicht so gehandhabt. Das war ein entscheidender Wettbewerbsvorsprung, den ich da hatte.«

Doch das war noch nicht alles: Er lernte außerdem, wie er über Onlinemarketing an Aufträge kam, weshalb er dann nicht mehr nur ein Haus im Monat modernisierte, sondern zwei. Er verbrachte viel Zeit damit, sich zu überlegen, welche Schritte sich ohne Weiteres wiederholen ließen. Er erstellte Vorgaben für seine Handwerker, welche Materialien sie verbauen sollten, was ihm die Berechnung von Reparaturkosten einfacher machte.

Dazu Derick: »Mit einem Mal konnte ich viele Dinge automatisieren. Außerdem konnte ich mir einen Assistenten im Büro leisten, der meine E-Mails vorab sichtete, Anrufe beantwortete und den Papierkram erledigte. Zudem stellte ich einen Vertriebler ein, der sich um meine Interessenten kümmerte und die Verträge mit ihnen schloss. Nach ungefähr drei Jahren war ich so weit: Mein Geschäft lief auch ohne mich.« Derick konzentrierte sich anfangs hauptsächlich darauf, die Beziehungen mit seinen Kontakten zu pflegen, die ihm entweder Aufträge oder Darlehen vermittelten. Später verlegte er sich darauf, sein Team anzuleiten. Er führte das Geschäft bis 2008 und wickelte in der Zeit um die 150 House-Flippings ab. Bei einem Drittel seiner Aufträge setzte er nicht einen Fuß auf die Baustelle. Doch dann begann er, sich mehr und mehr für das Coaching zu begeistern, weshalb er es zu seinem Kerngeschäft machte.

Domain-Handel

Obwohl das Internet schon einige Jahre auf dem Buckel hat, hat der Goldrausch nach Premium-Domainnamen in keiner Weise nachgelassen. Domains sind eine einmalige Investition und schon für einen Minibetrag von etwa 10 Euro zu haben. Domains sind so etwas wie virtuelle Liegenschaften und zahlenmäßig begrenzt. Mit steigender Nachfrage steigt auch ihr Wert. Die Top-Level-Domains (eine Top-Level-Domain ist der Teil der Domain, der nach dem Punkt steht, wie com, org oder net) gelten als die wertvollsten Domains, was vor allem für diejenigen gilt, die auf .com, .net, und .org enden. Der Handel mit Domains ist ein gutes Geschäft – die Händler haben seit den 1990er-Jahren zig Milliarden damit umgesetzt.

Sollten Sie beabsichtigen, Ihre Brötchen damit verdienen zu wollen, müssen Sie die neuesten Trends kennen und sich zum Beispiel über Newsfeeds auf dem Laufenden halten.

Vor dem Kauf von Domains prüfen Sie, welchen Platz der verwendete Begriff im Suchmaschinenranking einnimmt. Aufgemerkt: Suchen Sie nach abgelaufenen oder falsch geschriebenen Domains.

Domains, die nur einen Begriff umfassen, besitzen aufgrund ihrer extremen Seltenheit derzeit den höchsten Marktwert. Ich persönlich ziehe Domains aus zwei Begriffen vor, die meiner Meinung nach den höchsten Investitionswert versprechen. Die Markentauglichkeit dieser Domains ist außergewöhnlich hoch. Bevor Sie sich eine solche Domain sichern, überlegen Sie, ob der Name leicht von der Zunge geht, ob er leicht zu merken ist und ob er Sinn ergibt.

Was wissen Sie über Suchvolumen eines Namens und seine Kosten pro Klick? Aufgemerkt: Je älter ein Domainname, umso wertvoller ist er.

Derzeit stehen in den USA auch andere Domainendungen wie .rocks, .MBA, .sucks, .technology und .earth hoch im Kurs. (Ich selbst besitze ein paar der .MBA-Domains.)

Zu den teuersten, jemals erworbenen Domains zählen diese hier:

- VacationRentals.com: 35 Millionen US-Dollar
- PrivateJet.com: 30 Millionen US-Dollar
- Insure.com: 16 Millionen US-Dollar
- Sex.com: 14 Millionen US-Dollar
- Hotels.com: 11 Millionen US-Dollar
- Business.com: 7,5 Millionen US-Dollar
- FB.com: von Facebook für 8,5 Millionen US-Dollar erworben

Domains lassen sich gut über sogenannte Marktplätze verkaufen. Dort gibt es zwei Möglichkeiten, entweder zum Festpreis oder es wird eine Auktion veranstaltet, um einen höheren Preis zu erzielen. Auf Plattformen wie hugedomains.com, auctions.godaddy.com, sedo.com, united-domains.de oder strato.de können Sie Domains erwerben oder veräußern.

Einer meiner Klienten handelt schon seit mehreren Jahren mit Domains. Vor sechs Jahren hatte er einen Kurs bei mir besucht und sich dann aufgrund der niedrigen Kosten für den Handel mit Domains entschieden. Bis dato hat er nicht mehr als 800 US-Dollar investiert. Und der Wert seines Portfolios? Der liegt bei schätzungsweise 2 Millionen US-Dollar.

Damit sich die Sache rentiert, ist schon etwas mehr Engagement nötig, als nur eine Domain zu erwerben und dann darauf zu hoffen, dass einem gute Angebote dafür ins Haus flattern. Da müssen Sie schon eine Schippe drauflegen. Sichern Sie sich nicht nur eine Domain, sondern auch das passende Profil in den sozialen Medien. Und dann erstellen Sie eine gebrandete Website für diese Domain. Im Grunde genommen kreieren und verkaufen Sie dann bereits eingeführte Marken und Vermögenswerte an Firmeninhaber.

Die Sharing Economy

Die Sharing Economy (wörtlich übersetzt: die Wirtschaft des Teilens) wird auch als gemeinschaftlicher Konsum bezeichnet und steht für das Motto »Teilen statt besitzen«, das sich sowohl auf Waren als auch auf Dienstleistungen anwenden lässt. Koordiniert wird das Sharing über Community-basierte Onlinedienste und digitale Vermittlungsplattformen. Bei diesem Geschäftsmodell borgen sich die Nutzer Betten, Autos, Boote und vieles mehr voneinander und haben gar kein Interesse daran, diese Dinge selbst ihr Eigen zu nennen oder im Handel zu erwerben. Ebenso wie es Amazon jedem Nutzer ermöglicht, Händler auf dieser Plattform zu werden, können sich die Nutzer als »Taxifahrer« oder »Hotelier« versuchen. Während ich an diesem Buch schreibe, wird das US-amerikanische Marktvolumen der Sharing Economy mit 26 Milliarden US-Dollar angegeben.[14]

Das Management-Magazin *Harvard Business Review* führte aus, dass der Begriff »Sharing Economy« eine unzutreffende Bezeichnung sei und dass »Access Economy« (wörtlich übersetzt: Wirtschaft des Zugangs) besser passen würde.[15] Wir wollen hier keine Haarspalterei betreiben. Uns geht es darum, Ihnen klarzumachen, dass dieses neue Geschäftsmodell, das wie so vieles andere auch auf neuen Technologien basiert, eine fantastische und mehr als einfache Möglichkeit darstellt, ihre jetzigen Besitztümer dafür zu nutzen, sich nebenbei noch ein paar Euro dazuzuverdienen, womit wir auch schon bei konkreten Beispielen angelangt wären, wie das aussehen könnte.

Airbnb
Über die Plattformen von Airbnb, Wimdu und die anderer Unternehmen können Sie Urlaubern ein Zimmer oder Ihr ganzes Haus vermieten, das heißt, Sie erzielen mit Ihrem vorhandenen Vermögen zusätzliches Einkommen. In etwas mehr als sieben Jahren ist es Airbnb gelungen, sich zu einem mehrere Milliarden schweren Konzern mit über 2 Millionen registrierten Nutzern in über 190 Ländern zu entwickeln. Doch bevor Sie sich jetzt gleich registrieren, gibt es ein paar Dinge zu bedenken: In manchen Städten wie New York oder auch Berlin ist die sogenannte Zweckentfremdung der Wohnung durch Privatpersonen in der Regel verboten. Klären Sie, ob das auch auf Ihren Wohnort zutrifft. Wenn nicht, informieren Sie sich über die Preise vor Ort und errechnen Sie, was Sie das kostet, wenn Sie ein Zimmer vermieten: Kosten für die Reinigung, höhere Strom-, Wasser- und Heizungskosten und die Bearbeitungsgebühr, die Ihnen von Airbnb in Rechnung gestellt werden (in der Regel zwischen 6 und 12 Prozent). Sobald Sie sich auf der Website von Airbnb registriert haben, wird Ihr Inserat dort angezeigt. Nutzen Sie doch die kostenlosen Plattformen der sozialen Medien oder Ihre eigene Website für Werbezwecke, sobald alle offenen Fragen geklärt sind.

Was ist Airbnb Arbitrage? Damit wird die Möglichkeit bezeichnet, selbst angemietete Immobilien zu vermieten. Die Möglichkeit einer solchen Arbitrage ist vor allem dann interessant, wenn Sie mehr Geld einnehmen, als Sie für Ihre Mietwohnung bezahlen, denn dann wohnen Sie praktisch umsonst. Natürlich ist dafür die Genehmigung Ihres Vermieters vorher einzuholen. Möglicherweise erteilt er sie Ihnen eher, wenn Sie ihm zusätzlich zu seinen Mieteinnahmen noch eine Provision oder einen Pauschalbetrag anbieten.

Demi, eine von Garretts Klientinnen, war alleinziehende Mutter und von Beruf Yogalehrerin. Als sie von Airbnb erfuhr, zögerte sie keinen Moment und vermietete zwei Zimmer ihres Hauses an Reisende. Daran verdiente sie im Laufe der Zeit so viel Geld, dass sie noch ein Haus kaufen und, nachdem sie selbst dort eingezogen war, ihr erstes Haus komplett über Airbnb vermieten konnte. Damit macht sie im Monat zwischen 1000 und 1800 US-Dollar – ein beachtlicher Nebenverdienst mit relativ wenig Aufwand!

Uber/Clevershuttle

Eine prima Gelegenheit, ganz nach Ihrem Terminkalender etwas dazuzuverdienen. Immer wenn Ihnen danach ist, suchen Sie sich einen Mitfahrer, und je öfter das der Fall ist, umso höher ist Ihr Verdienst. In Amerika lassen sich mit 30 Stunden die Woche im Schnitt 1000 US-Dollar verdienen. Die Auszahlung erfolgt wöchentlich, die Abrechnung erfolgt automatisch. Uber und Co. bieten eine bequeme Möglichkeit, sein Auto zu Geld zu machen, was so richtig interessant ist, wenn Sie es über einen Kredit finanzieren. So finanziert sich ein Neuwagen quasi von selbst.

Ende 2016 sollte ich in London eine Rede halten. Während der Fahrt zum Veranstaltungsort gerieten der Uber-Fahrer und ich ins Gespräch. Er war als Flüchtling aus Afghanistan nach Großbritannien gekommen und verdiente über 6000 US-Dollar im Monat. Als ich ihn fragte, ob ihm das Fahrzeug – ein Toyota Prius – gehörte, verneinte er zu meiner Überraschung. Als ich nachbohrte, erzählte er mir, dass er und 19 andere Flüchtlinge, die alle in den vier Monaten zuvor nach London geflohen waren, ihre Brötchen als Uber-Fahrer verdienten. Sie alle liehen sich die Autos von einem weiteren Flüchtling namens Akram, der mittlerweile schon vier Jahre in London lebte. Diese 20 afghanischen Fahrer waren ohne das nötige Kapital, um sich ein Auto kaufen zu können, nach London gekommen. Und alle verdienen inzwischen nach Abzug aller Kosten rund 4000 US-Dollar netto im Monat. Akram finanzierte die Wagen, für die er ungefähr 24 000 US-Dollar pro Stück ausgab. Er verlangt 1800 US-Dollar im

Monat von seinen Fahrern, was ihm bei 20 solchen Fahrzeugen Einnahmen in Höhe von 36 000 US-Dollar beschert (satte 432 000 US-Dollar im Jahr). Er übernimmt im Gegenzug alle Kosten wie Zulassung, Versicherung, Reparaturen, Kundendienst und Spritkosten. Die Fahrer investieren lediglich ihre Zeit und machen damit nach Abzug der Mietgebühr wie gesagt etwa 4000 US-Dollar netto im Monat. Mit etwa 7000 US-Dollar können sich ihre Familien zu Hause in Afghanistan ein ganzes Jahr über Wasser halten. Akram hat vor, seine Flotte auf 50 Wagen zu erhöhen. Auf der Warteliste für diesen Job stehen bereits 30 weitere Flüchtlinge.

Doch auch wenn Sie selbst nicht für Uber oder ein anderes Unternehmen fahren möchten, können Sie so Geld verdienen. Es gibt ziemlich viele Menschen, die zwar einen Führerschein, aber kein Auto besitzen. Sollte Ihr Auto die meiste Zeit in der Garage stehen und an Wert verlieren, können Sie es doch an sie vermieten. In den USA gibt es sogar eine Plattform, HyreCar.com, auf der sich Fahrzeugbesitzer registrieren lassen können. Die Fahrt wird dann über Uber oder Lyft angeboten und abgerechnet. Im Durchschnitt lassen sich damit jährlich bis zu 12 000 US-Dollar verdienen – als Nebenverdienst ist das ja nicht gerade schlecht. Den Versicherungsschutz übernimmt dann übrigens HyreCar. Auch in Deutschland gibt es diverse Plattformen, wie Snappcar oder Drivy, auf denen das eigene Auto vermietet werden kann.

Kleiderkreisel/Modekiez
Über deren mobile Apps oder Websites kann man Kleidung kaufen oder verkaufen – ganz nach dem Motto: »Weshalb sollte Kleidung viel Platz im Schrank brauchen, wenn man sie doch zu Geld machen kann?«

Fon
Fon hat sich die weltweite und möglichst flächendeckende Installation von Hotspots zum Ziel gesetzt. Fon installiert und betreibt die Hotspots nicht selbst, sondern setzt beim Netzaufbau auf Personen, die ihre ungenutzten Breitband-Internetzugänge per WLAN zur Ver-

fügung stellen möchten. Im Gegenzug erhalten diese Personen weltweit kostenlosen Zugang zu den anderen Fon-Hotspots.

Hammer.de
Über Onlineplattformen wie Hammer.de werden Minijobs und andere Dienstleistungen angeboten. Dort findet man so gut wie alle Jobs vom Paketzusteller über den Handwerker bis zur Bürokraft. Nutzen Sie diese Plattformen, wenn Sie zum Beispiel ein geschickter Bastler sind und iPhones oder andere Dinge reparieren können, die im Haus kaputtgehen.

Leinentausch
Plattformen wie Leinentausch stellen die Verbindung von Hundebesitzern und Hundesittern her, die mit dem Hund Gassi gehen. Sie lieben Hunde? Dann registrieren Sie sich und verdienen Sie sich etwas mit Ihrer Lieblingsbeschäftigung dazu.

Spinlister
Die Onlineplattform dient dem Verleihen von Outdoor-Sportgeräten weltweit, insbesondere Fahrrädern, Surfbrettern, Skiern und Snowboards an und von Ihren Nachbarn.

Online-Verdienstmöglichkeiten

Es wird nach wie vor behauptet, online ließe sich das schnelle Geld machen. In manchen Fällen mag das durchaus zutreffen, in anderen aber nicht. Abgesehen von Scams (groß angelegte Betrügereien im Internet) und ähnlichen Betrugsmaschen bietet das Internet noch nie zuvor dagewesene Gelegenheiten, Geld zu verdienen. Für jede legale Online-Verdienstmöglichkeit gibt es vermutlich noch Hunderte mehr, die aber erst noch erfunden werden müssen. Wie das gehen soll? Mit einer gehörigen Portion Kreativität, Eigeninitiative, Recherche, Ausprobieren und Entschlossenheit.

Es wurde schon so viel über Online-Verdienstmöglichkeiten gesagt und geschrieben, dass ich mich hier nicht in den Details verlieren möchte. Machen Sie sich auf eigene Faust schlau. Mein Ziel ist es, Ihnen allgemeine Tipps zu geben und Vorschläge zu unterbreiten, die Sie bei Interesse selbst recherchieren können. Eine Überlegung wert sind folgende bewährte Strategien:

Das Internet als Verkaufsplattform
Überlegen Sie sich, was sich gut verkauft, und bieten Sie diese Produkte auf Websites wie eBay, Craigslist oder Amazon zum Verkauf an. Die Drop-Shipping-Methode bietet Ihnen die Möglichkeit, einen Onlineshop zu eröffnen, ohne vorher ein Lager mit Waren füllen und auf den Lagerbestand achten zu müssen. Noch einfacher wird der Weiterverkauf von Waren über Marktplätze wie Amazon oder eBay. Wählen Sie bei Großhändlern die Produkte aus, die Sie gerne vertreiben würden, tragen Sie sie dann in Ihre Bestandsliste ein und bieten Sie sie zum Verkauf an. Sobald sie sich verkaufen, beziehen Sie sie über den Großhändler und lassen sie direkt an die Kunden versenden. Sie treiben das Geld vom Käufer ein und bezahlen damit den Großhändler. Bei diesem Geschäftsmodell sieht der Händler die Produkte noch nicht einmal, das heißt, Produkthandling und Auftragsabwicklung sind nicht sein Problem. Ihre Aufgabe als Händler ist es, hochwertige Produkte aufzutreiben und zu bewerben. Viele »Direkthändler« brauchen nicht einmal eine eigene Website.

Das Onlinegeschäft bietet so manchen Vorteil, zum Beispiel, dass kaum Startkapital benötigt wird, der Einstieg leicht fällt, die Gemeinkosten niedrig sind, man von jedem Ort der Welt aus loslegen kann, vorausgesetzt, es ist ein Internetanschluss vorhanden, der Produktpalette sind keine Grenzen gesetzt, und auch die Skalierung ist kein Thema.

Doch natürlich gibt es auch Nachteile: Die Gewinnspannen sind alles andere als üppig, und es ist schwierig, den Lagerbestand genau zu kennen, da man ja außen vor ist. Der Warenversand ist eine komplexe Angelegenheit, und Sie werden sich vermutlich oft mit Lieferantenfehlern herumschlagen müssen.

Geschichten aus dem wahren Leben
Troy Remelski, von dem bereits in Kapitel 9 die Rede war, war ursprünglich Luftakrobat von Beruf. Nach mehreren Jahren dieser

extremen körperlichen Anstrengung sah er sich körperlich nicht mehr in der Lage, damit weiterzumachen, und war somit gezwungen, umzusatteln. Doch wie sollte er künftig seine Brötchen verdienen? Einerseits brauchte er einen Job, bei dem es keine Rolle spielte, wo er sich gerade aufhielt, und andererseits hatte er keine Lust, seine Zeit für schnöden Mammon zu opfern. Da er nur noch sechs Wochen im Land sein würde, da er anschließend auf einem Kreuzfahrtschiff arbeiten würde, klemmte er sich dahinter und recherchierte, welche Möglichkeiten ihm offenstanden. Seine Idee war es, die Synergieeffekte von Auftragsproduzenten und einer Verkaufsplattform wie Amazon.com zu nutzen. Anders ausgedrückt, er wollte seine Produkte von einem Hersteller fertigen lassen und sie dann bei Amazon lagern und verkaufen.

Er machte sich über das Internet schlau, wie er am besten vorgehen sollte, und plünderte dann sein Sparbuch. Von den 1000 US-Dollar, die er nun in der Tasche hatte, ließ er einige Hundert Stück eines Produkts fertigen und direkt in das Lager von Amazon senden. Die ersten paar Aufträge tröpfelten nur wenige Tage vor seiner Abfahrt auf dem Kreuzfahrtschiff ein.

Die folgenden Monate baute er sein Geschäft weiter aus, während er vor der Küste der Antarktis und Südamerikas unterwegs war. Die Internetverbindung auf dem Schiff war ziemlich langsam, außerdem wurde sie nach Minuten abgerechnet, aber auch diese widrigen Umstände hielten Troy nicht davon ab, sein Ziel beharrlich zu verfolgen. Monat für Monat investierte er seinen gesamten Gewinn. Als seine Zeit auf dem Kreuzfahrtschiff nach sieben Monaten vorbei war, wusste er, dass er nie wieder in seinem Leben etwas anderes würde tun müssen, um seinen Lebensunterhalt zu bestreiten.

Inzwischen macht er einen Jahresumsatz von mehreren Millionen US-Dollar –, und dafür braucht er nur ein Laptop oder Smartphone und ein paar Stunden pro Woche. Außerdem vertraut er auf die Cashflow-Versicherung, die er aggressiv als Altersvorsorgemaschine nutzt. Ihm ist klar, dass er dieses Geld auch für sein Geschäft nutzen kann. Er nimmt ein Darlehen auf, das über seine Lebensversicherung abgesichert ist, erwirbt von dem Geld größere Mengen und zahlt das Darlehen dann mithilfe seines Cashflow aus seinem Geschäft zurück.

Digitale Informationsprodukte
Hierbei handelt es sich um Produkte, die nur in einem digitalen Format erhältlich sind, zum Beispiel E-Books, Onlinekurse, Software, Website Layouts, Plugins und dergleichen. Im Endeffekt werden damit eigene Erfahrung und Wissen in Form von geistigem Eigentum zu Geld gemacht. Das Gute daran ist: Man erstellt nur ein einziges dieser Produkte und verkauft es dann wieder und wieder. Dafür sind weder ein Lager nötig noch jede Menge Geld, um das Produkt in beliebiger Stückzahl zu reproduzieren.

Wie bei (fast) allem ist der Vertrieb von digitalen Informationsprodukten in der Theorie viel einfacher als in der Praxis. Im Prinzip müssen Sie wissen, ob überhaupt Bedarf danach besteht, dann müssen Sie es entwickeln und unters Volk bringen. Zudem müssen Sie sich auch damit auskennen, wie Sie Traffic auf Ihre Website lenken, Suchmaschinen optimieren, und Sie sollten wissen, wie Pay-per-Click-Werbung funktioniert und wie es sich mit bezahlten Links und Online-Geschäftspartnern verhält.

Subskriptionen
Sozusagen der heilige Gral aller Geschäftsmodelle sind Subskriptionen, da über sie regelmäßiger Umsatz generiert wird. Auch ich bin ein absoluter Fan davon. Ich selbst biete denjenigen meiner Kunden, die in die Finanzmärkte investieren wollen, mehrere Subskriptionsmöglichkeiten.

Etwas auf Subskriptionsbasis veräußern zu können, hat den Vorteil, den Cashflow kalkulieren zu können, da den Kunden regelmäßig eine Rechnung dafür ins Haus flattert. Somit lässt sich auch das Unternehmenswachstum steuern. Wiederkehrender Umsatz wird auf diese Weise automatisch generiert, und obendrein kommt es zu verstärkter Markentreue, da Monat für Monat Wert für den Kunden geschöpft wird. Jedes Mal, wenn Ihr Kunde mit Ihrer Marke zu tun hat, vertieft sich ihre Beziehung und das Vertrauen wird größer.

Netflix veranschaulicht deutlich, wie ein digitales Produkt zu wiederkehrenden Erlösen führen kann. In kleinerem Maßstab tut das auch das US-amerikanische Unternehmen Dollar Shave Club. Für eine Monatspauschale erhalten Kunden einmal im Monat Rasierklingen per Post zugeschickt. Sind Sie Eigentümer eines eigenen Unternehmens? Wenn ja, sollten Sie Ihren kompletten Service in einem Monatspaket zusammenfassen und Ihren Kunden als VIP-Service im Monatsabo anbieten.

Werbeeinnahmen
Mit Werbung über eine Website, einen Blog oder ein YouTube-Video lässt sich ebenfalls Geld verdienen. Doch ich muss Ihnen reinen Wein einschenken: Das ist leichter gesagt als getan. Damit der Rubel rollt, sind Tausende, um nicht zu sagen Hunderttausende von Klicks darauf nötig. Aber es geht, denn sonst würde es ja schließlich keiner machen.

Podcasting
Ein Podcast ist faktisch Ihr eigener Radiosender. Das Rezept ist ganz einfach: Sie nehmen eine Sendung zu einem bestimmten Thema auf, reichen es auf Streamingdienste wie iTunes ein und rühren dann die Werbetrommel, um mehr Zuhörer anzulocken.

In der Zeitung *The Washington Post* hieß es, dass sich die Zahl der Podcast-Hörer in den vergangenen fünf Jahren mit durchschnittlich 75 Millionen verdreifacht hat.[16]

Das Marktforschungsinstitut Edison Research berichtet, dass 33 Prozent aller Befragten schon einmal ein Podcast angehört hätten, während es fünf Jahre zuvor erst 23 Prozent waren.[17]

Wie bei jeder anderen Geschäftsidee ist die Voraussetzung für einen erfolgreichen und profitablen Podcast, seine Nische zu finden und wertvollen Content zu liefern.

Doch auch das Format und die Contentstruktur sind ein paar Überlegungen wert. Denkbar sind Interviews oder Storytelling, oder Sie erzählen, was Sie persönlich bewegt, oder veranstalten Podiumsdiskussionen. Ein Podcast dauert üblicherweise zwischen 30 und 45 Minuten.

Podcasts lassen sich prima mit Sponsoring ergänzen. Sponsoren zahlen einen bestimmten Betrag pro tausend Downloads oder Zuhörern. Hat sich Ihr Podcast erst einmal herumgesprochen, können Sie auch eine Serie produzieren und Ihren Stammhörern anbieten. Planen Sie das Audio-Streaming Ihrer Podcasts, sollten Sie den Podcast in Ihr Google-Profil aufnehmen. Pflegen Sie Ihre Podcasts in Ihre ganzen Profile auf den kostenlosen sozialen Medien ein und verlinken Sie sie. Denken Sie auch an die Bewertungen und eine perfekt auf den Punkt gebrachte Zusammenfassung und verlinken Sie Ihren Podcast auf Facebook in einem Status-Update.

Direktvertrieb/Networkmarketing

Networkmarketing, oder auch Multi-Level-Marketing (MLM), ist garantiert nicht für jedermann geeignet. Dennoch ist es eine perfekte Möglichkeit, sich etwas dazuzuverdienen, und wer sich geschickt anstellt, kann auch gut und gerne davon leben.

Die wesentlichen Vorteile des Networkmarketings sind das minimale Startkapital und die Option auf gehebeltes Einkommen in Form von Provisionen auf alles, was von den von Ihnen rekrutierten Leuten verkauft wird.

Aufgemerkt: MLM ist keineswegs das Zaubermittel für passives Einkommen, als das es mitunter angepriesen wird. Sie müssen stets am Ball bleiben, Ihr Team ständig vergrößern und motivieren – sonst wird das nichts. Wie auch immer, vielleicht ist es ja doch das Richtige für Sie.

Sobald Sie auf ein Unternehmen gestoßen sind, das zu Ihnen und Ihren Zielen passt, sehen Sie sich dessen Führungsriege genauer an. Wie sieht es mit ihrer Leistungsbilanz aus? Wie hoch ist der Marktwert des Unternehmens? Haben sich die Produkte bewährt und kann sie sich Otto Normalverbraucher leisten? Was ist mit dem emotionalen Kontext der Produkte? Werben andere dafür, weil die Produkte toll sind und sie sie gerne selbst benutzen? Gibt es ein auf Herz und Nieren geprüftes Schulungsprogramm mit dem Schwerpunkt auf dem Aufbau des Kundenstamms und der persönlichen Weiterentwicklung? Ist die Vergütung nachvollziehbar und transparent?

Die Zukunft des MLM liegt der Anti-Aging-, Schönheits-, Wellness-, Reise- und der Lifestyle-Branche. Der US-amerikanische Anti-Aging- und Wellness-Markt ist geschätzte 3,4 Billionen US-Dollar schwer und damit dreimal so groß wie die weltweite Pharmabranche.[18] Der Lifestyle-/Reisemarkt ist eine 7,6 Billionen US-Dollar schwere Industrie und stellt damit sowohl den Anti-Aging- und Wellness-Markt als auch die Pharmabranche in den Schatten.[19]

MLM lässt sich prima vom Home-Office aus erledigen, was es Ihnen ermöglicht, ein Unternehmen zu gründen und die entsprechenden Steuervorteile geltend zu machen.

Keine Frage, es gibt zig andere Nebenverdienstmöglichkeiten. Ich erhebe gar nicht den Anspruch, Ihnen eine vollzählige Auflistung aller Optionen darzulegen – ich möchte Ihnen vielmehr einen Schubs geben, damit Sie Ihrer Kreativität freien Lauf lassen. Ich will keine Ausreden von Ihnen hören! Ich kann es gar nicht oft genug sagen: Noch nie zuvor gab es so viele Möglichkeiten!

Jeder, der in einem Industrieland lebt, kann sich selbstständig machen und/oder ein Unternehmen gründen, sofern er das denn möchte. Mag sein, dass Ihnen nicht sofort der Megadurchbruch gelingt, aber wenn Sie am Ball bleiben, kriegen Sie schon mit, was funktioniert und was nicht. Und Sie können Ihre Vorgehensweise ja auch bei jedem neuen Projekt entsprechend anpassen. Sie können es schaffen. Die Frage ist nur, ob Sie das auch wirklich wollen.

> »Wer etwas will, findet Wege.
> Wer etwas nicht will, findet Gründe.«
> NICKI KEOHOHOU

KAPITEL 14

LÄSST SICH DAMIT ETWAS VERDIENEN?

Das Problem mit Nebenverdiensten ist nicht, dass es keine gäbe oder dass man keine findet. Tagein, tagaus werden wir mit unzähligen solchen Chancen konfrontiert. Die Krux dabei ist, den richtigen Nebenverdienst zu finden, bei dem es sich auch lohnt, dabei zu bleiben.

Wer den Schritt in die Selbstständigkeit noch nicht gewagt hat oder bei wem es noch nicht allzu lange zurückliegt, für den sollte das Ziel lauten, erst einmal an Erfahrung zu gewinnen – so wie ich es mit den Gitarrenstunden und Garrett mit der Autoaufbereitung getan haben. Na los, setzen Sie Ihre Idee in die Tat um! Bieten Sie der Welt etwas, egal was! Rühren Sie die Werbetrommel für Ihre Idee, Ihr Produkt, Ihre Dienstleistung, und verkaufen Sie sie gewinnbringend. Sammeln Sie Erfahrung, was geklappt hat und was nicht. Passen Sie sich an, und gehen Sie auf Wachstumskurs.

Bei diesem Prozess lernen Sie neben vielen anderen Dingen auch sich selbst besser kennen. Sie merken dann schnell, was Ihnen Spaß macht und was nicht, aber auch, worin Sie gut sind und worin nicht, oder wobei Sie Unterstützung brauchen. Ihre blinden Flecken werden ebenso enthüllt wie Ihre Ängste, aber wenn Sie durchhalten, lernen Sie auch, wie Sie diese überwinden können.

Das Gute daran ist, dass Sie dabei auch besser werden, potenzielle Chancen zu erkennen. Fragen Sie sich zum Beispiel, was dabei unter dem Strich für Sie drin ist. Folgen Sie dem Geld! Folgen Sie der Nachfrage oder der größten Disruption. Ihre Bezahlung steht immer im direkten Verhältnis zu dem Problem, das Sie gelöst, oder dem Service, den Sie geboten haben. Zunächst geht es vor allem ums Geld, dann um den Spaßfaktor. Ihre größte Leidenschaft sind Unterwasser-Korbflechten oder Brautkleider aus dem 17. Jahrhundert? Das dürfte viel mit Ihren Gefühlen zu tun haben oder spirituellen Gründen, aber viel Geld werden Sie damit nicht verdienen können, da die Nachfrage wohl eher als marginal zu bezeichnen ist. Wo überschneiden sich Leidenschaft, Fähigkeit und Nachfrage? In dieser Schnittmenge passieren immer wieder Wunder!

Egal, für welchen Bereich Sie sich entscheiden – Leidenschaft allein bringt Sie nicht zum Ziel. Wir werden in der Regel für unsere Fähigkeiten und unser Wissen bezahlt, aber nicht für unsere Leidenschaft.

Sollte wider Erwarten doch Nachfrage danach bestehen, und lässt sie sich zu Geld machen – herzlichen Glückwunsch! Dann haben Sie das große Los gezogen und sollten genießen, wie glücklich Sie Ihr Job macht, denn dann haben Sie Ihre Leidenschaft zu Ihrem Beruf gemacht. Für alle anderen gilt: Leidenschaft ist ein Treibstoff –, aber es muss der Treibstoff für den richtigen Wagen zur passenden Gelegenheit sein.

Im Hier und Jetzt wimmelt es nur so vor brillanten, innovativen und genialen Ideen, für die aber leider keine Nachfrage besteht. Die daraus resultierenden Produkte und Dienstleistungen verschwinden früher oder später wieder von der Bildfläche, da niemand bereit ist, dafür sein Geld auszugeben. Doch selbst bei vorhandener Nachfrage kann es durchaus sein, dass es aus ökonomischer Sicht keinen Sinn ergibt, diese Geschäftsidee umzusetzen.

Auch bei einer ausgereiften und vielversprechenden Geschäftsidee kann es mitunter besser sein, sie nicht weiter zu verfolgen – nämlich, wenn sie nicht zu Ihren höheren Lebenszielen passt.

Der Schaffungsprozess beginnt mit einer Idee. Aus einer Idee wird ein Konzept. Dieses Konzept wird einem Team kommuniziert, um es mitzureißen und zu inspirieren. Im Team wird aus dem Konzept eine Möglichkeit. Diese Möglichkeit wird dann mit so wenig Aufwand wie möglich in ein Produkt umgewandelt, das auf dem Markt getestet wird. Stellt sich bei diesem Testlauf heraus, dass die Leute bereit sind, dafür mehr oder weniger tief in die Tasche zu greifen, muss als Nächstes der Versand perfektioniert werden, damit das ganze System so effizient wie möglich funktioniert.

Sie müssen an vieles denken, wenn Sie entscheiden wollen, welche Ihrer Ideen in die Tat umgesetzt wird. Die richtige Entscheidung spart Ihnen viel Zeit und Geld. Mit der optimalen Entscheidung erreichen Sie Ihr Ziel eines 5-Tage-Wochenendes schneller.

»Die Zukunft ist nicht einfach ein Ort, an den wir gehen, sondern ein Ort, den wir gestalten.«
NANCY DUARTE

Gut möglich, dass Ihnen ein paar neue Geschäftsideen durch den Kopf gegangen sind, als Sie dieses Kapitel gelesen haben. In der Regel bleibt das auch noch eine Weile so. Die Begeisterung, die Sie verspüren, wenn Sie daran denken, Ihr eigenes Geschäft zu eröffnen, ist häufig der zündende Funke.

Mit Garretts Geschäftsideentest können Sie einfach herausfinden, wie viel Potenzial in Ihren Überlegungen steckt.

Der Geschäftsideentest

Meine Idee: _____

Wählen Sie zu jeder Frage die Anzahl an Punkten von 1 bis 10 aus, die am besten Ihre Einschätzung wiedergibt:

1. Inwiefern inspiriert Sie Ihre Idee? ☐
   (1 = überhaupt nicht, 10 = zu 100 Prozent)
2. Wie hoch ist das Potenzial Ihrer Idee, damit Geld machen zu können? ☐
   (1 = null, 10 = unbegrenzter Reichtum)
3. Wie viele Menschen wären von dieser Idee betroffen? ☐
   (1 = nur wenige, 10 = die ganze Welt)
4. Stellt diese Idee eine Ergänzung zu Ihren anderen Geschäftsbereichen dar? ☐
   (1 = eher nicht, 10 = es wäre die perfekte Ergänzung)
5. Können Sie die Umsetzung und alles, was danach kommt, delegieren? ☐
   (1 = ich muss alles selbst erledigen,
   10 = ich kann die ganze Arbeit anderen überlassen)
6. Lässt sich Ihre Idee mittels moderner Technologien automatisieren? ☐
   (1 = nein, 10 = aber ja! zu 100 Prozent!)

7. Lässt sich Ihre Idee in weitere Produkte und/oder Dienstleistungen umsetzen?
   (**1 = nein, 10 = ja, ganz einfach in ganz viele**)
8. Passt Ihre Idee zu Ihrer persönlichen oder beruflichen Mission?
   (**1 = passt überhaupt nicht dazu, 10 = passt perfekt dazu**)
9. Lässt sich aus Ihrer Idee schnell Kapital schlagen?
   (**1 = es besteht das Risiko, dass damit kein Gewinn gemacht wird, 10 = damit wird schon Gewinn gemacht, bevor Ausgaben entstehen**)
10. Besitzen Sie das für die Umsetzung Ihrer Idee erforderliche Kapital (oder haben Sie Zugriff darauf)?
    (**1 = kein Kapital vorhanden, 10 = bei dieser Idee ist kein Kapital erforderlich**)

Gesamtpunktezahl

Tut mir leid, aber wenn Sie weniger als 70 Punkte erzielt haben, sollten Sie Ihre Idee am besten gleich wieder vergessen. Bei einer Punktezahl zwischen 70 und 85 verfolgen Sie Ihre Idee noch weiter, investieren aber nicht zu viel Zeit oder Geld. Sie haben mehr als 85 Punkte erzielt? Prima, dann machen Sie damit weiter.

Besuchen Sie unsere Website 5DayWeekend.com und laden Sie sich diesen Test herunter und drucken ihn aus (nur in englischer Sprache verfügbar).
Passwort: P5

Garretts Team hat noch einen weiteren, umfassenderen Test mit 48 Fragen zur Analyse einer Geschäftsidee und weiteren Planung entwickelt und ihm den Namen »Der Ideenoptimierer« gegeben. Damit ist Folgendes möglich: 1. Ihre Idee nimmt konkretere Züge an. 2. Es steht danach fest, welcher Prozess nötig ist, damit es damit auf dem

Markt zu einer Wertschöpfung kommt. 3. Sie wissen dann, ob sich die Umsetzung Ihrer Idee lohnt.

 Besuchen Sie unsere Website 5DayWeekend.com und laden Sie sich diesen Test herunter und drucken ihn aus (nur in englischer Sprache verfügbar).
Passwort: P6

> »Eine Idee ist nichts wert, solange sie nicht in die Tat umgesetzt wird. Sie ist lediglich ein Multiplikator. Erst ihre Umsetzung kann Millionen einbringen.«
> STEVE JOBS

KAPITEL 15

BEVOR SIE IHREN JOB KÜNDIGEN

Sie haben die Nase gestrichen voll von Ihrem Job und keine Lust mehr, sich vorschreiben zu lassen, was Sie den ganzen Tag tun sollen? Sie wollen endlich Ihrer wahren Leidenschaft nachgehen und Ihren Traum leben? Sie möchten Ihren Kindern nie wieder Dinge sagen müssen wie »Das können wir uns nicht leisten« oder »Nein, ich kann nicht, ich muss arbeiten«?

Sie stehen in den Startlöchern und scharren mit den Hufen. Sie haben den Geschmack von Freiheit auf der Zunge. Am liebsten würden Sie noch heute kündigen. Ich verstehe Sie. Doch auf Ihrem Weg zum 5-Tage-Wochenende brauchen Sie einen langen Atem. Vor allem Geduld ist anfangs mehr als alles andere gefragt. Die Reise ins 5-Tage-Wochenende ist nichts für die Impulsiven und Leichtsinnigen, die sich kopfüber von einem Abenteuer ins nächste stürzen, ohne auch nur mal fünf Minuten darüber nachzudenken – und zwar vorher! Wer sein Leben und seine Arbeit frei gestalten will, braucht Köpfchen und eine wohlüberlegte Strategie. Ist es Ihnen derzeit nicht möglich, Ihren Traum zu leben, leben Sie einfach – sprich eine bestimmte Zeit lang – den eines anderen und lernen aus dessen Fehlern.

Bevor Sie Ihren Job hinwerfen, müssen Sie eine solide Basis aufgebaut haben – samt Meilensteinen und der richtigen Mentalität. Dazu zählen die folgenden Dinge.

Meilensteine auf Ihrem Weg in die Freiheit

Vermögensaufbaukonto

Der erste Meilenstein ist erreicht, wenn Sie Ihr Vermögensaufbaukonto prall gefüllt haben. Wie bereits in Kapitel 8 erläutert, finanzieren Sie über dieses Konto Ihre Cashflow-Versicherung, damit Sie gute Investitionsmöglichkeiten beim Schopf packen und nachts beruhigt schlafen können. Im Idealfall parken auf diesem Konto, jederzeit verfügbar, das Sechsfache Ihres Monatsgehalts und 10 Prozent Ihrer Verbindlichkeiten. Dieser Tipp ist nicht in Stein gemeißelt, und es mag außergewöhnliche Situationen geben, die es unmöglich machen, so viel Geld zur Seite zu legen. Aber ein Sicherheitsnetz ist ein absolutes Muss.

Unterschätzen Sie nicht, wie beruhigend so ein finanzielles Polster ist. Immer wenn Sie gestresst sind und voller Angst in die Zukunft blicken und sich fragen, ob Sie Ihre Rechnungen zahlen können, leidet Ihre Kreativität, und Ihre Leistungen fallen ab. Angst macht rationales Denken unmöglich und führt womöglich zu unsinnigen Entscheidungen.

Ihr Herzenswunsch ist es doch, Entscheidungen künftig nicht mehr nur nach rein finanziellen Aspekten treffen zu müssen, sondern danach, ob Sie damit Ihre langfristigen Ziele erreichen können. Sie haben es doch satt, sich Ihr Leben von Sachzwängen diktieren zu lassen, und streben nach Ruhe, Gelassenheit und Zuversicht. Denn in diesem Zustand können Sie anstehende Entscheidungen besser treffen.

Ihr Vermögensaufbaukonto versetzt Sie kurzfristig in die Lage, günstige Gelegenheiten auf dem Kapitalmarkt zu nutzen. Sie können problemlos jederzeit Geld davon abheben und später dann wieder darauf einzahlen. Genau das ist ja auch Sinn und Zweck dieses Kontos. Außerdem stellt es eine Sicherheit dar, sodass Sie bei einem Kredit günstigere Zinsen herausschlagen können.

Sechs Monate in Folge ...
Ich lege Ihnen ans Herz, Ihren Job erst dann zu kündigen, wenn auf Ihrem Konto genug Geld geparkt ist und wenn Ihre Einnahmen aus selbstständiger Tätigkeit sechs Monate in Folge Ihrem Gehalt als Angestellter entsprochen haben. Dann steht nämlich zweifelsfrei fest, dass Sie Ihr Gehalt problemlos selbst erwirtschaften können. (Und wenn Sie dann als Selbstständiger Gas geben, können Sie noch mehr Geld auf Ihrem Vermögensaufbaukonto bunkern.)

Die richtige Einstellung

Selbstständigkeit versus Geschäftsinhaberdasein

Viele Leute bezeichnen sich selbst als Geschäftsinhaber, obwohl sie im Grunde »nur« einer selbstständigen Tätigkeit nachgehen. Sie nennen kein Unternehmen ihr Eigen, sondern einen Job. Sie verfügen nicht über Synergieeffekte. Sie müssen alles selbst erledigen. Verstehen Sie mich nicht falsch, das ist nicht weiter tragisch. Doch das Problem ist, dass sie da so schnell nicht wieder rauskommen. Mit einer »Ein-Mann-Band« wird man nie wirklich finanziell unabhängig sein – und ein 5-Tage-Wochenende ist erst recht nicht drin. Ich möchte Sie dazu bewegen, sich der Sache einmal aus einer anderen Perspektive zu nähren – richtig, aus der eines echten Geschäftsinhabers. Finanzielle Freiheit ist eine direkte Funktion von Synergieeffekten. Je größer der Hebeleffekt, umso größer die Freiheit und umgekehrt. Ein Betrieb muss auf mehr als auf zwei Beinen stehen. Aufgemerkt: Sie bauen sich Ihr Geschäft rund um Ihr Leben auf, aber nicht Ihr Leben rund um Ihr Geschäft.

Aktives versus passives Einkommen

Zu Beginn Ihrer unternehmerischen Laufbahn werden Sie wohl eher nicht in den Genuss von Synergieeffekten kommen – das kann dauern. Doch wenn Sie den Schritt in die Selbstständigkeit wagen, sollten Sie sich immer vor Augen halten, dass das übergeordnete Ziel »Synergieeffekte und passives Einkommen« lautet. Stellen Sie sich aus diesem Grund bei jedem neuen Vorhaben oder Projekt die Frage: Lässt sich daraus im Laufe der Zeit passives Einkommen generieren? Eine Möglichkeit wäre, Mitarbeiter einzustellen, die wesentliche Aufgaben übernehmen und Funktionen besetzen. Oder Sie setzen neue Technologien ein.

Lautet die Antwort (hinsichtlich passiven Einkommens)! »nein«, heißt das nicht zwangsläufig, Sie können die Pläne von Ihrer Selbstständigkeit vergessen. Manchmal ist es am besten, irgendetwas zu tun, um sein Einkommen zu erhöhen – wenn auch nur vorübergehend. Dieses Einkommensplus kann dann für Projekte verwendet werden, mit deren Hilfe sich Synergieeffekte einstellen und passives Einkommen generiert wird.

Aufgemerkt: Sie müssen aufpassen, nicht vom Regen in die Traufe zu kommen. Es ergibt keinen Sinn, seinen Job als Angestellter zu kündigen und in eine Form der Selbstständigkeit zu wechseln, in der Sie sich wieder krumm und bucklig arbeiten. Schon klar, dass das mit einer Prise Freiheit und einem Hauch von Synergieeffekten verbunden wäre, aber glauben Sie uns, damit erreichen Sie Ihr ultimatives Ziel eines 5-Tage-Wochenendes nicht.

Stundenlohn? Nein, danke!
Ein Angestellter erhält niemals das Gehalt, das er eigentlich verdient hätte. Genauso wenig genießt er wirkliche finanzielle Unabhängigkeit und Freiheit. Zudem hört man selten, dass jemand öfter als drei Mal bei ein und demselben Arbeitgeber befördert wurde. Deshalb lautet Ihr Ziel als Selbstständiger, sich nach dem Wert bezahlen zu lassen, den Sie Ihrem Auftraggeber bringen. Die Grundvoraussetzung dafür ist, dass Sie nicht mehr in Euro pro Stunde denken, sondern in Wert pro Stunde.

Lassen Sie sich fürs Denken bezahlen
Sie haben Ihr Ziel als 5-Tage-Wochenendler erreicht, wenn Sie fürs Denken Geld erhalten. Das bedeutet auch, dass Sie ein Experte im Delegieren (geworden) sind. Denn es ist doch so: Diejenigen, die für ihre Arbeit bezahlt werden, arbeiten für diejenigen, die fürs Denken bezahlt werden. Zählen Sie zu Letzteren, lassen sich viele Strategien,

die auf den ersten Blick nach aktivem Einkommen aussehen, in der Tat in passives verwandeln.

Viele Punkte aus diesem Kapitel werden vermutlich erst nach einer gewissen Weile relevant für Sie sein. Doch Sie müssen schon jetzt das große Ganze erkennen können, Sie brauchen eine Vision, wo es für Sie hingehen soll. Große Veränderungen wie seinen Job zu kündigen sind nicht einfach und können einem Angst einjagen. Sie können dieser Angst jedoch etwas entgegensetzen, wenn Sie das mit der Selbstständigkeit verbundene Risiko minimieren, indem Sie sich die richtigen Kenntnisse aneignen und die geeignete Infrastruktur aufbauen.

Die ersten Schritte …

Wenn Sie ein gutes Verhältnis zu Ihrem Vorgesetzten haben und Ihr Arbeitgeber mit Ihren Leistungen zufrieden ist, könnte Ihr erster Schritt in die Selbstständigkeit eine freiberufliche Tätigkeit bei Ihrem künftigen Ex-Arbeitgeber sein.

> »Nur wer etwas tut, überwindet seine Angst.«
> PETER NIVIO ZARLENGA

Call to Action
Ihre Einkommensplanung in der Selbstständigkeit

Wie lauten Ihre drei besten Ideen, sich selbstständig zu machen?

Analysieren Sie das Potenzial Ihrer Ideen mithilfe des Geschäftsideentests aus Kapitel 14.

Erstellen Sie einen Plan, wie sich Ihre Testsieger am besten realisieren lassen.

Meilensteine, die es zu erreichen gilt, bevor Sie Ihre Kündigung einreichen

Meilenstein Nr. 1: Vermögensaufbaukonto
Wie hoch ist Ihr derzeitiges aktives Monatseinkommen?

Multiplizieren Sie das Ergebnis mit sechs und notieren Sie es. Diese Summe sollte sich in liquiden Mitteln auf Ihrem Vermögensaufbaukonto befinden.

Wann soll es so weit sein?

Meilenstein Nr. 2: Sechs Monate in Folge ...
Wann möchten Sie es geschafft haben, dass Ihre Einnahmen aus selbstständiger Tätigkeit sechs Monate in Folge Ihrem Gehalt als Angestellter entsprechen?

Besuchen Sie unsere Website 5DayWeekend.com und laden Sie sich das passende Arbeitsblatt herunter und drucken es aus (nur in englischer Sprache verfügbar).
Passwort: P7

TEIL IV: VERMÖGENSBILDUNG

MEHR AUS GELD MACHEN

Sehr schön, Sie haben eine solide finanzielle Grundlage geschaffen und hart gearbeitet, um Ihr Einkommen zu erhöhen. Sie verfügen nun über ausreichende Mittel, um Ihr Geld sinnvoll zu investieren. Jetzt ist es an der Zeit, im wahrsten Sinn des Wortes Kapital daraus zu schlagen und Ihre aktiven Einkommensströme in passive zu verwandeln.

Zunächst sollten Sie so viele Geschäftstätigkeiten wie möglich darauf auslegen, künftig mehr passives Einkommen zu generieren. Wann immer möglich, sollten Sie die Hebelwirkung nutzen, die sich aus (potenziellen) Mitarbeitern, Technologien oder Systemen ergibt, um sich als Arbeitskraft in zunehmendem Maße zu ersetzen.

Der nächste Schritt besteht darin, Ihre verfügbaren Mittel in passive Einkommensquellen zu investieren. Sie beginnen mit wachstumsorientierten Investitionen, die ich als sichere, konservative Kapitalanlagen definiere, die Cashflow generieren. Steigendes Einkommen daraus kann dann für trendorientierte Investitionen genutzt werden, die zwar mehr Erträge versprechen, aber auch riskanter sind. Trendorientierte Investitionen werfen eher hohe Erträge als kontinuierlichen Cashflow ab, was wiederum in Projekte und Kapitalanlagen gesteckt werden kann, die kontinuierlichen Cashflow generieren.

Für wachstums- und trendorientierte Investitionen gilt gleichermaßen, sich nach alternativen Investitionsmöglichkeiten umzusehen, bei denen sich auch Experten eher bedeckt halten. Ja, die Rede ist nicht von Investmentfonds, Aktien oder Anleihen – sondern von viel besseren Optionen, wie Sie noch erfahren werden. Nur eines kann ich Ihnen schon jetzt verraten: Die Wohlhabenden und Reichen schwören darauf, doch die Medien schweigen sich darüber eher aus und rühren auch nicht die Werbetrommel dafür.

DIE EINZELNEN KAPITEL IM ÜBERBLICK:

16. Passiven Cashflow generieren

17. Cashflow aus Immobilien

18. Wachstumsorientierte Investitionen

19. Groß rauskommen – mit trendorientierten Investitionen

20. Weshalb konventionelle Kapitalanlagen scheitern

21. Jahreszeitlich investieren

Call to Action

Ihr Investitionsplan

KAPITEL 16

PASSIVEN CASHFLOW GENERIEREN

Im englischen Sprachraum erzählt man sich gerne die Parabel über ein Dorf mit einem riesigen Problem: Dort gab es nur Wasser, wenn es regnete. Aus diesem Grund beschlossen die Dorfältesten, sich Angebote für den täglichen Wassertransport in ihr Dorf einzuholen. Daraufhin meldeten sich zwei Männer, die beide den Auftrag erhielten.

Einer von ihnen war Ed, der sich auf der Stelle zwei Eimer besorgte und damit zum See lief, der knapp zwei Kilometer entfernt vom Dorf lag. Finanziell gesehen ein einträgliches Geschäft, aber natürlich ein Knochenjob. Er musste noch vor allen anderen Dorfbewohnern aus den Federn, damit sie gleich beim Aufstehen Wasser hatten.

Sein Konkurrent Bill war nach Erhalt des Auftrags über Monate von der Bildfläche verschwunden. Er hatte erst einmal einen Businessplan erstellt, ein Unternehmen gegründet, vier Investoren mit an Bord geholt, einen Geschäftsführer eingestellt und kehrte nach einem halben Jahr mit einem Bautrupp ins Dorf zurück. Ein Jahr lang errichteten sie ein Trinkwasserleitungssystem, das das Dorf 24 Stunden täglich an sieben Tagen die Woche mit frischem Wasser versorgte. Zudem konnte Bill das Wasser zu einem Viertel von Eds Preis anbieten.

Ed schuftete jeden Tag wie verrückt, während Bill sein Leben in vollen Zügen genoss – schließlich nahm er immer Geld ein, auch wenn er frei hatte.

Somit stellt sich Ihnen folgende Frage: Schleppen Sie Eimer, oder bauen Sie ein Leitungssystem?

Gut, es kann durchaus sein, dass auch Sie eine Zeit lang Eimer schleppen müssen. Dagegen ist ja auch nichts einzuwenden. Doch sobald feststeht, dass es Nachfrage nach Ihren Produkten oder Dienstleistungen gibt und Sie regelmäßige Einnahmen damit erzielen, sollten Sie anfangen, an Ihrem Leitungssystem zu bauen. Dieses System sollte es Ihnen ermöglichen, sich aus dem eigentlichen Geschäft zurückzuziehen, während andere Leute Ihr System am Laufen halten. Sie sind zwar immer noch der Chef des Ganzen, aber Sie brauchen nicht mehr physisch anwesend zu sein, damit die Arbeit getan wird.

Drei verschiedene Unternehmertypen

Typ 1: der Möchtegern-Unternehmer

Möchtegern-Unternehmer strotzen vor Ideen, kommen aber so gut wie nie in die Gänge. Für sie scheint das Motto zu gelten: Der Geist ist willig, das Fleisch ist schwach. Diesem Typus gehen die Ideen nie aus, aber er bleibt nur selten am Ball.

Typ 2: der Einzelkämpfer

Einzelkämpfer stecken viel Geld in ihre Ausbildung und machen sich dann selbstständig. Sie legen mit Elan los, doch leider generiert ihr Job nur aktives Einkommen, und ohne sie geht gar nichts. Im Laufe der Zeit läuft das Unternehmen, und sie verdienen ordentlich. Doch dann gelangen

> »Wenn man ganz bewusst acht Stunden täglich arbeitet, kann man es dazu bringen, Chef zu werden und vierzehn Stunden täglich zu arbeiten.«
> ROBERT FROST

sie an den Punkt, an dem ihnen klar wird, dass sie Opfer ihres Erfolgs sind und dass ihr Unternehmen ihnen ihr Leben diktiert. Im Endeffekt sind sie nicht ihr eigener Herr, sondern strampeln sich in ihrem Hamsterrad ab. Sie bräuchten dringend Verstärkung. Dieses Schicksal trifft auf viele Berufe zu: Ärzte, Zahnärzte, Rechtsanwälte, Steuerberater, Klempner und Monteure.

Typ 3: der emanzipierte Unternehmer
Emanzipierte Unternehmer haben die höchste Stufe des Unternehmertums und gleichzeitig ihr Ziel erreicht: Spaß bei der Arbeit, wirtschaftliche Freiheit und Selbstverwirklichung. Sie konzentrieren sich auf die Bereiche ihres Geschäfts, bei denen sie mit wahrer Begeisterung dabei sind, und überlassen andere Aufgabenbereiche ihren Mitarbeitern. Der emanzipierte Unternehmer ist eine Art Dirigent, der dafür bezahlt wird, seine Musiker (Angestellte) zu koordinieren (deren Job es ist, sein Geschäft am Laufen zu halten).

Der Wandel vom Einzelkämpfer zum Unternehmer

Was gerät bei einer selbstständigen Tätigkeit am ehesten unter die Räder? Richtig, die eigene Lebenszeit, und damit auch die Freizeit. Wenn Sie die folgenden Tipps berücksichtigen, können Sie dieser Falle entgehen und ein Unternehmen aufbauen, dass letzten Endes passives Einkommen für Sie generiert.

1. Eine gesunde Basis schaffen
Sie müssen sich als Allererstes klar darüber sein, wer Sie sind, wofür Sie stehen und wofür nicht und wofür Ihr Unternehmen stehen soll. Notieren Sie, was nicht verhandelbar ist, und lassen Sie es unter keinen Umständen zu, dass Ihre Mitarbeiter gegen diese eisernen Regeln verstoßen.

2. Die richtigen Leute einstellen und anlernen
Die beiden Autoren Michael Gerber, der *Das Geheimnis erfolgreicher Firmen: Warum die meisten kleinen Unternehmen nicht funktionieren*

und was sie dagegen tun können geschrieben hat, und Seth Godin, Verfasser von *Linchpin*, sind sich offenbar in einem Punkt nicht einig: Für Gerber geht es bei der Unternehmensgründung vor allem um Systeme. Er ist überzeugt, die richtigen Systeme kann wirklich jeder bedienen – ungeachtet dessen Fähigkeiten. Ganz anders dagegen Godin, der überzeugt ist, dass jedes Unternehmen mit seinen Mitarbeitern steht oder fällt. Für ihn sind die richtigen Mitarbeiter – er nennt sie Linchpins – die Stützen eines Unternehmens, und diese Linchpins sind proaktiv, verantwortungsbewusst und clever. Sie erkennen, wo etwas fehlt, und kümmern sich dann darum. Außerdem stecken sie voller Ideen, was sich alles noch verbessern ließe.

Ich vertrete den Standpunkt, dass ein Unternehmen beides – einfache Systeme und erstklassige Mitarbeiter – haben sollte, schließe mich aber Seths Meinung an, wenn es um die Einstellung von Mitarbeitern geht. Die Frage, wen Sie einstellen, sollten Sie nicht mit »den billigsten« beantworten. Schließlich sind Mitarbeiter das Herzstück eines jeden Unternehmens, weshalb Sie die besten und klügsten beschäftigen sollten, die sich an Änderungen anpassen können und wissen, in welchen Bereichen Verbesserungspotenzial besteht. Sie brauchen Mitarbeiter, die Ihr Vertrauen genießen und auf die Sie sich verlassen können, denn nur solche Kräfte treffen die richtigen Entscheidungen für Ihr Unternehmen.

Keine Frage, unerfahrene Mitarbeiter kosten kurzfristig betrachtet weniger, aber langfristig gesehen sind sie doch teurer als erfahrene Kräfte. Schließlich kostet es Sie Ihre Zeit und Ihr Geld, dieses Manko auszugleichen. Besetzen Sie entscheidende Funktionen Ihres Unternehmens mit Leuten, die sich damit besser auskennen als Sie selbst. Sie sind die klügste Kraft in Ihrem Unternehmen? Dann sollten Sie das schleunigst ändern, denn das kann ins Geld gehen. In der Geschäftswelt geht es auch darum, dass Ihre Leute (Ihre) Probleme lösen können. Sie müssen Ihre Stärken ausbauen und Ihre Schwächen outsourcen.

Und wie finden Sie die richtigen Mitarbeiter? Zunächst einmal müssen Sie für die Position, die besetzt werden soll, eine Arbeitsplatzbeschreibung erstellen. Welche Einstellung, Fähigkeiten und sonstige

Qualifikationen soll der neue Mitarbeiter mitbringen? Stellen Sie nur jemanden ein, der diesen Anforderungen auch genügt. In Ihrem Unternehmen gibt es mit Sicherheit Aufgaben, die für Sie der Horror sind, während sie anderen richtig Spaß machen. Stellen Sie solche Leute ein, lernen Sie sie an und lassen Sie sie dann zu Höchstform auflaufen. Aufgemerkt: Behandeln Sie Ihre Mitarbeiter mit dem gleichen Respekt, den Sie auch Ihren Kunden gegenüber zeigen, und kümmern Sie sich ebenso um deren Belange wie um die Ihrer Kunden –, bei Ersteren darf es auch ruhig ein bisschen mehr sein! Das fördert ihre Loyalität und sorgt dafür, dass sie ihren Job ernst nehmen und sich für Ihr Unternehmen einsetzen.

3. Dokumentieren Sie Ihre Prozesse

Prozesse sind im Grunde nichts anderes als die Handlungen, die nötig sind, um eine Aufgabe zu erledigen. Prozesse sind meist sehr arbeitsintensiv. Bringen Sie eine Struktur hinein und dokumentieren Sie sie, damit Ihre Mitarbeiter wissen, was sie wie zu tun haben.

Als Erstes muss ein Grundgerüst stehen, die Feinabstimmung durch Verfahren und Technologien kann ruhig erst später erfolgen. Ein Aufgabenmanagement ist das A und O für den reibungslosen Ablauf. Verteilen Sie Aufgaben nur in Verbindung mit einer Liefer- oder Abgabefrist, und packen Sie noch eine »Erfolgsprämie« drauf, das stachelt den Ehrgeiz Ihrer Leute an, ihre Aufgaben zu Ihrer vollen Zufriedenheit und termingerecht zu erledigen.

4. Stimmen Sie Ihre Prozesse fein ab

Sobald Sie allgemeine Prozesse aufgestellt und die richtigen Leute eingestellt haben, die wissen, was sie zu tun haben, können Sie Ihr System mit automatisierten Verfahren – sprich mit modernen Technologien, ergänzen, um die Effizienz Ihres Unternehmens zu erhöhen.

Prozesse sind nichts anderes als allgemeine Vorgaben, wie etwas erledigt oder bearbeitet werden soll. Verfahren nutzen Technologien, um diese Prozesse zu vereinfachen und die menschliche Arbeitskraft weitestgehend zu ersetzen, was wiederum Skaleneffekte auslöst.

Bei Prozessen geht es darum zu beschreiben, wie die richtigen Dinge auf die richtige Art und Weise erledigt werden. Bei Verfahren geht es darum, diese Dinge so effizient und kostengünstig wie möglich zu erledigen.

Sobald Sie Ihre Prozesse und Verfahren festgelegt haben, erstellen Sie daraus eine Bedienungsanleitung, die Sie für Schulungen Ihrer Mitarbeiter verwenden.

5. Hebeln Sie Content mit Technologie

Content ist ein höchst effizientes Tool des Bildungsmarketings, das Ihre Autorität auf dem Markt untermauert und Ihre Erfolgsgeschichte erzählt. Und wie wird Content vermittelt?

Hier sind ein paar Beispiele, wie sich Content hebeln lässt:

- Blogbeiträge
- Videos
- Tonaufzeichnungen
- Bücher
- E-Books
- Informationsschriften
- E-Mail-Newsletter
- Arbeitsmappen
- Customer-Relationship-Management (kurz CRM, auf Deutsch Kundenbeziehungsmanagement) und Online-Marketing-Automation-Software
- E-Mail-Marketing-Software
- Website mit Bildungsangebot und Pflege von Wissen
- Online-Landingpages zur Lead-Gewinnung
- E-Mail-Automation
- soziale Medien

Content und Technologien sind kritische Größen bei Unternehmen, bei der die Persönlichkeit des Inhabers eine wichtige Rolle spielt. Denn sie verleihen den Kunden das Gefühl, den Inhaber persönlich zu kennen, auch wenn dem nicht der Fall ist. Dr. Oz ist ein ausgezeichnetes Beispiel dafür, wie das funktioniert. (Falls Sie noch nicht von ihm gehört haben: Dr. Mehmet Öz war Moderator der in den USA sehr erfolgreichen Dr. Oz Show, die sich mit dem Thema Gesundheit und Ernährung beschäftigt und sich vornehmlich an Frauen im mittleren Alter wendet). Zwar glaubt kein US-Bürger ernsthaft, Dr. Oz würde ihn medizinisch durchchecken, aber sie schenken seinen Empfehlungen Glauben. Weshalb? Das liegt einzig und allein daran, wie er die Medien für sich nutzt.

6. Loslassen!

Unternehmern auf der Suche nach wirtschaftlicher und persönlicher Freiheit fällt es häufig sehr schwer, einfach loszulassen und ihren Mitarbeitern, Prozessen und Verfahren zu vertrauen.

Psychologisch lässt sich das damit erklären, dass ein Unternehmer dann nicht das Gefühl hat, Wert zu schöpfen. Doch da täuscht er sich, denn wenn er loslässt und sich aus seiner Tretmühle befreit, kann er noch mehr Wert schaffen. Allen, die mit dem Loslassen ein Problem haben, sei gesagt: Sie müssen den Unterschied zwischen maximaler Kontrolle und maximalem Wert kennen.

Wertmaximierer wissen, dass sie sich oft freinehmen sollten, damit ihre Mitarbeiter Verantwortung übernehmen und wachsen können. Sie müssen ihnen vertrauen. Für viele Firmenchefs hat Kontrolle oberste Priorität, was häufig dazu führt, dass sie die Dinge schleifen lassen und ihre Leistungen dann bestenfalls mittelmäßig sind, anstatt ein oder zwei Dinge perfekt zu beherrschen und nichts anderes mehr zu tun. Mal abgesehen davon, dass solche Kontrollfreaks am Rande der Erschöpfung operieren und dann überhaupt keine Freude bei der Arbeit mehr verspüren.

Die Krux daran ist, dass es ein großer Fehler wäre, die Kontrolle zu schnell abzugeben. Hüten Sie sich davor, so schnell loszulassen, dass das reinste Chaos entsteht. Stellen Sie sich vor, Ihr Rückzug wäre ein Staffellauf. Da kommt es vor allem auf die Übergabe an. In der Geschäftswelt müssen Sie die Fähigkeit besitzen, sich schnell auf Probleme einstellen und sie lösen zu können.

> Der schwierigste Teil bei der Selbstbefreiung ist loszulassen.

Doch ganz gleich, was Sie auch tun, machen Sie nie den Fehler, es sich nicht zuzutrauen, ein erfolgreiches Geschäft aufzubauen. Sie schaffen das. Und dabei generieren Sie mehr Wert und haben viel mehr Einfluss, als wenn Sie sich als Einzelkämpfer abstrampeln.

Von 5000 auf 2,3 Millionen US-Dollar in 27 Monaten

Rich Christiansen ist ein extrem erfolgreicher Multiunternehmer, der mehr als ein Dutzend inzwischen mehrere Millionen schwere Unternehmen aufgebaut und mehrere Bücher veröffentlicht hat, darunter auch den Bestseller *The Zigzag Principle*. Bereits 2001, noch lange bevor die Suchmaschinenoptimierung (Search Engine Optimization – SEO) überall hoch im Kurs stand, erlernte Rich diese Fähigkeit und nutzte sie mit großem Erfolg bei seinen Unternehmen. Sämtliche Anfragen, das auch für andere Unternehmer zu tun, lehnte er jedoch ab.

Schließlich konnte ein Geschäftspartner Rich davon überzeugen, mit ihm zusammen ein SEO-Unternehmen zu gründen. Ihr Startkapital betrug 5000 US-Dollar, die sie dafür ausgaben, potenzielle Kunden aufzusuchen, die Rich bereits kannte. Eines der ersten Unternehmen, denen sie einen Besuch abstatteten, war Warner Music. Im Anschluss an ihre Präsentation hatten sie einen Auftrag über 30 000 US-Dollar in der Tasche.

Am Anfang waren Rich und sein Partner für alles selbst zuständig. Rich erinnert sich noch gut an diese Zeit. »In der allerersten Phase nach der Firmengründung geht es ausschließlich darum, schwarze Zahlen zu schreiben. Das bedeutet für den oder die Gründer, sich voll einzubringen und zu arbeiten wie verrückt. Schließlich muss man ja herausfinden, was funktioniert und was nicht.«

Sie gewannen immer mehr Kunden und konnten eine beeindruckende Erfolgsbilanz vorweisen. Als Nächstes betrieben sie aggressives Marketing, wodurch sie zahlreiche Neukunden gewannen.

Daraufhin stellten sie ein paar Mitarbeiter ein und erklärten ihnen ihr System. In einem nächsten Schritt dokumentierten sie alle Prozesse bis ins kleinste Detail. Dazu Richard: »Ich wurde so eine Art Cheerleader. Meine Aufgabe war es, die Leute anzufeuern, sie zu unterstützen, ihnen alles Mögliche beizubringen und darauf zu achten, dass sie sich an die Spielregeln hielten.« Da ihr Unternehmen weiterwuchs, stellten sie Manager ein. Innerhalb von 27 Monaten erwirtschaftete ihr Unternehmen einen Bruttojahresumsatz von über 2,3 Millionen

US-Dollar. Das war der Moment, an dem sie es an ein börsennotiertes Unternehmen verkauften. Rich erklärte uns diesen Schritt so:

Bei dem Aufbau eines skalierbaren Geschäfts gibt es drei Phasen. In der ersten dreht sich alles um den Profit. Sobald das eigene Unternehmen Gewinne abwirft, muss man sein eigenes Momentum ändern, da man sonst Gefahr läuft, als »Mann für alles« zu enden und sich abstrampeln zu müssen wie im Hamsterrad. Das bedeutet auch, sich zum Cheerleader und Manager zu mausern und auf weitere Ressourcen und Verfahren zu setzen. Dann stellt man seine Teams zusammen und legt Prozesse und Systeme fest. In dieser Phase geht es vielmehr darum, was man nicht tut, als um das, was man tut. Zwar ist das auch die Zeit, in der viele neue Mitarbeiter rekrutiert werden, aber im Hinterkopf sollte man immer das Stichwort »Wertschöpfung« haben.

In der letzten Phase geht es vor allem um die Entwicklung skalierbarer Produkte. Ziel ist sozusagen der Hebelpunkt, an dem aus der ganzen Arbeit, die man ins Unternehmen gesteckt hat, ein Wert wird, der für einen arbeitet. In unserem Fall hatten wir ein paar Websites von der Machart wie Groupon, das Rabattangebote offeriert, erstellt und automatisiert. Als wir unsere Firma veräußerten, waren es knapp hundert solcher Websites, die einen Jahresumsatz von knapp 1 Million US-Dollar erwirtschafteten. Unsere Gewinnspanne lag damals bei rund 50 Prozent.

In jeder dieser Phasen mussten wir uns gewaltig umstellen. In der ersten Phase braucht man vor allem verbissene Entschlossenheit, und man muss wirklich alles selbst machen. In der zweiten Phase muss man lernen, einen Schritt zurückzutreten, Systeme aufzubauen und Leute einzustellen, die diese Systeme am Laufen halten. Und in der dritten geht es nur noch darum, wie sich das alles skalieren lässt.

Von goldenen Handschellen in die Freiheit

Jason West ist Chiropraktiker in der vierten Generation. Als er seine Praxis eröffnete, wollte er vor allem eines – »genug zu tun haben«. Doch ihm wurde schnell klar, dass er besser gewinnorientiert arbeiten sollte. So kam es, dass er nicht nur (mehr als) genug Patienten hatte, sondern auch Gewinn erwirtschaftete. Er arbeitete von Montag bis Samstag fast zwölf Stunden am Tag, also satte 72 Stunden die Woche. Eines Tages sagte er zu seiner Frau: »Du kannst gerne in Urlaub fahren, wohin auch immer du willst. Das Problem ist, dass ich nicht mitkommen kann.«

Er erinnert sich noch gut an diese Zeit. »Ich dachte, ich hätte das perfekte System aufgebaut, aber dann wurde mir klar, dass ich mir selbst Handschellen – wenn auch goldene – angelegte hatte. Ich war eigentlich gar kein Unternehmer. Ich war zwar selbstständig, aber alles hing an mir. Und das ist nicht das, was man sich gemeinhin unter einem Unternehmer vorstellt.«

Er trat etwas kürzer im Beruf und begann sich zu überlegen, wie er seine Praxis so organisieren könnte, dass er künftig arbeiten würde, um zu leben, aber nicht leben würde, um zu arbeiten. Als Erstes führte er ein, dass er die Praxis nur noch an fünf Tagen die Woche öffnete, später dann nur noch an vier. Er stellte einen Geschäftsführer ein und holte andere medizinische Fachkräfte mit an Bord. Wie er uns erklärte, hat er sich lang und breit überlegt, welche Patienten unbedingt von ihm persönlich behandelt werden müssten und wie er dafür sorgen könnte, dass andere Patienten von seinem Wissen und seiner Erfahrung profitieren, aber von seinen Kollegen therapiert würden. Schließlich müsse er nicht bei jedem Patienten, der in seine Praxis kommt, selbst »Hand anlegen«.

Innerhalb von Monaten erzielte seine Praxis den doppelten Umsatz von nunmehr 3 Millionen US-Dollar im Jahr – obwohl er seine Arbeitszeit um ein Drittel gekürzt hatte. Jason ist überzeugt, »der Schlüssel zum Erfolg liegt darin, genauso viel für seine Entwicklung zum Manager, der delegieren kann, auszugeben wie für seine Ausbildung. Das Gute daran ist, dass man diese Fähigkeiten erlernen kann.«

Jason hat weiter daran gearbeitet, seine Praxis zu vergrößern, ohne dass er stets mit Anwesenheit glänzen musste. Irgendwann liefen unter seinem Namen sieben Praxen, derzeit arbeitet er an der Eröffnung seiner achten. Sein Reinvermögen hat sich mindestens vervierfacht. Wie er uns im Laufe des Gesprächs erklärte, »ist es doch so: Wenn es gelingt, im eigenen Unternehmen manche Dinge quasi auf Autopilot umzustellen, und sie sich dann automatisch wiederholen, dann hat man es geschafft und ist zum wahren Unternehmer geworden, anstatt sich als Selbstständiger zu Tode zu schuften. Ich genieße die unternehmerische Freiheit, jederzeit einen anderen damit beauftragen zu können, meine Geschäftsideen umzusetzen, und ihn dann einfach machen zu lassen. Inzwischen ist mir eines klar geworden: Ich verdiene wesentlich mehr Geld, wenn ich *für* meine Praxis arbeite, als *in* ihr.«

Was, wenn die Skalierung nicht klappt?

Besteht für Ihr Unternehmen absolut keine Möglichkeit der Skalierung, müssen Sie der Wahrheit ins Gesicht sehen: Sie haben sich lediglich einen Job verschafft. Am besten, Sie betreiben das nur so lange weiter, wie Sie das Geld, das Sie damit verdienen, zum Leben brauchen. Wandeln Sie Ihre aktiven Einkommensströme so schnell wie möglich in passive um. Vielleicht können Sie Ihren Betrieb ja verkaufen. Auf diese Weise ist Ihre Geschäftsaufgabe kein Totalverlust.

> Werden Sie autonomer.

Vom Angestelltendasein in die Selbstständigkeit zu wechseln, ist definitiv ein Schritt in die richtige Richtung. Dadurch werden Sie autonomer, haben mehr Entscheidungsfreiheit und lernen täglich dazu, was sich auch positiv auf Ihr Selbstvertrauen auswirkt. Passen Sie aber auf, dass Sie dort nicht für immer verharren.

> »Die Wohlfühlzone ist
> ein gefährlicher Ort.«
> MARY LOU RETTON

KAPITEL 17

CASHFLOW AUS IMMOBILIEN

Stellen Sie sich vor, Sie arbeiten hart, sparen regelmäßig und planen vorausschauend, um Ihre erste Immobilie zu kaufen. Sie haben sich ausführlich mit dieser Thematik befasst und wissen so gut wie alles über Immobilien als Kapitalanlage. Die Anzahlung ist ebenso unter Dach und Fach wie die weitere Finanzierung. Und dann finden Sie auch noch die passende Immobilie! Als der Kauf besiegelt wird, sind Sie zwar ein bisschen nervös, aber auch voller Vorfreude.

Sie wählen Ihren Mieter sorgfältig aus, und endlich trifft die erste Mietzahlung auf Ihrem Konto ein. Damit können Sie die monatliche Hypothek bezahlen und haben sogar noch ein paar Hundert Euro extra. Was für ein Gefühl! Keine Frage, die Vermietung bedeutet in erster Linie auch mehr Arbeit für Sie, aber Sie sind im Spiel. Sie haben Ihren Traum von der eigenen Immobilie umgesetzt. Auf Ihrem Weg werden Sie in so manches Schlagloch geraten, und Sie sind auch nicht vor Fehlern gefeit. Aber Sie können daraus lernen, sodass letzten Endes nicht nur Ihr Portfolio wächst, sondern auch Ihr passiver Cashflow.

Cashflow ist König

Cashflow ist *der* Grund, weshalb Wohneigentum bei Ihren Überlegungen, mit welchen Investitionen Sie Ihr Ziel eines 5-Tage-Wochenendes erreichen können, eine wichtige Rolle spielen sollte. Schließlich möchten Sie in ein paar Jahren so viel Cashflow generieren, dass Sie sich Ihren erträumten Lebensstil davon leisten können – und zwar auf Dauer.

Doch mal abgesehen vom positiven Cashflow gibt es noch weitere Gründe, weshalb der Immobilienkauf eine sehr gute Idee ist.

Vorteil Nummer 1: Leverage
Bei Immobilien kommen Sie augenblicklich in den Genuss einer finanziellen Hebelwirkung, da Sie lediglich einen geringen Prozentsatz des Kaufpreises als Anzahlung leisten, und schon gehört Ihnen das ganze Objekt. Im Laufe der Zeit, wenn Sie regelmäßig tilgen, erhöht sich diese Hebelwirkung sogar noch, da Ihre Hypothekenbelastung immer geringer wird, was bedeutet, dass Sie einen neuen Kredit aufnehmen können, um weitere Investitionen zu tätigen, was wiederum mehr passiven Cashflow für Ihr 5-Tage-Wochenende generiert.

Vorteil Nummer 2: Schnellerer Vermögensaufbau
Aufgrund der Hebelwirkung kann das Reinvermögen eines Immobilienportfolios schneller wachsen, als dies bei konventionellen Investitionen der Fall ist.

Vorteil Nummer 3: Natürliche Absicherung gegen Inflation
Bei steigender Inflation legt die Immobilie auf lange Sicht gesehen etwa in gleicher Höhe an Wert zu. Außerdem können Sie die Miete (und damit Ihren Cashflow) als Ausgleich für die Inflation entsprechend erhöhen.

Vorteil Nummer 4: Mehr Steuervorteile
Zinsen auf Immobiliendarlehen können bei Vermietung von der Steuer abgesetzt werden. Reden Sie mit Ihrem Steuerberater darüber, wie Sie sich die Kapitalertragssteuer sparen können, wenn Sie Immobilien kaufen und verkaufen. Wenn Sie Wohneigentum nicht selbst nutzen, winken außerdem noch weitere steuerliche Vergünstigungen, was sich wiederum positiv auf Ihren Cashflow auswirkt.

Vorteil Nummer 5: Keine Strafzahlung bei vorzeitiger Auszahlung
Anders als bei der betrieblichen Altersvorsorge oder der Riester-Rente, also der staatlich geförderten Zusatzversorgung, droht bei Immobilien keine Strafzahlung, wenn Sie sie versilbern, bevor Sie das 62. Lebensjahr vollendet haben.

Vorteil Nummer 6: Keine Strafzahlung für »Insiderhandel«
Im Börsenhandel drohen empfindliche Strafen, wenn vertrauliche Informationen zum eigenen Vorteil genutzt werden. Bei Immobiliengeschäften gibt es das nicht.

Cashflow aus Immobilien – die Lizenz zum Gelddrucken

Immobilien bieten eine höhere finanzielle Hebelwirkung als die meisten anderen Investmentvehikel. Wenn Sie es geschickt anstellen, sind Sie nach fünf bis zehn Jahren finanziell unabhängig.
Und so geht's:

1. Kümmern Sie sich um die Finanzierung Ihrer Immobilie. Holen Sie sich eine Bank an Ihre Seite. Machen Sie sich schlau, was es beim Immobilienkauf alles zu beachten gilt. Sparen Sie für die Anzahlung.

   > Ein guter Immobilien-Deal kann sich als Katalysator für Ihr 5-Tage-Wochenende erweisen.

2. Lernen Sie alle Fachausdrücke und relevanten Zahlen aus der Immobilienbranche. Sie müssen Experte für die unterschiedlichen Strategien, Fristen, Gelegenheiten und Fallstricke werden.

3. Knüpfen Sie Kontakte mit Immobilienmaklern und -händlern, die Ihnen bei der Suche von Kaufobjekten behilflich sein können.
4. Kaufen Sie Ihre erste Immobilie.
5. Stellen Sie ein Team zusammen. Sollten Sie in die House-Flipping-Branche einsteigen wollen, brauchen Sie qualifizierte Handwerker. Möchten Sie Ihr Mietobjekt vermieten, wäre es denkbar, sich an eine Hausverwaltungsgesellschaft zu wenden, die Ihnen Abrechnungen und dergleichen abnimmt.
6. Kaufen Sie weitere Immobilien und nutzen Sie dafür die finanzielle Hebelwirkung Ihres Vermögens.
7. Generieren Sie überwiegend passive Einkommensströme. Erledigen Sie nicht alles selbst – beauftragen Sie Fachleute damit. Ansonsten stecken Sie im Hamsterrad der Selbstständigkeit fest.

Anfangs ist es sehr aufwendig, sich über die Immobilienbranche schlauzumachen, ein Wohnobjekt zu kaufen und zu verwalten. Doch sobald Sie mit Ihren Mieteinnahmen nebst den anderen passiven Einkommensströmen Ihren Lebensunterhalt bestreiten können, sollten Sie eine Hausverwaltungsgesellschaft mit der Verwaltung Ihrer Mietobjekte beauftragen und sich entlasten, damit Sie Ihr 5-Tage-Wochenende genießen können.

Vergrößern Sie Ihr Portfolio
Anders als bei der traditionellen Altersvorsorge, bei der Sie das Sparschwein unaufhörlich füttern müssen, kann sich ein Immobilienportfolio selbst tragen und sogar vervielfachen. Na los, tun Sie alles, was getan werden muss, damit Sie Ihre erste Immobilie erwerben können, denn daraus kann sich ein großes Portfolio entwickeln, und zwar ohne dass Sie tief in die Tasche greifen müssen. Jede weitere Immobilie finanziert sich über den Vermögenszuwachs durch die anderen Mietobjekte. Und jetzt wollen wir uns mal ansehen, wie das in der Praxis aussehen kann. Ich habe mir in Indianapolis folgende Immobilie gekauft:

Zweifamilienhaus in Indianapolis, Indiana

Übersicht

Anzahl Wohneinheiten: 2

Wohnfläche: 200 m²

Verkaufspreis: 99 500 US-Dollar

Im Wertgutachten genannter Preis: 103 000 US-Dollar

Kaufpreis: 80 000 US-Dollar

Darlehenssumme: 64 000 US-Dollar

Anzahlung: 16 000 US-Dollar

Kaufnebenkosten: 2800 US-Dollar

Kosten je Quadratmeter: 414 US-Dollar

Kosten je Wohneinheit: 41 400 US-Dollar

Monatsmiete je Wohneinheit: 625 US-Dollar

Prognostiziertes Bruttojahreseinkommen: 15 000 US-Dollar

Betriebskosten: 5306 US-Dollar
   (Strom, Gas, Wasser, Abwasser, Grundsteuer, Versicherung, Gebäudeinstandhaltung)

Jährliche Hypothekenzahlung: 3672 US-Dollar

Gesamtkosten (Betriebskosten und Hypothekenzahlung):
   8978 US-Dollar

Jährlicher Netto-Cashflow: 4897 US-Dollar

Monatlicher Netto-Cashflow: 408 US-Dollar

Hinweis: Dies ist lediglich eine Übersicht. Renovierungs- und Modernisierungskosten sind nicht enthalten. Ein detaillierteres Beispiel finden Sie weiter hinten in diesem Kapitel.

Ihre oberste Priorität als Investor muss die Generierung von Cashflow sein, die zweite Kapitalzuwachs oder die Aufwertung der Immobilie. Mit steigendem Eigenkapital können Sie noch mehr Darlehen aufnehmen und weitere Immobilien erwerben.

Angenommen, Sie haben es geschafft und nennen eine Immobilie wie oben beschrieben Ihr Eigen. Sie verfügen über etwas Eigenkapital und generieren Cashflow. Somit stehen Ihnen zwei Möglichkeiten offen:

1. Behalten Sie die Immobilie und legen Sie den Cashflow zur Seite. Da sich Ihr Eigenkapital auf diese Weise im Laufe der Zeit erhöht, können Sie die Hebelwirkung nutzen und über eine Refinanzierung oder eine zweite Hypothek eine weitere Immobilie erwerben. Oder Sie zahlen die Hypothek ab und genießen den Cashflow.
2. Nach ein paar Jahren sollte der Wert Ihrer Immobilie gestiegen sein, sodass ein Verkauf denkbar wäre, um mit dem Gewinn eine andere, größere Immobilie zu finanzieren.

Angenommen, Sie entscheiden sich für die zweite Möglichkeit und wollen den finanziellen Hebel Ihrer ersten Immobilie nutzen, um Ihr Portfolio aufzubauen. Wir gehen von einem Wertzuwachs aus, sodass Ihr Wohneigentum, das Ihnen nun drei Jahre lang mehrere Hundert Dollar im Monat in die Kasse gespült hat, nun auf 120 000 US-Dollar geschätzt wird. Sie müssen noch 60 000 US-Dollar für den Kredit abbezahlen, sodass rund 60 000 US-Dollar Eigenkapital übrigbleiben.

Sie verkaufen Ihr Wohnobjekt und nach Abzug der Kaufnebenkosten bleiben Ihnen rund 60 000 US-Dollar. In der Zwischenzeit konnten Sie weitere 20 000 US-Dollar ansparen. Von dem Verkaufserlös und Ihrem Spargsuthaben erwerben Sie eine andere Immobilie, wie ich das in Orlando getan habe.

Dreifamilienhaus in Orlando, Florida

Übersicht

Anzahl Wohneinheiten: 3

Wohnfläche: 220 m^2

Verkaufspreis: 369 000 US-Dollar

Im Wertgutachten genannter Preis: 350 000 US-Dollar

Kaufpreis: 310 000 US-Dollar

Darlehenssumme (30 Jahre bei 4 Prozent): 248 000 US-Dollar
Anzahlung: 62 000 US-Dollar
Kaufnebenkosten: 10 850 US-Dollar
Gesamtkosten (Kaufpreis plus Kaufnebenkosten): 320 850 US-Dollar
Kosten je Quadratmeter: 1.458 US-Dollar
Kosten je Wohneinheit: 106 950 US-Dollar
Monatsmiete je Wohneinheit: 1250 US-Dollar
Prognostiziertes Bruttojahreseinkommen: 45 000 US-Dollar
Betriebskosten: 10 500 US-Dollar
   (Strom, Gas, Wasser, Abwasser, Grundsteuer, Versicherung, Gebäudeinstandhaltung)
Jährliche Hypothekenzahlung: 17 759 US-Dollar
Monatliche Hypothekenzahlung: 1479 US-Dollar
Gesamtkosten: 28 259 US-Dollar
Jährlicher Netto-Cashflow: 16 741 US-Dollar
Monatlicher Netto-Cashflow: 1395 US-Dollar

Hinweis: Dies ist lediglich eine Übersicht. Renovierungs- und Modernisierungskosten sind nicht enthalten. Die Nebenkosten wurden über das Girokonto bezahlt.

Herzlichen Glückwunsch! Sie haben aus Ihren ersten Mieteinnahmen in Höhe von 408 US-Dollar satte 1395 US-Dollar monatlich gemacht! Und das kann gut und gerne weiter so laufen! Das macht das Geschäft mit Immobilien ja so lukrativ: Dass im Laufe der Zeit immer größere und bessere Wohnobjekte gekauft werden können.

Es wird nicht lange dauern, bis Sie Ihre dritte Immobilie kaufen – und dann Ihre vierte. Je näher Sie Ihrem Ziel, dem 5-Tage-Wochenende kommen, umso mehr Vermögenswerte umfasst Ihre persönliche Bilanz. Cashflow genießt zwar nach wie vor oberste Priorität, aber Vermögen, das im Laufe der Jahre an Wert gewinnt, ist ein wunderbarer Nebeneffekt.

Die erste Immobilie

Meine erste Wohnung für 152 200 US-Dollar kaufte ich, da war ich noch keine 20 Jahre alt. Mal abgesehen von den Mieteinnahmen in all den Jahren liegt der aktuelle Schätzwert für diese Immobilie bei 1,3 Millionen US-Dollar. Das Mehrfamilienhaus mit insgesamt vier Wohnungen wurde 1928 errichtet und steht in einer exklusiven Wohngegend, ganz in der Nähe von renommierten Privatschulen. Innerhalb eines Jahrzehnts gelang es mir, das gesamte Wohnhaus zu erwerben und noch ein paar andere Häuser – alle in derselben Sackgasse. Durch diese Erfahrung lernte ich die Hebeleffekte von Mehrfamilienhäusern kennen.

Die Suche nach der richtigen Immobilie
Bevor Sie Ihren ersten Kauf tätigen, müssen Sie sich die Zeit nehmen und sich gründlich vorbereiten. Am wichtigsten ist es, die richtige Immobilie zu finden, denn damit steht und fällt die Generierung von Cashflow für Ihr 5-Tage-Wochenende. Aufgemerkt: Schlagen Sie erst zu, wenn Sie ein geeignetes Objekt gefunden haben, das unter dem Verkehrswert zu haben ist und eine solide Rendite verspricht. Beauftragen Sie gegebenenfalls einen Immobilienmakler, Ihnen bei der Suche danach unter die Arme zu greifen. Treten Sie örtlichen Investorengruppen bei und vernetzen Sie sich mit anderen Investoren. Verbringen Sie Zeit vor Ort und sehen Sie sich nach geeigneten Objekten um. Durchsuchen Sie den Immobilienteil Ihrer lokalen Zeitung. Durchforsten Sie das Internet auf entsprechende Kaufinserate oder suchen Sie über Online-Marktplätze für Immobilien. Fahren Sie jeden Abend auf unterschiedlichen Routen nach Hause, um zum Verkauf angebotene Immobilien zu entdecken.

Der große Unterschied zwischen privaten und professionellen Investoren ist, dass Erstere darauf brennen, endlich ein Geschäft zu machen, während Letztere geduldig abwarten, bis es so weit ist, und erst dann zuschlagen.

Mein Rat lautet, mit Mehrfamilienhäusern (Zwei-, Drei- und Vierfamilienhäusern und so weiter) zu beginnen. Interessanterweise ist es oft einfacher, einen Apartmentkomplex zu kaufen als ein Einfamilienhaus. Bei Mehrfamilienhäusern geht es Banken um den Deal an sich, weniger um Sie als Investor. Solange die Zahlen stimmen, haben Sie gute Chancen, dass die Bank mitzieht. Bei einem Einfamilienhaus ist das Risiko dagegen ungleich höher, denn zahlt der Mieter nicht, bedeutet das den Verlust der gesamten Mieteinnahmen.

Ein weiterer Grund, der in meinen Augen für ein Mehrfamilienhaus spricht, ist, dass man eine Wohnung selbst beziehen und die andere(n) vermieten kann. Die Mieteinnahmen sollten die Kosten für die eigene Wohnung decken. Bei selbst genutztem Wohneigentum sollten private Wohnungsbaukredite infrage kommen, bei denen weniger Eigenkapital vorzuweisen ist, was Ihnen Geld spart und die Hebelwirkung erhöht.

Wenn Sie eine in Ihren Augen geeignete Immobilie gefunden haben, ist das höchstens die halbe Miete. Rechnen Sie aus, ob die Mieteinnahmen für einen positiven Cashflow ausreichen. Checken Sie das Haus auf eventuelle Baumängel durch, denn die können ins Geld gehen. Kümmern Sie sich um die Finanzierung Ihrer Immobilie. Sie werden sicherlich nervös sein, wenn Sie die Anzahlung leisten, denn es gibt kaum etwas Aufregenderes, als ein Geschäft zu machen.

Die besten Geschäfte werden immer dann gemacht, wenn Menschen in Not geraten, zum Beispiel weil sie schnell umziehen müssen oder in eine finanzielle Schieflage geraten sind und vermeiden wollen, mit ihren Hypotheken in Rückstand zu geraten und einen Eintrag in der Schufa zu riskieren. Ist Ihre Finanzierung unter Dach und Fach, sollten Sie bei solchen Gelegenheiten schnell zuschlagen können.

Es muss Ihnen klar sein, dass Sie sich beim Immobilienkauf nicht auf Ihren Wohnort beschränken müssen. Im ganzen Land stehen Immobilien zum Verkauf. Sie müssen nur den Markt finden, in dem die Immobilienpreise niedrig und die Nachfrage nach Mietobjekten groß ist.

Das richtige Objekt finden

Keine Frage, wer in der Immobilienbranche Geschäfte macht, sucht nach einem Objekt zu einem möglichst günstigen Preis, das aus dem eingesetzten Kapital die maximale Rendite abwirft. Als Daumenregel gilt, dass der Kaufpreis mindestens 15 Prozent unter dem im Wertgutachten genannten Preis liegen muss.

Die geeignete Immobilie zu finden, ist einer der wichtigsten – um nicht zu sagen die wichtigste – Voraussetzung, genug Cashflow für Ihr 5-Tage-Wochenende zu generieren. Machen Sie also brav Ihre Hausaufgaben und schlagen Sie erst zu, wenn Ihnen ein solides Objekt angeboten wird, das eine hohe Rendite verspricht.

Je mehr Sie für Wohneigentum (und die Finanzierung) ausgeben, umso höher ist Ihre monatliche Belastung – und, weitaus wichtiger, umso geringer ist der Cashflow. Je besser Ihr Deal, umso mehr Eigenkapital besitzen Sie, was Sie wiederum in die Lage versetzt, noch mehr Wohneigentum zu erwerben und mehr Cashflow zu erzeugen. Aufgemerkt: Je mehr Geld Sie für die Modernisierung und Sanierung einer Immobilie ausgeben, umso länger dauert es, bis sich Ihre Investition amortisiert.

Die »Cashflow-Filter«

Wie können Sie die geeignete Immobilie finden? Ganz einfach! Mit meinen drei Cashflow-Filtern können Sie die Auswahl schnell eingrenzen und auf einen Blick erkennen, wo das beste Geschäft winkt. Dann treten Sie in die Verkaufsverhandlungen ein und schlagen selbstbewusst zu.

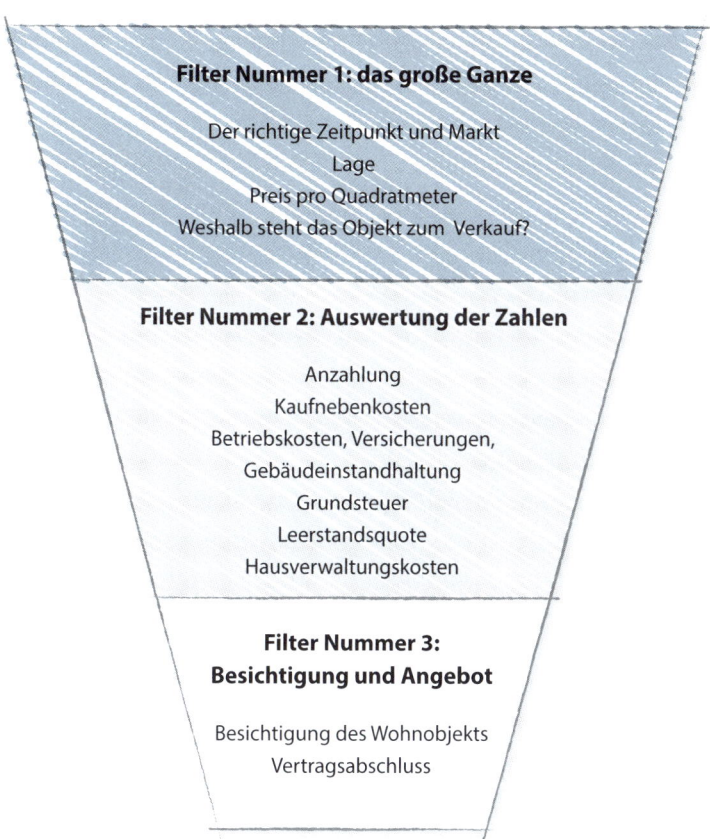

Filter Nummer 1: das große Ganze
Der richtige Zeitpunkt und Markt

Bevor Sie losziehen und sich Häuser ansehen, sollten Sie sich die Frage stellen, ob jetzt der richtige Zeitpunkt dafür ist. Erlebt der für Sie infrage kommende Markt derzeit eine Rezession, was sinkende Immobilienpreise bedeutet, oder einen Boom? Wie lautet angesichts der Trends der letzten Jahre Ihre Prognose für die kommenden fünf bis zehn Jahre für diesen Markt?

In einem nächsten Schritt analysieren Sie den Markt, in dem Ihr potenzielles Wohneigentum liegt. Dabei spielt es natürlich eine Rolle, ob es sich in Ihrer Wohngegend oder außerhalb befindet. Wie hoch sind vergleichbare Grundstücks- und Wohnflächenpreise? Wie hoch sind die Mieten dort? Wächst die Einwohnerzahl dort oder sinkt sie? Steigt oder sinkt die Nachfrage nach Mietobjekten? Wie ist es dort um den Arbeitsmarkt bestellt?

Lage
Sie haben ein in Ihren Augen passendes Kaufobjekt gefunden? Gut, dann fehlen noch Informationen über die Lage. Um was für eine Wohngegend handelt es sich? Wer wohnt hier? Welche Einrichtungen gibt es dort? Sind Schulen und Einkaufsmöglichkeiten vorhanden? Ist es auch für Pendler geeignet? Ist es an einer ruhigen oder belebten Straße gelegen?

Preis pro Quadratmeter
Als Nächstes müssen Sie sich den Quadratmeterpreis sowohl für das Grundstück als auch für die Immobilie ansehen und mit den Durchschnittswerten für diese Wohngegend vergleichen. Liegt der angebotene Preis darunter, könnte es sich durchaus lohnen, das Objekt unter die Lupe zu nehmen. Objekte, die über dem Durchschnittspreis liegen oder ihm entsprechen, sollten Sie besser gleich von Ihrer Liste infrage kommender Immobilien streichen, außer es gibt andere Faktoren, die diesen Preisunterschied objektiv gesehen rechtfertigen. Alles unter dem Durchschnittspreis ist in der Regel einen zweiten Blick wert.

Wie bereits erläutert, sollte der Kaufpreis auf jeden Fall unter dem im Wertgutachten genannten Preis liegen. Natürlich ist keine Zahl in Stein gemeißelt, denn auch der Markt und die Konjunktur spielen hier eine Rolle. Wichtig ist vor allem eines: Sie bezahlen nicht zu viel. Macht das Kaufobjekt einen guten Eindruck, geben Sie dem Käufer ein Angebot ab, das bewusst unter seinem Preis liegt und die Ergebnisse Ihrer Erkundungen (siehe die nächsten zwei Filter) reflektiert. Wie lange ein Objekt schon auf dem Markt ist, kann Aufschluss darüber geben, ob der Verkäufer bereit ist, mit seinem Preis herunterzugehen.

Weshalb steht das Objekt zum Verkauf?
Ist der Quadratmeterpreis in Ordnung, sollten Sie versuchen, etwas über die Beweggründe des Käufers zu erfahren. Am besten, Sie wen-

den sich mit Ihrer Frage, weshalb er verkaufen möchte, direkt an ihn oder seinen Immobilienhändler.

Das ist vor allem deshalb wichtig, weil ein Verkäufer, der sein Haus unbedingt loshaben möchte, eher bereit ist, mit dem Preis herunterzugehen. Auch Menschen, die mit ihrer Hypothek im Rückstand sind oder gerade eine Scheidung erleben, sind da sehr flexibel. Schließlich müssen sie so schnell wie möglich ausziehen, und wenn Sie schnell genug sind, können Sie deren Problem lösen und bekommen im Gegenzug auch etwas dafür.

Filter Nummer 2: Cashflow und Kapitalrendite
Sind die Antworten auf obige Fragen zu Ihrer Zufriedenheit ausgefallen, stehen als Nächstes ein paar Berechnungen an. Da Sie sich ja umfassend über Ihr potenzielles Kaufobjekt informiert haben, dürfte es ein Leichtes für Sie sein, das Arbeitsblatt ab Seite 196, das Sie auch online herunterladen können (siehe Hinweis Seite 198) auszufüllen. Je nach Kaufobjekt und Stadt können diese Zahlen erheblich variieren, was letzten Endes bestimmt, ob Sie ein Kaufangebot abgeben oder nicht. Keine Frage, es ist relativ zeitintensiv, an die entsprechenden Informationen zu kommen, aber nur dann können Sie eine Entscheidung treffen, die auf reinen Fakten basiert – und nicht auf Einschätzungen, heißen Tipps, Vermutungen oder Bauchgefühl.

Aus diesem Arbeitsblatt ist ersichtlich, ob Ihre Immobilie in spe ausreichend Cashflow generiert und ob die Kapitalrendite einträglich ist. Sie sollten diese Zahlen für alle Objekte, die für Sie infrage kommen könnten, auswerten –, bis eines darunter ist, das Ihren Ansprüchen genügt. Und ja, das kann sich über Wochen oder gar Monate hinziehen –, aber das lohnt sich im wahrsten Sinn des Wortes.

Auf den folgenden Seiten finden Sie ein komplett ausgefülltes Arbeitsblatt zum Cashflow und zur Kapitalrendite. Ich habe die Zahlen meines Zweifamilienhauses in Indianapolis eingetragen, das ich vor geraumer Zeit erworben habe.

Die Kaufnebenkosten wurden über mein Girokonto beglichen und nicht über das Baudarlehen finanziert. Wir gingen von einer Leerstandsquote von 7,5 Prozent aus.

Online-Rechner

Auf unserer Website finden Sie die interaktive Version dieses Arbeitsblatts (in englischer Sprache), was die Berechnungen vereinfacht. Sie können es aber auch herunterladen und ausdrucken.

Aus der Auswertung ist ersichtlich, wie viel Cashflow die jeweilige Immobilie jährlich generiert, was Ihre Entscheidung, ob Sie ein Kaufangebot abgeben oder nicht, einfacher macht. Sie wissen ja, auf Ihrem Weg in ein 5-Tage-Wochenende ist ein hoher Cashflow unerlässlich.

Und nun sollten wir uns mit einer weiteren wichtigen Größe befassen: Rentabilität. Am besten geht das mit dem sogenannten ROI für Return on Investment, auf Deutsch Kapitalertrag. Mit der Analyse eines potenziellen Kaufobjekts steht fest, ob der ROI dem Mindeststandard einer einträglichen Immobilienanlage entspricht oder nicht. Ein ROI von 10 Prozent sollte es übrigens schon sein.

5-Tage-Wochenende
Cashflow und ROI am Beispiel meines Zweifamilienhauses in Indianapolis, Indiana

Informationen zur Immobilie	
Gebäudeart:	Zweifamilienhaus
Ort:	Indianapolis
Anzahl Wohneinheiten:	2
Wohnfläche:	200 m^2
Verkaufspreis:	99 500 US-Dollar
Im Wertgutachten genannter Preis:	103 000 US-Dollar
Kaufpreis:	80 000 US-Dollar
Laufzeit der Hypothek:	30 Jahre
Zinssatz:	4 Prozent
Darlehenssumme:	64 000 US-Dollar
Anzahlung:	16 000 US-Dollar
Kaufnebenkosten (bei Abschluss entrichtet):	2800 US-Dollar
Gesamtkosten (Kaufpreis plus Kaufnebenkosten):	82 000 US-Dollar

Cashflow aus Immobilien 197

5-Tage-Wochenende Cashflow und ROI am Beispiel meines Zweifamilienhauses in Indianapolis, Indiana	
Monatliche Hypothekenzahlung: (Tilgung- und Zinszahlung)	306 US-Dollar
Kosten je Quadratmeter:	414 US-Dollar
Kosten je Wohneinheit:	41 400 US-Dollar
Einnahmen und Ausgaben	
Monatsmiete je Wohneinheit:	625 US-Dollar
Prognostiziertes Bruttojahreseinkommen:	15 000 US-Dollar
Abzüglich 7,5 % Rücklagen für Leerstand:	1125 US-Dollar
Prognostiziertes Nettojahreseinkommen:	13 875 US-Dollar
Jährliche Betriebskosten	
Strom, Gas, Wasser, Abwässer, Internet:	1500 US-Dollar
Versicherung:	1290 US-Dollar
Grundsteuer:	1116 US-Dollar
Gebühren Hauseigentümerverband:	0
Instandhaltungskosten (Garten und Haus):	1400 US-Dollar
Gesamtbetriebskosten:	5306 US-Dollar
Jährliche Hypothekenzahlung:	3672 US-Dollar
Jährliche Gesamtkosten (Hypothek, Tilgung- und Zinszahlung und Betriebskosten):	8978 US-Dollar
Monatliche Gesamtkosten:	748 US-Dollar
Cashflow	
Jährlicher Netto-Cashflow:	4897 US-Dollar
Monatlicher Netto-Cashflow:	408 US-Dollar
Kapitalertrag (ROI – Return on Investment)	
eigenverwalteter jährlicher Kapitalertrag in Prozent:	26,0
abzüglich Kosten für die Hausverwaltung (7,5 Prozent):	367 US-Dollar
fremdverwalteter jährlicher Kapitalertrag in Prozent:	24,1

5-Tage-Wochenende Cashflow und ROI am Beispiel meines Zweifamilienhauses in Indianapolis, Indiana	
Modernisierungskosten in Höhe von 5 Prozent des Kaufpreises:	4140 US-Dollar
Anzahl Monate bis zum Erreichen der Gewinnschwelle aus den Mieteinnahmen:	9,8
Modernisierungskosten in Höhe von 10 Prozent des Kaufpreises:	8280 US-Dollar
Anzahl Monate bis zum Erreichen der Gewinnschwelle aus den Mieteinnahmen:	19,6

Detaillierte Informationen über die im Arbeitsblatt zum Cashflow/ROI verwendeten Berechnungen und Formeln finden Sie auf unserer Website. In der Immobilienbranche werden unterschiedliche Methoden für die Wertermittlung von Wohneigentum verwendet. Da das 5-Tage-Wochenende auf Cashflow basiert, sind unser Arbeitsblatt und der Onlinerechner hauptsächlich auf Cashflow ausgelegt. Mit dem Onlinerechner lässt sich unkompliziert berechnen, wie hoch der Cashflow und der Kapitalertrag Ihrer (künftigen) Immobilie sind.

Passwort: P8

Bei einem zufriedenstellenden Ergebnis sollten Sie als Nächstes ein Kaufangebot abgeben – aber nur, wenn der entsprechende Vertrag eine Rücktrittsklausel vorsieht, zum Beispiel wenn beim nächsten Schritt (siehe Filter Nummer 3) der Besichtigung des Wohnobjekts, Mängel festgestellt werden, die Sie vorher nicht wissen konnten.

Filter Nummer 3: Besichtigung und Angebot
Besichtigung

Keine Frage, ein potenziell lukratives Geschäft möchte sich niemand entgehen lassen. Nachdem Sie die oben beschriebenen Berechnungen durchgeführt haben, sollten Sie möglichst rasch ein Kaufangebot abgeben oder einen Vorvertrag abschließen, der jedoch unbedingt eine Rücktrittsklausel enthalten sollte, sodass Sie im Fall der Fälle Ihr Angebot ohne größere Kosten oder einen möglichen Rechtsstreit zurückziehen können. Sobald der Verkäufer Interesse signalisiert, vereinbaren Sie einen Besichtigungstermin, damit Sie sich davon überzeugen können, dass keine größeren Kosten durch versteckte Mängel und so weiter auf Sie zukommen. Ich halte es für angebracht, einen Gutachter oder Architekten damit zu beauftragen.

Ist das Ergebnis dieser Besichtigung oder Begutachtung zufriedenstellend, steht als Nächstes der Vertragsabschluss an. Wurden jedoch Mängel festgestellt, die so gravierend sind, dass Sie keinen Cent an dieser Immobilie verdienen werden, steigen Sie aus dem Vorvertrag aus und ziehen Ihr Angebot zurück.

Aus eigener (schmerzhafter) Erfahrung aus meiner Anfangszeit als Investor weiß ich, wie wichtig es ist, seiner Sorgfaltspflicht nachzukommen. Ich war noch keine 20, da kaufte ich meine ersten drei Immobilien. Damit, so glaubte ich naiverweise, könne mir ja wohl nichts mehr passieren. Ich wollte so schnell wie möglich noch mehr Geld investieren und stieß auf ein am Strand gelegenes Grundstück. Ich kontaktierte den Immobilienhändler, der sehr überzeugend war. Einen Nutzungsplan hatte ich auch schon im Kopf – ich wollte ein Ferienhaus dort bauen. Für mich war die Sache klar, und ich kaufte das Grundstück für 16 500 US-Dollar, ohne auch nur einen Fuß hineingesetzt zu haben. Als ich es mir vier Monate später ansehen wollte, stellte ich fest, dass es überschwemmt war. Da es sich um ein Hochwassergebiet handelte, stand es mindestens sieben Monate im Jahr unter Wasser. Zurzeit würde ich für dieses Grundstück um die 5000 US-Dollar bekommen – ein nicht unerheblicher Verlust! Dieser überstürzte Kauf ist mir ein Dorn im Auge und erinnert mich stets daran, künftig immer meiner Sorgfaltspflicht nachzukommen.

Renovierungskosten vor der Vermietung einplanen

In den seltensten Fällen werden Sie eine Immobilie erwerben, die Sie, so wie sie ist, gleich vermieten können. Bei den meisten Fällen stehen zumindest Schönheitsreparaturen an. Als Erstes sollte eine Grundreinigung einschließlich der Teppichböden (außer sie werden ausgetauscht) vorgenommen werden. Das sollte nicht mehr als ein paar Hundert Euro kosten.

Als nächsten Schritt empfehle ich Ihnen Schönheitsreparaturen, die den ersten Eindruck von Ihrer Immobilie enorm verbessern. Ich selbst renoviere oder repariere nur Dinge, die man auch sieht. Auf meiner To-do-Liste stehen vor allem der Garten, die Eingangstür, neuer Anstrich im ganzen Haus, Haushaltsgeräte, Küche und Badezimmer (neue Waschbecken, Arbeitsplatten, Leuchten und so weiter). Die Reparatur von Dingen, die man nicht sieht, führen nicht zu einer Wertsteigerung Ihrer Immobilie (außer Sie müssen sie reparieren, um sie vermieten oder verkaufen zu können).

Haben Sie ein Haus in schlechtem Zustand erworben, stehen vermutlich umfangreichere Reparaturen an wie der Einbau neuer Sanitäreinrichtungen, neue Elektrik, ein neues Dach oder eine andere Raumaufteilung.

Eine lustige Erfahrung hat mich gelehrt, wie sich aus einem Umbau zu mehreren Schlafzimmern eine Mieterhöhung machen lässt. Eines Tages kam ein Polizist mit einem Haftbefehl zu mir nach Hause, da ich angeblich ein Bordell in einem meiner Mietobjekte betrieb. Ich erklärte dem Beamten, dass ich keine Ahnung hätte, was vorgefallen sei und dass er sich bitte an meinen Hausverwalter wenden möge.

Wie sich herausstellte, war bei dem fraglichen Objekt die Überprüfung der Mieter unter den Tisch gefallen. Und die Mieter betrieben tatsächlich ein Bordell. Sie hatten Trennwände eingezogen und dadurch zwei zusätzliche Zimmer gewonnen. (Offenbar lief ihr Laden.)

Ich ließ die Mieter zwangsräumen und schloss das Bordell. Das Haus hatte ursprünglich nur zwei Schlafzimmer, jetzt jedoch vier, weshalb ich die Miete um 600 US-Dollar monatlich erhöhen konnte. Diese Geschichte hat mir eine wichtige Lektion erteilt: Je mehr Schlafzimmer ein Haus hat, umso mehr Miete kann verlangt werden.

Ich rate Ihnen, sich vor dem Kauf eines Wohnobjekts Kostenvoranschläge einzuholen, damit Sie wissen, welche Kosten auf Sie zukommen, bevor Sie es vermieten können. Damit Sie Ihren Netto-Cashflow berechnen können (Was bleibt übrig, nachdem alle Kosten einschließlich Hypothek bezahlt sind?), sollten Sie wissen, wann sich Ihre Kosten in etwa amortisiert haben. Angenommen, Sie haben 3000 Euro für Schönheits- und andere Reparaturen Ihrer Immobilie ausgegeben und erzielen einen monatlichen Cashflow von 500 Euro, dann hat sich Ihre Investition nach sechs Monaten amortisiert. Nach Ablauf dieses Zeitraums gehört der gesamte Netto-Cashflow dann Ihnen.

Ich habe für mich die Regel aufgestellt, keinesfalls mehr als 15 Prozent des Kaufpreises einer Immobilie für Reparaturen und die Modernisierung auszugeben. Leider wird allzu oft der Fehler gemacht, zu viel Geld in das Wohnobjekt zu stecken, was bedeutet, dann viel zu lange auf die Amortisierung warten zu müssen. Zwar erhöhen solche Maßnahmen den Wert Ihrer Immobilie, aber wenn Sie auf Ihr 5-Tage-Wochenende hinarbeiten, hat Cashflow die höchste Priorität. Ihr wachsendes Vermögen ist ein grandioser Nebeneffekt.

Andererseits ist es keine gute Idee, sich wie ein typischer Miethai zu verhalten und nur das Nötigste in seine Immobilie zu stecken. Auf diese Weise lässt sich nur eine niedrige Miete verlangen, und der Gebäudewert steigt auch nicht.

Wie Sie die Hürde der Anzahlung nehmen

Vielleicht überlegen Sie ja jetzt, ob der Kauf einer Immobilie, die Sie vermieten, nicht doch eine gute Idee ist, mit der sich prima Cashflow generieren lässt. Wenn da nur nicht diese Anzahlung wäre … Gut möglich, dass Ihnen der Gedanke durch den Kopf schießt: »Woher zum Teufel soll ich diese Summe nehmen?« Nun, Sie könnten darauf sparen, aber das kann dauern. Aber es gibt ja noch weitere Möglichkeiten:

1. **Leihen Sie sich Geld von Ihrer Familie und Ihren Freunden.**
   Die Menschen, die Ihnen nahestehen, können Ihnen unter Umständen mit einem Darlehen unter die Arme greifen und Sie so in die Lage versetzen, sich Ihre erste Immobilie zu kaufen.

2. Greifen Sie auf Ihre Cashflow-Versicherung zu.
Wenn Sie, wie in Kapitel 9 ausgeführt, eine Cashflow-Versicherung abgeschlossen haben und regelmäßig Ihre Monatsbeiträge leisten, spricht nichts dagegen, dieses Geld jetzt für sich arbeiten zu lassen und als Sicherheit für ein Darlehen einzusetzen.

3. Beleihen Sie Ihre Lebensversicherung.
Es gibt Wege und Möglichkeiten, wie Sie sich über Ihre Lebensversicherung das Geld für die Anzahlung leihen können. Informieren Sie sich aber umfassend – es gibt etliche Regeln zu beachten.

In Amerika ist es möglich und üblich, ein Darlehen über sein Rentenkonto abzusichern. Dafür gelten jedoch zahlreiche Vorschriften, die Sie kennen sollten, um eine Strafzahlung zu vermeiden.

4. Staatliche Förderung
In Deutschland gibt es Programme wie die Förderung von der Bayerischen LaBo (Bayerische Landesbodenkreditanstalt, der KfW (Kreditanstalt für Wiederaufbau) und teilweise den einzelnen Gemeinden. Informieren Sie sich, hier kann Ihnen auch ein unabhängiger Finanzberater wie die Interhyp helfen.

Garrett hat seine erste Immobilie mit 19 gekauft und sein Darlehen über das Programm Creating Housing Affordable Mortgage Program (CHAMP – in etwa: Programm zur Förderung erschwinglichen Wohnungsbaus) erhalten. Damit war der Weg für ihn zu einem kleinen Stadthaus mit drei Schlafzimmern frei. Er selbst zog in eines davon und vermietete die beiden anderen Zimmer.

5. Suchen Sie sich einen Partner.
Wenn Sie Ihr Geld mit dem eines Partners zusammenlegen, ist das schon mal ein guter Anfang. Außerdem haben Sie damit auch gleich jemanden an der Hand, der Ihnen dabei hilft, den anstehenden Immobilienerwerb von allen Seiten zu beleuchten und die Immobilie später dann zu verwalten. Sie sollten dieser Person uneingeschränkt vertrauen und alle Einzelheiten schriftlich vereinbaren.

Von Leuten, die es geschafft haben

Garrett und ich helfen anderen schon seit Jahren, Geld an Immobilien zu verdienen. Im Laufe der Jahre haben wir schon so manche Erfolgsgeschichte miterlebt, die uns inspiriert hat und die wir Ihnen unbedingt erzählen müssen.

Ein Ingenieur sieht Licht am Ende des Tunnels
Dale arbeitete schon jahrelang als Ingenieur, als er realisierte, dass er sich eigentlich nur für seinen Gehaltsscheck abstrampelte und über keinen passiven Cashflow verfügte. Er zahlte freiwillig den Höchstbeitrag in die staatliche Altersvorsorge, aber als er mal nachrechnete, wie lange er einzahlen müsste, um letzten Endes davon leben zu können, beschloss er, in die Immobilienbranche einzusteigen.

Da er auf diesem Gebiet ein absoluter Neuling war, kaufte er sich Fachbücher und belegte entsprechende Kurse. Noch im September desselben Jahres kaufte er sich seine erste Immobilie, ein Dreifamilienhaus für 180 000 US-Dollar. Und so kaufte er immer mehr Mehrfamilienhäuser, die meisten davon in seiner Wohngegend. Von grundlegenden Modernisierungsmaßnahmen hielt er nichts, da es ihm ausschließlich um Cashflow ging.

Ein knappes Jahr nach seinem Einstieg in die Immobilienbranche gehörten ihm sechs Immobilien mit insgesamt vierzehn Wohneinheiten. Er generierte genug positiven Cashflow, um davon leben zu können. Mithilfe seines Immobilienvermögens konnte er andere Investitionen tätigen und erzielt damit das Siebenfache seines Gehalts als Ingenieur.

Von einem Investor, der nie wusste, wohin mit seinem Geld, und der sich dann für eine Sache entschied
Pete ist Unternehmer und gefragter Referent, der schon zahlreiche Anlageformen ausprobiert hat. Er hatte an der Börse spekuliert, es mit Öl, Immobilien und noch ein paar anderen Dingen versucht, aber irgendwie war nichts dabei herumgekommen. Im Prinzip machte er nur halbe Sachen. Nachdem er eines Tages Bilanz gezogen hatte, stellte er fest, dass die Immobilienbranche für ihn am einträglichsten war. Des-

halb beschlossen er und seine Frau, künftig alles auf eine Karte zu setzen. Ihre erste Immobilie war ein Einfamilienhaus in Colorado Springs, Colorado, in das sie selbst einzogen. Nach ein paar Jahren zogen sie aus und vermieteten es. Dieses Spiel wiederholten sie noch einmal, bis sie dann beim dritten Mal in ihrem Traumhaus landeten.

In den nächsten Jahren lebten die beiden sparsam und kauften von dem Geld vier weitere Wohnobjekte, sodass sie insgesamt dann schon sechs Wohnhäuser ihr Eigen nannten. 2015 beschlossen sie, ihre Häuser über Portale wie Airbnb anzubieten. Sie boten sogar ihr eigenes Zuhause an, aber immer nur für maximal eine Woche. In der Woche machten sie mit ihren Kindern Urlaub. Das Beste war, dass sie in dieser einen Woche 6500 US-Dollar einnahmen. Kein Wunder, dass sie nach acht Wochen Vermietung ihre restliche Hypothek tilgen konnten.

Ihr Erfolg bewog sie, noch ein weiteres schönes Haus in Colorado Springs zu kaufen, das sie ganz nach ihrem Geschmack einrichteten. Inzwischen vermieten sie beide Häuser und wohnen abwechselnd mal in dem einen, mal in dem anderen.

Mit diesen beiden als Ferienhäuser vermieteten Immobilien und sechs weiteren üblichen Mietobjekten haben sie ihren Weg in die finanzielle Unabhängigkeit zu 70 Prozent geschafft.

Unschlüssiger Ehemann hört auf seine Frau.
Bob wuchs in dem Glauben auf, alles würde gut, wenn er sich an diesen Rat hielte: Such dir einen guten Job, leg Geld auf die Seite, damit du an der Börse spekulieren kannst, und dann setzt du dich zur Ruhe. Seine Eltern wohnten den Großteil ihres Lebens zur Miete, sie besaßen kein Immobilienvermögen, weshalb er keinen Bezug zur Immobilienbranche und ihren Möglichkeiten hatte.

Bob arbeitete 13 Jahre lang in der Druckindustrie. Im Nebenjob baute er gemeinsam mit seiner Frau ein Networkmarketinggeschäft auf. Er kündigte seinen Job, als sie dort das Dreifache seines Monatsgehalts verdienten. Sie steckten alles, was am Monatsende noch übrig war, in Aktien, aber darum kümmerten sie sich nicht selbst, sondern ein Börsenhändler tat es für sie.

Im Prinzip wussten sie nicht viel über die Börse. Anscheinend traf das auch auf ihren Makler zu, denn sie verdienten so gut wie nichts damit.

Holly bekam in ihrer Kindheit und Jugend mit, dass ihre Eltern gut an Immobilienanlagen verdient hatten, und bat Bob, es doch auch einmal damit zu versuchen. Doch er war sehr zögerlich. Kurzentschlossen begann sie mit den ersten Erkundungen des Marktes ohne ihren Mann und stieß dabei auf ein Zweifamilienhaus, das der Eigentümer zum Kauf anbot. Sie hielt es für eine gute Gelegenheit und sagte ihrem Mann: »Wenn du mich dabei nicht unterstützt und ich es dann bleiben lasse, werde ich das wohl für den Rest meines Lebens bereuen. Das willst du doch sicherlich nicht, oder?«

Bob verstand, was sie ihm damit sagen wollte, und stimmte schweren Herzens zu. 1996 kauften sie das Gebäude. Es lief alles gut, sie hatten keine Probleme damit. Doch die eigentliche Offenbarung kam, als sie bei ihrem Steuerberater saßen und die Zahlen durchgingen. Bob erinnert sich, wie er ihnen die Abschreibungen fürs Haus erklärte und die Steuerersparnis aufzeigte. Als er nachrechnete, rief er voller Begeisterung aus: »Heiliger Bimbam, das ist ja fantastisch!« Zudem hatten die beiden – anders als ihnen alle erzählt hatten – keine schlechten Erfahrungen mit ihren Mietern gemacht. Und wenn es doch einmal Probleme gab, beauftragten sie Fachleute mit ihrer Lösung.

Bob und Holly stecken keinen einzigen Cent mehr in die Börse. Sie haben Dutzende von Geschäften aufgebaut und bereits mehrere hundert Millionen Umsatz gemacht. Ihre Immobilien sichern ihnen ihren Wohlstand auch im Alter und dienen jetzt als Sicherheit. Inzwischen gehören ihnen elf Wohnobjekte, darunter Ein- und Zweifamilienhäuser, im Wert von knapp 5 Millionen US-Dollar, die ihnen Monat für Monat 18 500 US-Dollar an positivem Cashflow einbringen. Bob hat es noch keine Sekunde bereut, auf seine Frau gehört zu haben.

Unsere Tipps aus 27 Jahren Investitionen in Immobilien

Keine Frage, dieses Buch kann Ihnen nicht alle Fragen zu dem komplexen Thema »Investitionen in Immobilien« beantworten. Was ich jedoch erreichen möchte, ist, Ihnen ein solides Grundwissen zu vermitteln, sodass Sie zuversichtlich in die Zukunft blicken können. Es dürfte auch klar sein, dass Sie Ihre eigenen Erfahrungen sammeln und selbst herausfinden müssen, was für Sie in Ordnung geht. Doch die folgenden Tipps bieten Ihnen in meinen Augen alles, was Sie wissen müssen, um einmal in die Immobilienbranche hineinschnuppern zu können.

1. Der Profit entsteht beim Kauf.

Bei einem guten Immobiliengeschäft verdienen Sie schon am Kauf und nicht erst am Verkauf Ihrer Immobilie. Ich selbst kaufe nur Wohnobjekte unter dem Marktwert und die ich noch am gleichen Tag wieder veräußern könnte – mit Gewinn versteht sich. Außerdem suche ich nach Objekten mit Reparaturstau oder Sanierungsbedarf, denn durch solche Maßnahmen erziele ich eine sofortige Wertsteigerung. Ich muss bereits am Kauf des Objekts verdienen. Das bedeutet, ich kaufe nur Häuser oder Wohnungen, deren Preis deutlich unter den Marktwert liegt, oder Immobilien, bei denen sich der Kapitalzuwachs anhand der Marktdaten und der Nachfrage ergibt.

> Hüten Sie sich davor, sich in ein Haus zu verlieben. Was zählt, sind Fakten, Fakten, Fakten.

Für Immobilien gilt, dass es keinen Sinn ergibt, auf eine langfristige Wertsteigerung zu spekulieren. Wenn dem so ist, herzlichen Glückwunsch. Aber wenn Sie davon abhängen, um damit Gewinn zu machen, kann es sein, dass Sie lange, sehr lange darauf warten müssen. Mit langfristiger Wertsteigerung erhöhen Sie nicht wirklich die Wertschöpfung für die Immobilie oder die Wirtschaft.

Das bedeutet, dass Sie kaum oder gar nicht beeinflussen können, ob Ihr Wohnobjekt Profit abwirft oder nicht.

2. Kaufen Sie Mehrfamilienhäuser.

Ich persönlich kaufe unter keinen Umständen Einfamilienhäuser oder Dreizimmerwohnungen, sondern ausschließlich Mehrfamilienhäuser. Sie sind schneller zu haben, weniger riskant und generieren mehr Cashflow als Eigenheime für eine Familie.

Geben Sie für Ihr Eigenheim nicht zu viel Geld aus. Besser ist es, Kapital freizusetzen und damit Mehrfamilienhäuser zu erwerben und passiven Cashflow zu generieren. Vielleicht wäre es eine Option für Sie, zur Miete zu wohnen und eine Immobilie zu kaufen, um sie dann zu vermieten, was Ihnen mehrere Tausend Euro im Jahr spart, die für den Unterhalt der eigenen Immobilie locker draufgehen.

3. Bleiben Sie geduldig und lassen Sie sich nicht von Ihren Emotionen leiten.

Wenn Einsteiger den ersten Deal ihres Lebens wittern, werden sie meist sehr aufgeregt und befürchten, dass ihnen ein anderer diese Gelegenheit wegschnappt. Dann drängen sie auf einen sofortigen Kauf der Immobile und werden ungeduldig. Blöd nur, dass sie dann die Analyse der vorhandenen Zahlen und Fakten unter den Tisch fallen lassen. Und wenn nicht, reden sie sich schlechte Zahlen schön, weil sie ihre Kaufentscheidung schon längst aus dem Bauch getroffen haben. Clevere Investoren dagegen wissen, dass der Markt vor guten Gelegenheiten wimmelt. Und deshalb hängen sie ihr Herz nicht an ein bestimmtes Objekt.

Mein Rat für Immobilienanlagen lautet folglich: Bewahren Sie einen kühlen Kopf, und hetzen Sie sich nicht. Gut Ding braucht Weile. Es gibt jede Menge Schnäppchen da draußen. Und wenn ein Deal nicht klappt, was soll's? Dafür bieten sich noch viele andere günstige Gelegenheiten. Es ist viel besser, sechs Monate auf die perfekte Chance zu warten, als überstürzt zu handeln und dann auf einer eher mäßigen Immobilie zu sitzen.

4. Die Lage ist das Zauberwort.

Keine Frage, diesen Tipp haben Sie schon oft gehört: In der Immobilienbranche bestimmt die Lage des Objekts den Profit. Der Wert einer Immobilie wird bestimmt durch Lage und Nachfrage. Mit Lage meine ich übrigens sowohl die Mikroebene, sprich das Wohnviertel, als auch die Makroebene, sprich die Stadt oder den Landstrich. Informieren Sie sich über die Markttrends, damit Sie beurteilen können, wie es um Angebot und Nachfrage bestellt ist.

5. Suchen Sie nach Immobilen, die Sie durch »Schweiß und Blut« aufwerten können.
Am besten sind Immobilien, die sich für wenig Geld – nur mit Ihrer unbezahlten Arbeitszeit – herrichten lassen. Ich selbst kaufe keine Neubauten. Weshalb sollte man einem Bauträger satte Gewinne in den Rachen werfen? An neuen Häusern und Wohnungen lässt sich über Jahre kaum eine Wertsteigerung erzielen. Es ist viel besser, sich nach Wohnobjekten umzusehen, deren Wert sich durch ein paar Reparaturen gleich steigern lässt.

6. Renovierungen müssen gut durchdacht sein.
In meiner Anfangszeit als Investor ging es mir immer darum, das Wohnobjekt durch Eigenleistung aufzuwerten. Bei der Renovierung meiner ersten Immobilien stand mir ein qualifizierter Handwerkertrupp zur Seite. Oft genug arbeiteten wir gemeinsam an einem Projekt. Im Laufe der Zeit entwickelten wir »Lösungen von der Stange« für den Innenbereich, sodass sich alle meine Wohnungen und Häuser wie ein Ei dem anderen glichen. Wir verwendeten grundsätzlich die gleiche Wandfarbe, gleiche Böden, Teppiche, Fliesen und Fensterläden.

Die Regeln waren klar. Küche und Badezimmer wurden grundsätzlich aufgehübscht, denn hier lässt sich der Wert am meisten steigern. Und da der erste Eindruck zählt, haben wir die Haustür entweder neu gestrichen oder ersetzt. Wir haben den Rasen frisch angesät, Beete bepflanzt und straßenseitig einen hübschen Briefkasten montiert. Diese Schönheitsreparaturen steigern den Wert der Immobilie.

Bei sämtlichen Renovierungsarbeiten achtete ich aber auch auf die Kosten, denn ich hatte mir vorgenommen, nie mehr als 15 Prozent des Kaufpreises dafür auszugeben. Diese 15 Prozent verteile ich auf alle anstehenden Arbeiten. Je nach Objekt gebe ich zum Beispiel 30 Prozent meines Budgets für die Küche aus, 20 Prozent für den Außenbereich und 30 Prozent für Sonstiges.

Steht fest, dass mein Budget nicht ausreicht, dann lasse ich die Finger von dem Objekt. Meine Regel lautet: Renovierungen müssen sich sofort bezahlt machen. Sehen Sie sich vor dem Kauf einer Immobilie auch vergleichbare Objekte an, die bereits renoviert wurden, um die richtige Entscheidung treffen zu können.

7. Die Mietsache kann durch Wertsteigerung schneller vermietet werden.
Zur Standardausstattung meiner Mietobjekte gehören ein Kühlschrank, ein Herd, eine Spülmaschine und eine Mikrowelle. Außerdem WiFi und Kabelfernsehen, wobei ich die monatlichen Kosten auf die Miete umlege. Aufgrund dieser Annehmlichkeiten kann ich meine Objekte schneller vermieten.

8. Hausverwaltung ist das A und O beim Immobilienkauf.
Nicht selten verlieren unerfahrene Investoren ihr letztes Hemd und sind dann bitter enttäuscht von der Immobilienbranche, weil sie sich nicht (ausreichend) um die Verwaltung ihres Wohneigentums gekümmert haben. Laien, die das versäumt haben, wissen zum Beispiel nicht, wie sie an ihre Miete kommen. Oder sie überprüfen künftige Mieter nicht sorgfältig und haben dann Mietnomaden im Haus. Unerfahrene Vermieter sind oft zu nachsichtig, wenn die Miete nicht pünktlich überwiesen wird, weil sie ja nicht »gemein« sein wollen.

Immobilienanleger mit mangelnder Erfahrung wissen oft nicht genug über die ordnungsgemäße Verwaltung der Finanzen. Gut möglich, dass sie Zusatzkosten wie Steuern oder Leerstand nicht einkalkuliert haben oder ihr Notgroschen nicht ausreicht, um anstehende Reparatur- und Instandhaltungskosten zu tragen. Sie sind so begeistert von der Vorstellung, durch Mieteinnahmen über ein passives Einkommen zu verfügen, dass sie die Verwaltung ihrer Immobilie außer Acht lassen. Die Folge ist oft, dass sie schlechte Erfahrungen machen und für sich zu dem Schluss kommen, dass Immobilien sich nicht rechnen.

Keine Frage, Sie können Ihr Wohnobjekt natürlich selbst verwalten, sofern Sie wissen, was Sie tun, und den Zeitaufwand nicht scheuen. Den meisten Leuten rate ich aber, diese Dinge einem Hausverwaltungsunternehmen zu überlassen. Zwar kostet Sie das was, aber Sie ersparen sich damit jede Menge Ärger.

9. Ihr Konto ist gut für den Seelenfrieden.
Sorgen Sie dafür, dass Sie über ausreichende Liquidität (Cash) verfügen, um mit Problemen wie Instandhaltungs- und Reparaturkosten, katastrophalen Mietern oder Leerstand fertig zu werden. Als Daumenregel gilt, mindestens sechs Monatsmieten auf einem separaten Konto zu haben.

Aufgemerkt: Auch eine Cashflow-Versicherung ist ein guter Schutz vor solchen Schwierigkeiten.

10. Halten Sie Ihr Geld zusammen.
Unterschätzen Sie Cash nicht, denn damit können Sie Vermögen erwerben, das aus Cash Cashflow macht. Je mehr Geld Sie in eine Immobilie stecken, umso weniger haben Sie für andere Objekte zur Verfügung.

In diesem Zusammenhang können mehrere Fehler gemacht werden: Erstens, Sie kaufen ein Objekt, das zu teuer ist. Je teurer die Immobilie, umso höher die Anzahlung. Bei Einfamilienhäusern ist zudem das Risiko viel höher. Steckt Ihr ganzes Geld in einer Immobilie, die nicht genug Cashflow generiert oder die Sie nicht so leicht wieder loswerden, sind Sie in ernsthafte Schwierigkeiten geraten.

Dies gilt übrigens auch, wenn Sie sich bei der Anzahlung übernehmen oder die Laufzeit Ihres Baudarlehens zu kurz gewählt ist. Sehen Sie zu, dass die Anzahlung so niedrig und die Laufzeit so lang wie möglich ist. Schließlich wollen Sie immer liquide sein; und Geld, das in Immobilien investiert wurde, lässt sich nicht so schnell flüssig machen.

11. Übertreiben Sie es mit dem Finanzierungshebel nicht!
Zahlreiche Spekulanten sind in der letzten Finanzkrise daran gescheitert, dass sie auf eine Fremdfinanzierung von 100 Prozent gesetzt haben. Die Banken in den USA haben Kredite verteilt wie unsereins Bonbons beim Faschingsumzug. Aber damit noch nicht genug: Viele Finanzinstitutionen haben Kredite ohne Einkommensnachweis oder Anzahlung genehmigt. Die logische Folge dieses bodenlosen Leicht-

sinns war, dass sich viele unerfahrene Investoren übernommen haben und nach dem Börsen-Crash bis über beide Ohren verschuldet waren.

Ein Immobilienkauf, wenn die Preise gerade exorbitant hoch sind und Sie über so gut wie kein Eigenkapital verfügen, bedeutet, dass es im Fall der Fälle keinen Weg raus aus der Schuldenfalle gibt – in dem Fall sind die Zwangsversteigerung, der Verlust der Immobilie an die Bank und das Platzen Ihres Kredits so gut wie sicher.

Wenn Sie eine Immobilie erwerben, die mindestens 15 Prozent unter dem Marktwert liegt, und über ein Eigenkapital von rund 20 Prozent verfügen, ist Ihr Puffer groß genug, um auch einen Crash zu überstehen. Außerdem müssen Ihre Mieteinnahmen grundsätzlich höher sein als Ihre monatliche Hypothekenbelastung, ganz gleich, was mit dem Markt passiert. Und Sie müssen immer über einen Plan B verfügen, sodass Sie für den Fall der Fälle gewappnet sind, wenn Dinge geschehen, die außerhalb Ihres Einflussbereichs liegen.

Sie brauchen keine Angst vor Schulden zu haben, aber Respekt. Klug investiert kann sich ein Darlehen mehr als auszahlen, aber wenn Sie sich damit übernehmen, droht das finanzielle Aus.

12. Informieren Sie sich über Marktvolatilität und Ausstiegsmöglichkeiten.

Es ist von großem Vorteil, wenn Sie wissen, wie sich Marktbewegungen auf Ihre Immobilie auswirken können. Können Sie die Hypothek auch dann zahlen, wenn der Markt einbricht? Können Sie auch dann noch positiven Cashflow generieren, wenn Sie Ihre Immobilie nicht loswerden?

Sie müssen zudem wissen, welche Strategie in welchem Markt am besten funktioniert. In Zeiten einer Rezession sind Mietsachen eine wahre Goldgrube, denn viele Menschen bekommen dann einen schlechten Schufa-Eintrag und keinen Kredit von ihrer Bank, doch eine Mietzahlung ist allemal drin.

Zu guter Letzt sollten Sie sich überlegen, wie und wann Sie aussteigen wollen. Planen Sie, Ihre Immobilie für immer zu behalten? Oder möchten Sie sie verkaufen und sich ein hochwertigeres Objekt zulegen, wofür unter Umständen Steuervorteile winken? Könnten Sie Ihr Haus im Fall der Fälle schnell mit Gewinn losschlagen oder müssten Sie erst warten, bis sich der Markt wieder erholt hat? Der schlimmste Fall in der Immobilienbranche ist, auf einer unverkäuflichen Immobilie zu sitzen, die Monat für Monat einen Batzen Geld verschlingt.

Sie schaffen das!

In den letzten 20 Jahren – mindestens! – waren Immobilien ein gutes Geschäft für mich. Deshalb sind sie meine Strategie Nummer eins für mein 5-Tage-Wochenende. Ich weiß, dass Immobilien auch etwas für Sie wären.

Keine Frage: Gut an Immobilien zu verdienen, ist kein Kinderspiel. Es kann kompliziert und schwierig werden. Es besteht die reale Gefahr, Fehler zu machen und Geld zu verlieren. Aber sie sind es wert! Es gibt nur wenig andere Investitionen, die größere Hebelwirkung versprechen und mehr Vorteile bieten. Bleiben Sie dran! Informieren Sie sich! Kommen Sie in die Pötte! Lernen Sie aus Ihren Fehlern und machen Sie weiter!

Denn wenn Sie Ihr Ziel eines 5-Tage-Wochenendes erst einmal erreicht haben, werden Sie sich glücklich preisen, dass Sie sich darauf eingelassen haben.

> »Vermieter werden reich im Schlaf, ohne auch nur einen Finger krumm machen, den Rotstift ansetzen oder Risiken eingehen zu müssen.«
> JOHN STUART MILL

KAPITEL 18

WACHSTUMSORIENTIERTE INVESTITIONEN

Beim Vermögensaufbau, sprich bei wachstumsorientierten Investitionen, geht es darum, Einkommen in mehr passive, Cashflow generierende Einkommensströme zu wandeln, dabei aber auf sichere und konservative Optionen zu setzen. Das Geld, das Sie für Ihre wachstumsorientierten Investitionen einsetzen, stammt aus Ihrem hart erarbeiteten Einkommen – aus Ihrem Blut, Schweiß und Tränen. Sie hängen an diesem Geld, und das aus gutem Grund. Mit diesem Geld sollten Sie niemals spekulieren. Was immer Sie auch damit vorhaben, folgende Voraussetzungen müssen dafür erfüllt sein:

1. Sie müssen sich im Vorfeld über die mögliche Rendite informieren.
2. Sie müssen Ihr Risiko im Vorfeld kennen und minimieren. Sie müssen wissen, was im schlimmsten Fall mit Ihrem sauer verdienten Geld passieren kann. Ihre Investition muss »eingebaute Sicherheitsmaßnahmen« besitzen, um Ihr Risiko zu reduzieren.

3. Ihre Geldanlage muss auch bei Konjunkturschwächen krisenfest sein. Spekulieren Sie darauf, dass der Markt boomt, ist Ihre Investition nicht krisensicher. Ist die Wahrscheinlichkeit gegeben, dass ihr Wert bei einem Wirtschaftsabschwung sinkt, sollten Sie ausrechnen, was Sie das kosten könnte, und Ihr Risiko dann sorgfältig abwägen.
4. Sie müssen die Kontrolle über Ihre Investition besitzen. Gibt es eine Ausstiegsstrategie? Sind Sie liquide? Wissen Sie, wie Ihre Geldanlage funktioniert? Können Sie das Ergebnis beeinflussen oder hängt es von Faktoren ab, die sich Ihrer Kontrolle entziehen?
5. »Optimierung auf ein Nomadendasein«. Sie müssen auch dann investieren können, wenn Sie ständig unterwegs sind. Anders ausgedrückt: Können Sie von jedem x-beliebigen Ort auf der Welt investieren?

Ich lüfte bei meinen Kunden gerne das große Geheimnis, wie man reich werden kann: Am besten, man verkauft während eines Goldrausches Goldwaschpfannen, Spitzhacken und Schaufeln. Es ist immer eine gute Idee, Spekulanten für sich zu nutzen und deren gigantische Nachfrage zu befriedigen. Lassen Sie doch andere fieberhaft nach Gold suchen, während Sie von der sicheren Seite aus und aus dem Überfluss heraus operieren.

Goldsucher spekulieren in einem Goldrausch darauf, einen Batzen Gold zu finden und reich zu werden. Investoren dagegen wissen ganz genau, womit sie ihr Geld verdienen und was sie bei Marktbewegungen (nach oben oder unten) tun müssen.

Anders ausgedrückt, Sie sollten denken wie ein Casinobetreiber. Manipulieren Sie das Spiel zu Ihren Gunsten. Aufgemerkt: Die Chancen stehen schlecht für Sie, wenn Sie keine Ahnung haben, wie hoch die potenzielle Rendite Ihrer Investition ist. Als Investor, der erstmal Vermögen aufbauen will, machen Sie schon beim Kauf oder Abschluss Gewinn.

Anlagestrategie

Im Grunde gibt es zwei verschiedene Anlagestrategien. Die Abbildung veranschaulicht die Unterschiede. Die konservative Option (A) zielt darauf ab, wachstumsorientierte Einnahmen wiederum für risikoarme, wachstumsorientierte Investitionen einzusetzen. Auf diese Weise verbessern sich Ihre passive Einkommensquote (PEQ) und Ihr passives Einkommen. Das bedeutet, Sie können diese Cashflow-Quelle anzapfen und Ihren Lebensunterhalt damit finanzieren. Sie können umso mehr aus Ihrer Quelle entnehmen, je mehr passives und je weniger aktives Einkommen Sie haben.

Die aggressive Option (B) ist zwar mit einem höheren Risiko verbunden, aber auch mit einer potenziell höheren Rendite, denn jetzt kommen die trendorientierten Investitionen mit ins Spiel. Sollten Sie sich für die aggressive Vorgehensweise entscheiden, müssen Sie unbedingt weiter Ihre Basis aus wachstumsorientierten Einnahmen aufstocken, denn mit dem daraus generierten Cashflow sollen Sie ja Ihren Lebensunterhalt bestreiten.

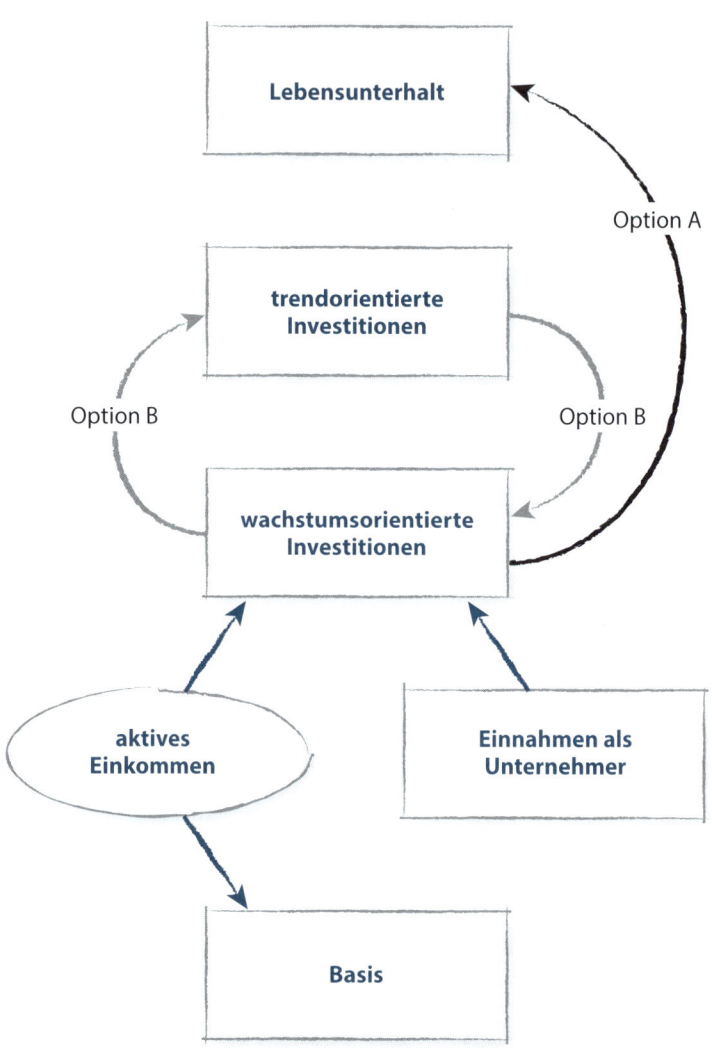

Möglichkeiten für wachstumsorientierte Investitionen

Weiter unten stehen die unterschiedlichen Möglichkeiten, wachstumsorientiert zu investieren, auf die ich seit Jahrzehnten vertraue, um passives Einkommen zu generieren. Ich bezeichne sie als »Cashflow-optimierte« Investitionen, denn sie sind alles andere als das, wovon in den üblichen Finanzmedien die Rede ist oder was Ihnen konventionelle Berater für Ihre Altersvorsorge empfehlen, denn Letztere verkaufen in der Regel das, woran sie die höchste Provision verdienen.

Sie sollten aber wissen, dass meine Aufzählung nicht den Anspruch auf Vollständigkeit erhebt. Ich möchte Ihnen nur einen groben Überblick verschaffen, was alles verfügbar ist. Es gibt noch viele andere Möglichkeiten, sein Geld zu investieren. Als Daumenregel gilt, dass Sie sich zwischen Investitionen, die zeitnah Cashflow generieren, und langfristigen Anlagen entscheiden müssen.

Tax Liens

Die folgenden Ausführungen beziehen sich auf die USA, aber auch in Deutschland können Sie Tax Liens kaufen, auch wenn diese Anlageform noch relativ unbekannt ist. (Mehr dazu erfahren Sie z.B. in dem Buch *US Tax Lien Investment als ausländischer Investor: Leitfaden zu Ihrer ersten Tax Lien Investition in den USA* von Phil Patanek.)

Counties, also die regionalen Verwaltungseinheiten der USA, sind darauf angewiesen, dass Grundsteuern bezahlt werden, damit sie ihre öffentlichen Aufgaben wahrnehmen können. Zudem sind Grundsteuern eine der größten Einnahmequellen für Gemeinden. Werden sie nicht bezahlt, kann dieser finanzielle Verlust der Gemeinde dazu führen, dass sie ihren Aufgaben nicht nachkommen kann. Gerät ein Grundstückseigentümer mit seinen Zahlungen in Verzug, kann die zuständige Gemeinde oder das County einen sogenannten Tax Lien erstellen.

Dieser Tax Lien ist eine grundpfandgesicherte Steuerschuldverschreibung in Höhe der geschuldeten Steuern. Das zugehörige Grundstück beziehungsweise die Immobilie kann erst, wenn die Steuerschuld beglichen ist, verkauft oder refinanziert werden. Dann wird auch der Tax Lien wieder aufgehoben. Ein Tax Lien ist eine erstrangige Steuerschuldverschreibung, das heißt, diese Schulden müssen vor allen anderen beglichen werden. Ihre Höhe richtet sich nach der Höhe der Steuerschuld plus Versäumniszuschlag. Die Tax Liens auf gewerbliche oder private Immobilien oder unbebaute Grundstücke werden Investoren ab mehreren Hundert bis mehreren Hunderttausend US-Dollar auf öffentlichen Auktionen zum Kauf angeboten. Sie sind deshalb für Investoren interessant, weil die Schuldner ihre Schulden samt Zinsen bezahlen müssen, damit die Schulden wieder gelöscht werden. Und diese Zinsen fallen dann an den Investor, der den entsprechenden Tax Lien gekauft hat. Anders ausgedrückt, mit Tax Liens werden staatlich vorgeschriebene Renditen erzielt. Damit zählen sie zu den sichersten Kapitalanlagen mit einer sehr hohen Rendite – angesichts der vergleichbar niedrigen Summe, die dafür investiert werden muss. Die annualisierte Rendite liegt zwischen 12 und 18 Prozent, mitunter bei 36 Prozent jährlich. Und jetzt überlegen Sie mal, wie viel Prozent Zinsen Sie zurzeit auf Ihr Sparguthaben von Ihrer Bank erhalten. Zum Glück stehen Ihnen ja andere Optionen offen als die mehr als mickrigen Zinssätze der etablierten Finanzinstitutionen.

Gerät der Eigentümer einer Immobilie mit der Zahlung seiner Steuerschuld in Verzug, kann der Investor die Zwangsvollstreckung betreiben und erhält dann das entsprechende Objekt. Das bedeutet, mit einem Tax Lien stehen Sie auf der sicheren Seite, denn Sie erhalten entweder eine garantiert hohe Rendite oder Eigentum frei von Rechten Dritter und ohne Hypothek. Erwerben Sie das Objekt, brauchen Sie dafür lediglich die geschuldeten Grundsteuern, den Versäumniszuschlag, Zinsen und die Kosten der Zwangsvollstreckung zu bezahlen. Dann steht es Ihnen frei, die Immobilie entweder zum Marktpreis zu veräußern oder zu behalten und zu vermieten. Rein statistisch gesehen kommt es aber nur sehr selten zu einer Zwangsvollstreckung nach Erstellung eines Tax Lien. In den meisten Fällen begleicht der Eigentümer seine Steuerschuld.

Die Zinsen für Tax Liens fallen entweder monatlich oder zu einem Höchstprozentsatz jährlich an, wobei nach dem Kauf der Steuerschuldverschreibung jeder begonnene Monat als ganzer Monat zählt. Angenommen, John erwirbt auf einer Auktion ein Tax Lien über 500 US-Dollar in Maricopa County, Arizona, mit einem Zinssatz von 16 Prozent. Der Eigentümer zahlt der Gemeinde die 500 US-Dollar (seine Steuerschulden) plus 80 US-Dollar (Versäumniszuschlag). Der County zahlt John seine ursprüngliche Investition von 500 US-Dollar zuzüglich 80 US-Dollar zurück, was einer Rendite von 16 Prozent entspricht.

Tax Liens sind ein sozial verantwortungsvolles Instrument, da sie den verschuldeten Eigentümern mehr Zeit verschaffen, ihre Steuerschulden zurückzuzahlen. Der Zeitraum, in dem der Steuerschuldner seine Schulden zurückzahlen muss, wird als »Tilgungsfrist« bezeichnet. Sie kann von drei Monaten bis hin zu vier Jahren dauern und beginnt mit dem Tag des Verkaufs des Tax Liens zu laufen.

Jedes Jahr werden in den Vereinigten Staaten Tax Liens im Wert von bis zu 10 Milliarden US-Dollar erstellt. Das bedeutet für Sie, dass regelmäßig für Nachschub gesorgt ist. Das Gute daran ist außerdem, dass Sie nicht persönlich zu den Auktionen gehen müssen. Immer mehr Counties stellen Tax Liens online, das heißt, solange Sie über einen Internetzugang verfügen, können Sie sie von jedem beliebigen Ort aus erwerben. Halten Sie am besten vorher Rücksprache mit dem Finanzamt, das für den Ort zuständig ist, in dem Sie einen Tax Lien erwerben möchten. Sie erhalten dort alle Informationen über die Vorgehensweise, die von County zu County anders sein kann.

Das Tax-Lien-Verfahren

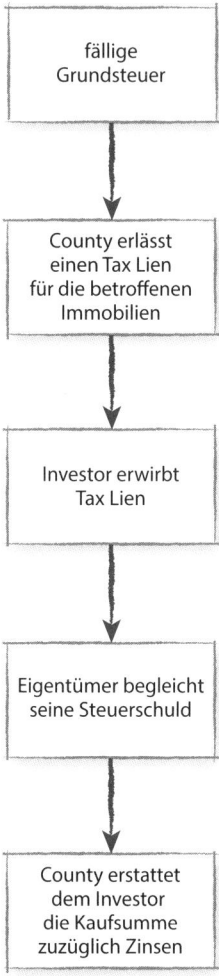

Wirtschaftskrisen oder Konjunkturrückgänge wirken sich nicht nachteilig auf Investitionen in Form von Tax Liens aus. Schließlich müssen Steuerschulden immer beglichen werden, egal wie es um die Ökonomie bestellt ist. Fakt ist, dass Tax Liens in Zeiten des wirtschaftlichen Abschwungs sogar noch lukrativer sind, da die Wahrscheinlichkeit groß ist, dass Liegenschaften zu einem Bruchteil ihres eigentlichen Wertes erworben werden können. Um von Tax Liens profitieren zu können, ist ein gewisses Startkapital vonnöten, und bis die Rendite eintrifft, vergehen mindestens 120 Tage. Der Schlüssel zum Erfolg liegt hier in der sorgfältigen Recherche über die Liegenschaft, einschließlich Wohngegend und County.

Bei Tax Liens gibt es aber auch Nachteile, derer Sie sich bewusst sein sollten, darunter diese hier:

- **Risiko bei der Zwangsversteigerung:** Wird die Immobilie verkauft, um die Schulden mit dem Erlös zu bezahlen, erhalten Sie Ihr Geld nicht zurück, wenn es noch weitere Gläubiger gibt, die hochrangiger sind. Erkundigen Sie sich, ob noch andere Schuldverschreibungen auf dem Objekt lasten.
- **Mangelnde Liquidität:** Sobald Sie ein Tax Lien erworben haben, können Sie nicht mehr über dieses Geld verfügen. Es gibt keine Möglichkeit, von diesem Erwerb zurückzutreten. Und Sie können nicht wissen, wann der Eigentümer der Liegenschaft seine Schulden zurückbezahlt haben wird.
- **Wertlose Liegenschaft:** Erwerben Sie ein Tax Lien an einem Objekt, für das sich kein Käufer findet, werden die Steuerschulden niemals zurückbezahlt und Ihre Schuldverschreibung ist wertlos.

Tax Liens sind in Deutschland zwar noch relativ unbekannt, aber durchaus im Kommen. Ich möchte noch erwähnen, dass Tax Liens streng genommen keine passiven Investitionen sind, denn Sie müssen aktiv werden, um die geeigneten zu finden, zu erwerben und zu verwalten. Aber diese Arbeit können Sie ja getrost einem Team überlassen, was ich im Übrigen auch getan habe. Schon vor ein paar Jahren habe ich einer meiner Assistentinnen gezeigt, was im Falle von Tax Liens zu beachten ist, und ihr dann freie Hand gelassen. Sie hält sich an meine Vorgaben und eine Checkliste, recherchiert sorgfältig und sichert sich dann in meinem Namen die infrage kommenden Tax Liens. Im Gegenzug erhält sie eine Provision in Höhe von 10 Prozent aller auf diese Weise erwirtschafteten Gewinne. Im Grunde ist sie drei bis fünf Stunden im Monat damit beschäftigt, und mir ist es durch das Delegieren dieser Aufgabe gelungen, einen rein passiven Einkommensstrom für mich zu generieren.

Glenda ist eine Immobilieninvestorin, die für ihren Immobilienbestand mehr Cashflow brauchte, weshalb sie auf meine Tax-Lien-Strategie setzte, die sie in einem meiner Fortbildungsinstitute erlernt hatte. Ihren ersten Deal schloss sie schon nach weniger als einem Monat nach der Schulung ab und erwarb fünf Tax Liens und zwei zwangsversteigerte Immobilien. Derzeit erwirtschaftet sie 18 Prozent Zinsen auf die Tax Liens. In den letzten sieben Monaten hat Glenda auf diese Weise ein Nettoeinkommen von 27 695,39 US-Dollar erwirtschaftet. Am meisten gefällt uns, dass sie diese Investitionen entweder von zu Hause aus oder auf ihren Reisen tätigen kann. Außerdem gehören ihr zwei Objekte, deren Wert auf 128 000 US-Dollar geschätzt wird und die sie für 10 240 US-Dollar erstanden hat. Glenda erzählte uns, dass sie auf der Suche nach einer sicheren Kapitalanlage war, die regelmäßig eine Rendite abwirft, die auch kalkulierbar ist. Mit Tax Liens hat sie genau das gefunden.

 Nähere Information über Investieren mit Tax Liens finden Sie auf unserer Website www.5DayWeekend.com (nur in englischer Sprache verfügbar).
Passwort: P9

Gedeckte Kaufoptionen

Immer, wenn es um die Finanzmärkte geht, setze ich auf eine kurzfristige Strategie, bei der ich dem Marktgeschehen immer nur ein bis drei Wochen ausgesetzt bin. Ich persönlich vertraue einer Anlagemethode, der sogenannten Sharelord-Strategie, seit über 20 Jahren.

Ebenso wie ein Immobilieneigentümer sein Eigentum vermieten kann, ist eine ähnliche Vorgehensweise auch an der Börse möglich. Und zwar seit 1973, als die Chicago Board Options Exchange, die weltweit größte Options-Börse, eröffnete. Investoren können »Mieteinnahmen« generieren, indem sie einen Teil ihres Aktienportfolios an Optionshändler »vermieten«. Daran verdienen sie eine wöchentliche oder monatliche Cashflow-Mietzahlung, je nach Vertragslaufzeit der abgeschlossenen Optionenverträge. Im Börsenjargon spricht man von sogenannten gedeckten Kaufoptionen. Um Verwechslungen zu vermeiden, habe ich dafür schon vor über 20 Jahren den Ausdruck »Sharelord« geprägt, der meines Erachtens am besten erklärt, worum es hier geht. »Share« bedeutet auf Deutsch Aktie, der Lord ist in diesem Fall die Abkürzung von Landlord, also Vermieter. Aktien und Wertpapiere lassen sich synonym verwenden und bezeichnen Aktienzertifikate, die das Eigentum an einem Unternehmen angeben.

Wir als Sharelords gewähren dem Mieter, also dem Käufer einer gedeckten Kaufoption und Spekulanten, das Recht, aber nicht die Verpflichtung, unsere Aktien zu erwerben. Diese Käufer ziehen Aktiengeschäfte dem Kauf der Aktien vor. Sie handeln mit den Aktienoptionen und hoffen darauf, sie mit Gewinn verkaufen zu können, bevor der Zeitraum, in dem dies möglich ist, abgelaufen ist.

Als Sharelord schaffen wir den Markt für diese spekulative Nachfrage nach Kaufoptionen. Nicht anders als zu Zeiten des Goldrausches sind wir es, die den Spekulanten, die darauf hoffen, reich zu werden, Goldwaschpfannen, Spitzhacken und Schaufeln verkaufen. Wir kapitalisieren an diejenigen, die mit gedeckten Kaufoptionen spekulieren wollen. An der Wall Street handeln 95 Prozent der Spekulanten und 5 Prozent schaffen den Bedarf. Als Sharelord schaffen und befriedigen wir die Marktnachfrage.

Für das Recht, unsere Aktien zu erwerben, kauft der Spekulant – der Mieter unserer Aktien – eine Kaufoption. Wir legen den Verkaufspreis, aber auch den Basispreis für unsere Aktien fest und erhalten aus der soeben geschaffenen Kaufoption eine Optionsprämie. Übt der Käufer unserer Optionen sein Recht aus, unsere Aktien zu erwerben, geben wir sie ab.

Bei Optionsgeschäften kann der Käufer der Kaufoption das Recht erwerben, die entsprechenden Aktien zum genannten Preis zu kaufen. Der Basispreis entspricht dem Preis der Aktien. Spekulanten hoffen darauf, dass der Marktpreis der Aktien höher ist als der Basispreis.

Werden unsere Aktien angefordert, was bedeutet, dass die Spekulanten sie uns zum Basispreis abkaufen, können wir neue Aktien erwerben und sie im Folgemonat vermieten. Werden sie nicht abgerufen, vermieten wir dieselben Aktien, die uns gehören, für eine neue Kontraktlaufzeit.

Wem das zu viel Theorie war, für den kommt jetzt das praktische Beispiel: Ich kaufe mindestens 100 Aktien aus einem bestimmten Bestand. 100 Aktien entsprechen einem Kontrakt. Angenommen, wir haben 100 Aktien des XYZ-Bestands zu einem Preis von je 8,80 US-Dollar (Wert = 880 US-Dollar) erworben und sie dann zu einem Basispreis von 10 US-Dollar im Monat an einen Käufer einer Kaufoption vermietet. Weiterhin angenommen, wir bekommen dafür 0,44 US-Dollar pro Aktie (ergibt 44 US-Dollar), würde dies einer Rendite von 5 Prozent entsprechen. Werden unsere Aktien zum Basispreis von 10 US-Dollar vom Käufer angefordert, bekämen wir 10 US-Dollar je Aktie, und unsere Cashflow-Rendite würde in diesem Monat auf satte 18,6 Prozent hochschießen. Dieses Szenario bietet uns eine weitere Möglichkeit, zusätzlichen Cashflow zu generieren.

Als weiteren Schutz besitzt ein Sharelord-Investor die Möglichkeit, sogenannte Verkaufsoptionen zu erwerben und seine Aktien zugleich zu vermieten. Auf diese Weise ist sein Aktienportfolio geschützt, insbesondere vor künftigen Kursverlusten. Wird ein kleiner Anteil der Mieteinnahmen für den Kauf dieser Versicherung verwendet, greift der Sharelord-Investor dafür nicht auf sein eigenes Geld zurück.

Die meisten Aktionäre kaufen heutzutage Aktien und halten sie, ohne Mieteinnahmen zu erwirtschaften. Sie erwerben Aktien in der Hoffnung, sie später zu einem höheren Preis verkaufen zu können. Das ist im Grunde nichts anderes, als wenn ein Immobilieneigentümer nichts gegen den Leerstand seiner Liegenschaften unternimmt, weil er nicht auf den Gedanken kommt, sie entgeltlich zu vermieten. Solche Aktionäre verdienen nur, wenn der Kurs steigt – und das können sie nicht beeinflussen. Ihnen ist offensichtlich nicht klar, dass sie mit einer Kaufoption auf ihre Aktien Cashflow erzeugen können, und zwar unabhängig von der Aktienkursentwicklung.

Die Strategie, Aktien zu vermieten, richtet sich an Aktienmarktinvestoren, die zwar eine möglichst hohe Rendite erzielen wollen, aber nicht wissen, wo sie beginnen sollen, oder an Aktionäre, die mit den auf die übliche Weise generierten Renditen unzufrieden sind. In meinen Augen handelt es sich dabei um die perfekte Ergänzung zur Immobilieninvestition, denn als Sharelord-Investor besteht die Möglichkeit, Cashflow zu generieren, um mehr Immobilien zu erwerben.

Nähere Information über Sharelord-Investitionen finden Sie auf unserer Website www.5DayWeekend.com (nur in englischer Sprache verfügbar).
Passwort: **P10**

Die »Bankstrategie«

Der Milliardär Warren Buffett zählt zu den reichsten Investoren weltweit. Seine Holdinggesellschaft Berkshire Hathaway investiert massiv in die Versicherungsbranche und streicht Milliarden an Versicherungsprämien ein. In den letzten zehn Jahren hat das Unternehmen seine Kassen prall gefüllt mit verfügbaren Cashflow-Reserven, die noch ausgeschüttet werden müssen, um künftige Ansprüche aus Schadensfällen abdecken zu können. Berkshire Hathaway hat diese Cash-Reserven dafür verwendet, Unternehmen, die um ihr Überleben kämpften, aufzukaufen und wieder auf Erfolgskurs zu bringen.

Das Herzstück von Warren Buffetts Cashflow-System – Versicherungsprämien – hat mich vor gut zehn Jahren auf meine »Bankstrategie« gebracht. Auch der Begriff Bankstrategie stammt von mir. Dabei geht es darum, Prämien aus Versicherungspolicen mithilfe sogenannter Credit Spreads auf dem Finanzmarkt zu ziehen.[20] Ein Credit Spread umfasst das gleichzeitige Verkaufen und Kaufen von Optionskontrakten, die im selben Monat auslaufen, aber unterschiedliche Ausübungspreise haben.

Ich kreiere solche Credit Spreads anhand des diversifizierten Portfolios des S&P-500-Index, dem Aktienindex, der die Aktien von 500 der größten börsennotierten US-amerikanischen Unternehmen umfasst. Da ich für meine Credit Spreads den gesamten S&P-500-Index heranziehe, habe ich mehr Kontrolle darüber und bin den Marktschwankungen weniger ausgesetzt.

Und so funktioniert das Ganze: Unter Berücksichtigung der Performance des S&P-500-Index erstelle ich Versicherungspolicen. Spekulanten, Händler und Hedgefonds-Manager kaufen diese Versicherung, um ihre Wetten abzusichern. Diese Kontraktkäufer werden als »beunruhigte Bullen« bezeichnet, was bedeutet, dass sie zwar von einem Kursanstieg überzeugt sind, ihr Risiko aber minimieren wollen. Steigen die Preise, verlieren sie lediglich den relativ geringen Kaufpreis, den sie für die Versicherung bezahlt haben. Sinken die Preise signifikant und sie verlieren Geld, springt die Versicherung ein und ersetzt ihren Verlust.

Versicherungsgesellschaften berechnen genau, wie sie möglichst viel Gewinn erzielen; nur sehr wenige Versicherten machen Versicherungsansprüche geltend, sodass die Versicherer die Mehrheit aller eingenommenen Prämien als Gewinn verbuchen können. Studien konnten nachweisen, dass die meisten Optionskontrakte in den Finanzmärkten ohne Wert und Forderung verfallen. Der größte Teil aller S&P-500-Indexoptionen verfiel wertlos. Mit der Bankstrategie wenden wir die gleichen mathematischen Methoden an.

Ich setze regelmäßig auf die Bankstrategie und sehe es als eine Form von Cashflow an, die ich verwende, um Immobilien zu kaufen und andere Investitionen zu tätigen.

Herkömmliche, von Versicherungsgesellschaften herausgegebene Versicherungspolicen haben eine Laufzeit von bis zu einem Jahr. Mit der Bankstrategie gelingen uns Versicherungsverträge in den Finanzmärkten mit einer Laufzeit von nur sieben Tagen, was unser Risiko minimiert, da wir nur kurze Zeit auf dem Markt sind.

Wir legen unsere »Sicherheitszone« fest und erstellen einen Versicherungsvertrag zu einem Preis, der unterhalb der Preisgestaltung des S&P-500-Index immer am Freitag liegt. Die Versicherungsverträge laufen dann in der darauffolgenden Woche am Donnerstag aus. Solange die S&P-500-Unternehmen oberhalb unserer Sicherheitszone handeln, erwirtschaften wir Gewinn.

Sämtliche Aktien aller im S&P 500 notierten Unternehmen müssten ins Bodenlose fallen, um uns mit in den Abgrund ziehen zu können.

Ich persönlich führe die Bankstrategie jede Woche durch, immer freitags. Das Beste daran ist, dass ich kaum eine Minute dafür brauche. Ich teile meinem Broker per SMS oder E-Mail mit, wie viele Versicherungsverträge ich abwickeln möchte. Mein Ziel ist es, den Cashflow aus den Prämien auf mein Konto zu transferieren und von den 500 führenden börsennotierten Unternehmen zu profitieren.

Sie sollten dieses »Spiel um echtes Geld«, das mit mathematischen Wahrscheinlichkeiten arbeitet (wenn es richtig gespielt wird), ernst nehmen. In der freien Marktwirtschaft gibt es, was individuellen Wohlstand und Reichtum anbelangt, keine Grenzen nach oben. Ihre moralischen Überzeugungen, Ihr Bildungsgrad oder Ihr Intelligenzquotient spielen keine Rolle, wenn es ums Geld geht.

Joels Karriere als Kapitalanleger steckte noch in den Kinderschuhen, da er noch nicht so recht wusste, wie und wo er sein Geld investieren sollte. Er träumte davon, nicht mehr so viele Stunden am Bau schuften zu müssen, und beklagte sich bitterlich, dass seine ersten zaghaften Versuche, Kapital gewinnbringend anzulegen, kläglich gescheitert waren. Er war auf der Suche nach einer passiven, risikoarmen Investition, die hohe Renditen abwerfen sollte und die völlig unabhängig von Aufwärts-, Abwärts- oder seitlichen Marktbewegungen war. Und dann begann er mit der Bankstrategie und wickelte jeden Freitag mehrere Versicherungsverträge ab. Nach nur sechs Monaten waren es schon 68 Verträge – und das an jedem Freitag –, was ihm einen Nettoverdienst in Höhe von 47 896 US-Dollar bescherte. Joel sagte uns: »Mit der Bankstrategie schneide ich tagein, tagaus besser ab als in der Baubranche.«

Joel möchte in den kommenden drei Jahren aufhören zu arbeiten. Er vertraut darauf, dass er mit der Bankstrategie so viel Cashflow anhäufen kann, dass er seine Reisepläne in die Tat umsetzen und ein Leben ganz nach seinem Geschmack führen kann.

 Nähere Information über die Bankstrategie finden Sie auf unserer Website www.5DayWeekend.com (nur in englischer Sprache verfügbar).
Passwort: P11

Lagereinrichtungen

Jedes Jahr geben die US-amerikanischen Bürger Milliarden Dollar für Elektronik, Kleidung, Spielwaren und Haushaltswaren aus. In den letzten 50 Jahren hat sich die Wohnfläche des durchschnittlichen Eigenheims der Amerikaner beinahe verdreifacht. Die amerikanische Konsumgesellschaft hat dafür gesorgt, dass einer von zehn US-Bürgern einen Lagerraum anmietet. Aus diesem Grund zählt dieser Teilbereich gewerblicher Immobilien zu dem Sektor, der am schnellsten wächst. Auch in Deutschland stieg der Lager- und Logistikflächenumsatz in den letzten 15 Jahren nahezu kontinuierlich an.[21]

Der Bau oder Erwerb von Lagereinrichtungen ist eine ausgezeichnete Methode, über Immobilien Cashflow zu generieren. Der Cashflow ergibt sich aus der Miete, und wird diese nicht bezahlt, können Sie Ihre Mieter zwangsräumen und deren eingelagertes Hab und Gut versteigern. Zwar ist dafür ein relativ hohes Startkapital vonnöten, aber der damit generierte Cashflow ist mit anderen Kapitalanlagen kaum zu erzielen. Ein Wirtschaftsabschwung erhöht die Nachfrage nach solchen Lagerräumen, da die Menschen dann bedauerlicherweise ihr Zuhause verlieren und ja irgendwohin müssen mit ihrer Wohnungseinrichtung.

Bevor Sie in Lagereinrichtungen investieren, sollten Sie folgende Überlegungen anstellen:

- **Lage:** Bauen oder kaufen Sie nicht, wo bereits ein Überangebot an solchen Einrichtungen besteht.
- **Nochmals Lage:** Gibt es gleich in der Nähe eine ähnliche Einrichtung? Liegt die Lagereinrichtung an einer dicht befahrenen Straße, und ist sie gut zu sehen?

- **Verwaltung:** Wer eine Lagereinrichtung kauft oder baut, hat nicht nur einfach eine Immobilie erworben, sondern ein Geschäft, das ordentlich geführt werden muss. Sie brauchen die richtigen Mitarbeiter, die entsprechend geschult werden müssen. Außerdem brauchen Sie geeignete Lagersysteme.
- **Instandhaltung:** Kaufen Sie eine bereits vorhandene Lagereinrichtung, ist eine Besichtigung unumgänglich. Ist das Dach schadhaft oder hat sich Schimmel im Gebäude ausgebreitet? Beauftragen Sie eine Fachfirma mit der Instandhaltung, damit alles funktioniert und Ihr Lager weiterhin attraktiv für Ihre Kunden ist.

Mein Ziel lautet nicht, Ihnen eine umfassende Liste mit alternativen Kapitalanlagemöglichkeiten zu präsentieren. Ich möchte vielmehr, dass Sie über den Tellerrand hinausblicken. Machen Sie Ihre Hausaufgaben, dann werden Sie merken, dass die Welt – anders als uns Suze Orman und das Wirtschaftsmagazin *Money* weismachen wollen – voller Möglichkeiten steckt.

> »Mach immer mehr aus immer weniger,
> bis du aus nichts alles machen kannst.«
> BUCKMINSTER FULLER

KAPITEL 19

GROSS RAUSKOMMEN MIT TRENDORIENTIERTEN INVESTITIONEN

Sofern Ihr Cashflow mittels wachstumsorientierter Investitionen zunimmt, sind Sie in der Lage, auch einmal über trendorientierte Investitionen nachzudenken. Aller Wahrscheinlichkeit nach ist der Zeitpunkt jetzt für Sie aber noch nicht gekommen, und das kann gut und gerne noch ein paar Jahre so bleiben. Dennoch möchte ich Ihnen aufzeigen, was alles möglich ist und worauf Sie sich freuen können.

Erst wenn Sie eine solide Basis mit wachstumsorientierten Kapitalanlagen errichtet haben, sollten Sie sich mit trendorientierten Investitionen befassen. Im Prinzip gilt hier das Sprichwort: »Wenn der Schüler bereit ist, erscheint der Lehrer.« Sobald Sie es mithilfe von konservativen wachstumsorientierten Investitionen geschafft haben, finanziell unabhängig zu sein, werden Sie überrascht sein, wie viele Möglichkeiten es bei den trendorientierten Investitionen gibt.

Sie wissen ja, trendorientierte Investitionen besitzen ein sehr großes Wertsteigerungspotenzial. Aufgemerkt: Investieren Sie nur Summen, deren Totalverlust Sie verkraften würden. Bei wachstumsorientierten Investitionen ist die Wahrscheinlichkeit größer, damit kontinuierlichen Cashflow zu generieren, während trendorientierte Investitionen eher zu einmaligen Renditen führen (man denke zum Beispiel an Hightech-Start-ups, Angel Investing, Biotech-Aktien, Börsengänge und so weiter). Landet ein solcher pauschaler Auszahlungsbetrag auf Ihrem Konto, rate ich Ihnen, diesen Gewinn wachstumsorientiert zu investieren, damit daraus langfristiger Cashflow wird. Im Prinzip nehmen wir bei dieser Vorgehensweise die Emotionen aus dem Spiel. Sie haben Ihre wachstumsorientierten Investitionen durch harte Arbeit finanziert, weshalb Ihr Herz daran hängt. Aus diesem Grund möchten Sie es konservativ anlegen. Anders dagegen bei trendorientierten Investitionen: Hier gibt es keine emotionale Bindung.

Angenommen, Sie investieren den Gewinn aus wachstumsorientierten Investitionen in trendorientierte und verlieren alles. Nein, das ist kein Grund zur Panik, schließlich generieren erstere weiterhin Cashflow. Streichen Sie satte Gewinne aus Ihren trendorientierten Investitionen ein, ist das eine tolle Sache, denn auch dieses Geld können Sie wieder investieren. Und wenn nichts dabei herausspringt, geraten Sie deshalb nicht in eine finanzielle Schieflage. Ich empfehle Ihnen, sich zu überlegen, wie hoch der Anteil Ihrer finanziellen Mittel sein kann, den Sie für trendorientierte Investitionen ausgeben und wobei Sie sich trotzdem noch wohlfühlen.

Nur weil Sie in der Lage sind, bei Ihren trendorientierten Investitionen einen potenziellen Totalverlust wegzustecken, heißt das nicht, dass Sie unter die Zocker gegangen sind. Zocken basiert auf reiner Gier, und in den meisten Fällen hat der Zocker keine Ahnung, was er eigentlich tut. Doch das hat nichts mit trendorientierten Investitionen zu tun, denn dabei gehen Sie ja kühlen Kopfes, berechnend und strategisch vor.

Wie für wachstumsorientierte Investitionen gilt auch bei trendorientierten, sich nicht der breiten Masse anzuschließen und eben nicht das zu tun, was alle tun. Sie sehen sich nach Anlagemöglichkeiten um, bei denen Sie mehr Kontrolle besitzen, die mehr Steuervorteile bieten und bei denen die Aussicht auf eine hohe Rendite größer ist als bei konventionellen Kapitalanlagen.

Ich lege Ihnen dringend ans Herz, erst dann mit trendorientierten Investitionen anzufangen, wenn Ihre passive Einkommensquote (PEQ) bei 2 zu 1 liegt, was bedeutet, dass kontinuierlich Cashflow generiert wird und Sie einen Puffer haben. Anders ausgedrückt ist Ihr passives Einkommen doppelt so hoch wie Ihre Lebenshaltungskosten (und außerdem wäre da noch Ihr aktives Einkommen). Damit stehen Sie auf der sicheren Seite und können auch bei relativ riskanten Investitionen gelassen bleiben.

Nehmen Sie sich meine Worte zu Herzen! Und jetzt viel Spaß mit meinen Vorschlägen für trendorientierte Investitionen. Auch hier gilt, dass diese Aufzählung keinen Anspruch auf Vollständigkeit erhebt und nicht zu sehr ins Detail geht.

Start-up-Unternehmen

Start-up-Unternehmen mit einem schnellen Wachstum sind in den meisten Fällen auf Fremdkapital angewiesen, um ihr Inventar aufbauen, Bestellungen abwickeln und eine überlebensnotwendige Infrastruktur aufbauen zu können.

Unternehmer, die auf Bootstrapping, als eine Unternehmensgründung gänzlich ohne externe Finanzierung setzen, haben sich unentgeltlich und unermüdlich dem Aufbau ihres Unternehmens gewidmet, bis sie an den Punkt gekommen sind, an dem es bereit für den nächsten Schritt, die Fremdfinanzierung, war. Ein Investor kann einen bestimmten Anteil des Start-up-Unternehmens erwerben, ohne selbst Hand anlegen zu müssen. Der Unternehmer erhält auf diese

Weise dringend benötigtes Kapital, damit sein Unternehmen wachsen kann, und der Investor ist am Gewinn beteiligt, sobald es schwarze Zahlen schreibt. Die Höhe der Gewinnbeteiligung richtet sich nach Anzahl der erworbenen Anteile. Wenn Sie auf das richtige Pferd gesetzt haben, könnte es sein, dass Sie das Fünf- bis Hundertfache Ihrer Investitionssumme herausschlagen.

Wie bei jeder Kapitalanlage müssen Sie zuerst Ihre Hausaufgaben machen, um Ihr Risiko zu minimieren. Und das bedeutet:

Investieren Sie nur, wenn Sie sich damit auskennen.
Gutes Essen interessiert Sie nicht wirklich? Und Sie haben keine Ahnung, wie ein Restaurant zu führen ist? Dann sollten Sie auch nicht in neu eröffnete Lokale investieren. Bleiben Sie in Ihrem Metier, denn dann erkennen Sie potenzielle Fallstricke und Gefahren, denen sich der Eigentümer oder Unternehmer gar nicht bewusst ist. Zudem haben Sie mehr Kontrolle über Ihre Investition, da Sie zur Wertschöpfung beitragen können.

»Man sollte wissen, was man besitzt und warum das so ist.«
PETER LYNCH

Investieren Sie in Menschen.
Die Menschen hinter dem Unternehmen sind weitaus wichtiger als alles andere – ja, auch wichtiger als das Geschäftsmodell und das Marktpotenzial. Sie sollten unbedingt wissen, in wen Sie investieren. Sie müssen deren Lebensbilanz kennen und wissen, womit sie bisher ihre Brötchen verdient haben. Fragen Sie sich, inwieweit diese Leute zur Wertschöpfung beitragen.

Sie müssen die Finanzen kennen.
Womit macht das Unternehmen Geld? Schreibt es schwarze Zahlen? Wenn nein, zeichnet es sich ab, dass sich das möglichst bald ändern wird? Sind die Prognosen realistisch? Ist seine Preispolitik sinnvoll? Ist sie auf die Nachfrage am Markt ausgerichtet? Handelt es sich um ein börsennotiertes Unternehmen, sollten Sie dessen Eigenkapitalrendite kennen.

Der Gewinn je Aktie ist nicht das Einzige, was zählt. Sie müssen das operative Geschäft genau kennen, um Prognosen anstellen zu können, wie es um die Zukunft des Unternehmens bestellt ist. Sind die Gewinnspannen hoch? Was sind die Aktien wirklich wert? Werden die Aktien des Unternehmens unter ihrem tatsächlichen Wert gehandelt, könnte es ein Indiz dafür sein, dass sie unterbewertet sind – ein guter Grund, sie zu kaufen.

Machen Sie sich über den Markt schlau.
Ist der Markt groß genug für ein (weiteres) wachsendes Unternehmen? Löst das Unternehmen die Probleme des Marktes? Was ist mit den Mitbewerbern? Hat Ihr Unternehmen einen Wettbewerbsvorsprung? Ist das Unternehmen auf die Bedürfnisse seiner Kunden abgestimmt, passt es sich dem Markt an und kann es sein Angebot schnell an Änderungen anpassen?

Mit diesen fünf Fragen können Sie mehr über den jeweiligen Markt herausfinden:

1. Legen Sie eine große Bevölkerungsgruppe fest, deren Problem Sie lösen können.
2. Fragen Sie diese Gruppe, ob sie bereit ist, für die Lösung ihres Problems in die Tasche zu greifen.
3. Verlangen Sie Geld, wenn Sie ihr Problem lösen sollen.
4. Legen Sie fest, wie Sie dabei vorgehen.
5. Entwickeln Sie ein skalierbares Modell Ihrer Problemlösung.

Bewerten Sie die Skalierbarkeit.
Ist das Geschäft skalierbar? Wie schnell muss es wie groß werden, damit Sie Ihr Geld samt Rendite zurückerhalten?

Wofür werden die finanziellen Mittel eingesetzt?
Was plant das Unternehmen, mit dem eingesetzten Kapital der Anleger zu tun? Ist das sinnvoll, um weiter wie geplant wachsen zu können? Stimmen Sie mit der Vision des Unternehmensgründers überein? Wie hoch ist das Einkommen des Eigentümers? Ist das ein angemessenes Gehalt für ein Start-up-Unternehmen oder wird der Eigentümer schon jetzt zu gierig?

Werfen Sie einen Blick in die Unterlagen des Unternehmens.
Lesen Sie die Gründungsurkunde, die Satzung und andere wichtige Unterlagen des Unternehmens durch, um zu erfahren, wie es strukturiert ist und wer alles daran beteiligt ist.

Private-Equity-Investitionen

Bei Private-Equity-Investitionen handelt es sich um Kapitalbeteiligungen, die an nicht börsennotierten Unternehmen – meist an Start-up-Unternehmen – erworben werden. In der Regel übernehmen dies professionelle Beteiligungsfirmen. Die Investitionssumme liegt oft bei mindestens 250 000 US-Dollar und kann im Einzelfall bei 1 Million US-Dollar und mehr liegen.

Dies ist eine gute Möglichkeit, wenn Sie entweder nicht über die nötige Zeit oder das Wissen verfügen, sich persönlich um eine solche Kapitalbeteiligung zu kümmern. Unternehmensbeteiligungsgesellschaften verfügen über die nötige Erfahrung, das erforderliche Wissen und Fähigkeiten, um Geschäftsmöglichkeiten mit der gebotenen Sorgfalt auf den Prüfstein zu stellen. Mit Ihrem Kapital wird die Unternehmensbeteiligung finanziert, und Sie erhalten je nach Ergebnis des Unternehmens eine Rendite ausbezahlt.

Erstplatzierungen (oder auch IPO für Initial Public Offering)

Ein IPO ist der Prozess, bei dem ein Unternehmen in Privatbesitz mit dem erstmaligen Verkauf von Aktien zu einem börsennotierten Unternehmen wird. Die Stammaktien werden externen Anlegern an einer öffentlichen Börse zum Handel zur Verfügung gestellt. Unternehmen, die an die Börse gehen, sichern sich im Wesentlichen Kapital, um ihr Geschäft zu erweitern, Vermögenswerte zu erwerben oder Schulden zu tilgen. Der Markt für Erstplatzierung ist ein gemischter Markt. Manche IPOs sind sehr riskant, andere weniger, und wieder andere haben großes Potenzial, sich als stark renditeträchtig zu erweisen.

Die Rendite am Tag des Börsengangs beliebter Unternehmen ist aufgrund ihrer spekulativen Natur und der hohen Nachfrage sehr hoch. Andererseits sind manche IPOs auch Jahre nach ihrem Börsengang weit hinter den Erwartungen zurückgeblieben.

Der Preis für eine Aktie von Google im Jahr 2004 bei dessen Erstplatzierung betrug gerade einmal 85 US-Dollar. Seitdem hat die Aktie um 1700 Prozent zugelegt, ist also jetzt das Siebzehnfache wert.

Der Eröffnungskurs der LinkedIn-Aktie schloss bei 94,25 US-Dollar, rund 109 Prozent über dem IPO-Preis von 45 US-Dollar. Facebooks IPO-Aktien lagen bei Börsenschluss bei 38,23 US-Dollar. Eine Woche nach ihrem Börsengang am 1. Juni 2012 wurde der Wert pro Aktie mit 27,72 US-Dollar angegeben. Bis 6. Juni betrug der Verlust der ursprünglichen Investoren 40 Milliarden US-Dollar. Auch 15 Monate später waren die Facebook-Aktien nicht mehr als 38 US-Dollar je Stück wert. Groupon wirft noch immer keine Rendite ab, sein Aktienkurs kennt seit dem Börsengang 2011 nur eine Richtung: nach unten.

Investoren, die sich für IPOs interessieren, tun gut daran abzuwarten, bis sich der erste Hype um die Aktien gelegt hat. Das bedeutet, nach dem Börsengang drei Monate dazusitzen und Däumchen zu drehen. Nach ein paar Monaten entspricht die Kursbewegung eher den Fundamentaldaten des Marktes als der ersten spekulativen Hysterie darum.

Manche Investoren gehen davon aus, dass eine IPO eine optimale Ausgangsposition bietet. Fakt ist, dass ein Unternehmen vor seiner IPO mehrere sichere Investitionsrunden durchläuft. In dem Moment, in dem Sie während einer IPO Aktien kaufen, sind frühe Privatanleger bereits Aktionäre.

Pre-IPO-Fonds

Eine Pre-IPO-Investmentstrategie ist unkompliziert: Akkreditierte Investoren erwerben Aktien eines Unternehmens, noch bevor dieses börsenreif ist. Diese Investoren wollen ihre Aktien im Anschluss an die IPO – natürlich mit Gewinn – verkaufen. Und wie kommt man an solche Pre-IPO-Fonds? Entweder über Angel-Investoren oder über Hedge- oder Risikokapitalfonds, die in Start-up-Unternehmen investieren.

Bei der Investition in ein nicht börsennotiertes Unternehmen (Pre-IPO) besteht das Risiko eines Teil- oder Totalverlusts des eingesetzten Kapitals. Prüfen Sie infrage kommende Unternehmen sorgfältig, und wählen Sie eher solche, die die riskanteste Phase der Produktentwicklung bereits hinter sich haben. Geeignete Unternehmen veranschaulichen die technische und kommerzielle Seite der Produktentwicklung anhand eines Konzeptnachweises. Sie sollten nur in Unternehmen investieren, mit deren Produktbereichen und Geschäftsmodell Sie sich bestens auskennen. Stecken Sie niemals Geld in solche Unternehmen, das Sie kurz- oder mittelfristig selbst brauchen könnten.

Wirtschaftlich angeschlagene Unternehmen kaufen

Es stehen zahlreiche Unternehmen zum Verkauf, da ihre Eigentümer nicht wissen, wie sie sie in die Gewinnzone bringen. Die Voraussetzung, dass ein solcher Erwerb gut ausgeht, sind Branchenkenntnisse, Erfahrung und Kompetenz, denn nur dann können Sie den Unternehmenswert steigern und das Ruder innerhalb einer relativ kurzen Zeit herumreißen und alles Weitere dann den Geschäftsführern überlassen oder es mit Gewinn veräußern. Ebenso wie Hauseigentümer, die ihren Zahlungsverpflichtungen nicht nachkommen können, bereit sind, satte Nachlässe zu gewähren, sind auch Geschäftsmänner und -frauen in einer brenzligen Lage dazu bereit.

Wertschöpfung ist ein wesentliches Ziel bei allen Unternehmenskäufen. Der Wert eines Unternehmens führt zu intrinsischem Wohlstand, wenn dessen Wert und seine Multiplikatoren erhöht werden. Wird diese Methodik umgesetzt, erhöhen sich die Ergebnisse vor Zinsen, Steuern und Abschreibungen (EBITDA) des Unternehmens um ein Vielfaches. Dazu folgendes Beispiel: Beträgt das EBITDA eines Unternehmens 2 Millionen US-Dollar und werden vergleichbare Unternehmen zum Dreifachen der Einnahmen verkauft, läge der Unternehmenswert bei 6 Millionen US-Dollar.

Geschichten aus dem wahren Leben
Marshall Gibbs ist von Beruf Zahnarzt und investiert für sein Leben gern in Immobilien und in junge Unternehmen. In den letzten Jahren hat er sich auf schwächelnde Zahnarztpraxen konzentriert, die er wieder aufbaute. Seine erste Praxis hat er 2014 erworben, ihr Jahresumsatz lag damals bei rund 900 000 US-Dollar. Nach nur einem Jahr unter seiner Regie waren es schon 1,9 Millionen US-Dollar. Anfangs arbeitete er selbst halbtags dort, dann stellte er zwei Zahnärzte ein, sodass er wieder aufhören konnte.

Die nächste Praxis, der er unter die Arme griff, erzielte einen Jahresumsatz von 350 000 US-Dollar. Ein knappes Jahr später waren es schon 800 000 US-Dollar. Im Jahr 2017 bot sich ihm die Möglichkeit, seine dritte Praxis zu erwerben. Der damalige Eigentümer wollte ursprünglich 900 000 US-Dollar dafür haben, aber Marshall konnte ihn auf 530 000 US-Dollar herunterhandeln. Da die Praxis kaum noch Patienten hatte, musste Marshall ganz von vorne anfangen. Bereits im ersten Monat nach der Neueröffnung setzt er damit 30 000 US-Dollar um.

Alle Praxen liefen unter Marshalls Marke »Mint Condition Dental«. Wie uns Marshall erzählte, hat er sich für folgende Vorgehensweise entschieden: »Ich habe Zahnärzte eingestellt und ihnen eine langfristige Zusammenarbeit angeboten. Ich ziehe im Hintergrund die Fäden und unterstütze sie, wo ich nur kann. Ich habe ihnen die Praxen auch zum Verkauf angeboten, wenn sie es denn wollten. Alle meine Praxen verzeichnen ein schnelles Wachstum und generieren unterschiedliche passive Einkommensströme für mich. Ich persönlich kann nicht genug von Immobilien bekommen. Ich verkaufe sie so gut wie nie, denn immerhin habe ich ja langfristige Mietverträge abgeschlossen, die mir ein gutes Einkommen sichern. Und das Sahnehäubchen obendrauf sind die Markengebühren, die ich für meine Marke kassiere.«

Derzeit arbeitet er nur an drei Tagen die Woche als Zahnarzt und verhandelt gerade mit einer Zahnärztin, die ihre Praxis aus gesundheitlichen Gründen aufgeben muss und die bereit ist, Marshall ein Darlehen zu gewähren, damit er ihre Praxis kaufen kann. Dazu Marshall: »Ich erlebe es immer wieder, dass Zahnärzte mit einem Riesenberg Schulden – mindestens eine halbe Million Dollar – von der Uni kommen und keine Ahnung haben, wie man ein Geschäft führt. Für mich sind das zahlreiche Möglichkeiten, nicht in einer Praxis meine Brötchen zu verdienen, sondern an ihr, da ich Zahnärzten bei geschäftlichen Dingen zur Seite stehe. Auf diese Weise komme ich in den Genuss unterschiedlicher Cashflow-Ströme.«

Spekulationsgeschäfte mit Gold und Silber

Als begeisterter Investor in Edelmetalle spekuliere ich mit Silber und stecke die Gewinne, die ich damit mache, in meine langfristigen Goldanlagen. Beide Edelmetalle können auch als Schutz vor der Inflation eingesetzt werden.

Ich entscheide meine Käufe auf der Basis des Gold-Silber-Preisverhältnisses, das angibt, wie viele Feinunzen Silber benötigt werden, um eine Feinunze Gold zu kaufen. Das biblische Gold-Silber-Preisverhältnis (323 vor Christi Geburt) lag bei 12,5 zu 1. Auf dem Höhepunkt der Macht des Römischen Reiches lag es bei 12 zu 1. Der seit rund 2000 Jahren gebildete Durchschnittswert liegt bei 16 zu 1. Bei einem Verhältnis von über 40 zu 1 sollte man Silber kaufen. Liegt es darunter, ist es ratsam Silber zu verkaufen und sich stattdessen Goldbarren zuzulegen.

Wie wird das Gold-Silber-Preisverhältnis berechnet? Ganz einfach: Teilen Sie den aktuellen Goldpreis (je Feinunze) durch den aktuellen Silberpreis (je Feinunze). Dazu ein Beispiel: 1390,19 Euro (Goldpreis) ÷ 16,75 Euro (Silberpreis) = etwa 62,18 zu 1 (Gold-Silber-Preisverhältnis).[22] Bei diesem Beispiel wird Silber unterbewertet und sollte schleunigst gekauft werden.

Kryptowährungen

Kryptowährungen sind digitale Zahlungsmittel, die kryptografisch abgesicherte Protokolle und dezentrale Datenhaltung nutzen, um sämtliche Transaktionen so sicher wie möglich zu gestalten. Da Kryptowährungen als Geld der Zukunft bezeichnet werden, haben sie sich weltweit verbreitet, und zwar nicht nur in der Technikbranche, sondern auch im Investmentsektor.

Im Gegensatz zu Geld werden Kryptowährungen nicht von einer zentralen Instanz wie einer Zentralbank ausgegeben, was sie vor staatlichen Eingriffen oder Manipulation schützt. Sie regulieren sich selbst und unterliegen den Gesetzen der Mathematik. Kryptowährungen vereinfachen den Zahlungsverkehr zwischen zwei Parteien und sind zudem günstiger als Bankgebühren.

Jeden Tag akzeptieren immer mehr Banken, Unternehmen und Regierungen Kryptowährungen als Zahlungsmittel, da sie sich ihrer allgemein wachsenden Beliebtheit nicht entgegenstellen wollen.

Die derzeit führendsten Kryptowährungen sind Bitcoin, Ethereum, Litecoin, Monero, Dash und Ripple. Am einfachsten können Sie über Plattformen wie Coinbase.com oder Bittrex.com mit ihnen handeln und Ihr eigenes Konto dafür einrichten.

Spekulanten sollten sich aber vor Augen halten, dass die Investition in und die Verwendung von Kryptowährungen mit Risiken verbunden sind. So kam es immer wieder mal zu Aktivitäten mit betrügerischem Hintergrund oder die Sicherheit der Plattformen ließ zu wünschen übrig.

Auch Kryptowährungen sind nicht vor Diebstahl sicher und der Eigentümer bleibt auf diesem Verlust sitzen. Weitere Investitionsmöglichkeiten sind das sogenannte Mining (das Aufwenden möglichst hoher Rechenleistungen, um größere Chancen zu haben, von Neuemissionen zu profitieren) oder die Beteiligung an einer Initial Coin Offering (ICO), also der Einführung einer neuen Kryptowährung.

Wie bei allen trendorientierten Investitionen stehen auch Kapitalanlagen in Kryptowährungen für potenziell höhere Renditen, aber auch Verluste. Der Markt ist erheblich volatil, was auch gute Handelschancen bietet. Es gab auf diesem Markt bereits eine große Nachfrage.

Eines steht fest, Kryptowährungen besitzen nach wie vor langfristiges Anlagepotenzial.

 Nähere Information über Kryptowährungen finden Sie auf unserer Website www.5DayWeekend.com (nur in englischer Sprache verfügbar).
Passwort: P12

Abschließende Zusammenfassung

Zu guter Letzt möchte ich Ihnen erneut raten, dass Sie sämtliche Gewinne aus trendorientierten Kapitalanlagen in Cashflow-optimierte, wachstumsorientierte Investitionen stecken, um kontinuierlich Cashflow zu generieren. Angenommen, Sie stoßen mit einer trendorientierten Investition auf Gold oder finden das Einhorn unter den Tech-Start-ups, das auf 1 Milliarde US-Dollar geschätzt wird, dann sollten Sie sich anders verhalten als der gemeine Lottogewinner, der sein ganzes Geld in kürzester Zeit verprasst.

Begleichen Sie sämtliche Verbindlichkeiten über Ihre solide Basis an Kapitalanlagen, die Cashflow generieren. Diese Kapitalanlagen füllen Ihr Bankkonto wieder und wieder auf. Hüten Sie sich davor, Ihr angesammeltes Vermögen nach und nach auszugeben, sondern reinvestieren Sie Ihre Gewinne, um Ihr Kapital und Ihren Cashflow weiter wachsen zu lassen.

> »Wer nichts riskiert, riskiert alles.«

KAPITEL 20

WESHALB KONVENTIONELLE KAPITALANLAGEN SCHEITERN

Mit einer konventionellen Denkweise und konventionellen Investitionen können Sie keinen Blumentopf gewinnen – und Sie müssen sich von Ihrem Traum eines 5-Tage-Wochenendes verabschieden. Schließlich sind diese Kapitalanlagen auf das übliche Schema ausgelegt, nämlich 30 Jahre und mehr sparen und dann in Rente gehen, und das steht in eklatantem Widerspruch zum 5-Tage-Wochenende. 5-Tage-Wochenendler gehen von absolut gegenteiligen Voraussetzungen aus. Unser Ziel lautet ja, Investitionsmöglichkeiten aufzuspüren, die sofort passiven Cashflow generieren und nicht erst in 30 Jahren. Wir wollen unser finanzielles Schicksal in die eigene Hand nehmen.

Weshalb konventionelle Kapitalanlagen Sie nicht weiterbringen

Mit auf ein 5-Tage-Wochenende zugeschneiderten Investitionen gelingt es:	Mit konventionellen Investitionen:
• eine finanzielle Basis zu schaffen, mit der Sie liquide sind	• sparen Sie Ihr Leben lang
• schnell passiven Cashflow zu generieren	• investieren Sie in Aktien, Investmentfonds und Alterssparpläne
• Investitionen zu steuern	• sind Sie auf den fachlichen Rat anderer und langfristige Entwicklungen auf dem Aktienmarkt angewiesen
• sich unternehmerisch und/oder selbstständig zu betätigen	• arbeiten Sie Ihr Leben lang als Angestellter
• in wenigen Jahren finanziell unabhängig zu sein	• sind Sie frühestens nach 40 Jahren finanziell unabhängig

Gerne zeige ich Ihnen auf, weshalb konventionelle Anlagen nicht geeignet sind, Ihnen Ihr 5-Tage-Wochenende zu ermöglichen:

Kein sofortiger Cashflow

Kapitalanlagen für den Privatanleger, die zum Standardrepertoire eines jeden Finanzmaklers zählen dürften, laufen unter dem Motto »abschließen und vergessen«. Man möchte, dass Sie Monat für Monat Geld in etwas stecken, von dem Sie im Grunde keine Ahnung haben, und dann lassen Sie es jahrzehntelang reifen, bevor Sie sich wieder damit befassen. Mit Glück hat es sich dann vermehrt, sodass Sie mehr rausholen, als Sie hineingesteckt haben. Und mit diesem Geld finanzieren Sie zumindest teilweise Ihren Ruhestand.

Finanzinstitute und Versicherungsgesellschaften wollen Ihr Geld. Und zwar regelmäßig und geordnet und so lange wie möglich. Wollen Sie dann früher als ausgemacht an Ihr Geld, winken Strafzahlungen oder herbe Verluste. Aufgemerkt: Generiert eine Investition nicht unmittelbaren Cashflow, profitiert davon am meisten der Anbieter.

Wie Sie ja wissen, gibt es viel bessere Kapitalanlagen, die sofort Cashflow generieren, sodass Sie sie Ihrem 5-Tage-Wochenende jeden Tag ein kleines Stückchen näherbringen.

Keine Kontrolle

In einem Beitrag des US-amerikanischen Nachrichtenmagazins *60 Minutes,* in dem es um die Altersvorsorge der US-amerikanischen Bürger ging, die sogenannten 401(k)s[23], wurde die Frage gestellt: »Bei welchem Rentensparplan verlieren die Anleger kurz vor ihrem Eintritt in den Ruhestand 30 bis 50 Prozent ihrer gesamten Ersparnisse?«

Gute Frage. Die richtige Antwort lautet: 401(k)s. Anders als bei anderen Anlageformen, die vor Verlusten geschützt sind, stehen und fallen 401(k)s mit den Börsenkursen, auf die keiner der Anleger Einfluss hat. Möchten Sie Ihr ganzes Leben lang zittern, ob der Markt auf Ihrer Seite steht oder nicht?

Die amerikanische Altersvorsorge ist jedoch nur ein Beispiel für zahlreiche Kapitalanlagen, über die Sie kaum oder gar keine Kontrolle haben. Können Sie zum Beispiel wirklich beeinflussen, wie ein bestimmter Investmentfonds abschneidet? Von jeder Kapitalanlage oder Investition, die Sie nicht in die Lage versetzt, etwas zur Wertschöpfung beitragen und unmittelbaren Einfluss ausüben zu können, sollten Sie besser die Finger lassen.

Schlecht im Rechnen

Finanzberater und andere Finanzexperten sind dafür bekannt, ihre Produkte über rein hypothetische Szenarien an den Mann und die Frau zu bringen. Dazu Schriftsteller Richard Paul Evans: »Angenommen, Sie legen 100 US-Dollar monatlich zur Seite, dann besitzen Sie in 40 Jahren (auf der Basis der durchschnittlichen Aktienrendite der 500 größten Aktiengesellschaften Amerikas) etwa 700 000 US-Dollar!«[24]

Klingt fantastisch, oder? Doch leider geht diese Rechnung wie so viele andere Anlageformen von einer völlig falschen Annahme aus: Denn dann müsste die Rendite jahrein, jahraus bei 10,2 Prozent liegen. Aber so funktioniert der Markt nun mal nicht. Die Aktienkurse steigen, fallen, steigen und so weiter. Eine durchschnittliche Rendite von 10,2 Prozent ist etwas ganz anderes als eine stetige Rendite von 10,2 Prozent.

Mangelnde Liquidität

Angenommen, Sie wollen auf Ihr Geld, das in einer privaten Altersvorsorge steckt, noch vor Eintritt des Rentenalters zugreifen. Dann drohen heftige Strafzahlungen bzw. es werden nicht die gesamten eingezahlten Beträge ausbezahlt. Das bedeutet, Sie können Ihr Geld ohne Riesenaufwand und/oder herbe finanzielle Einbußen weder ausgeben noch anlegen, um Ihr Leben im wahrsten Sinn des Wortes zu bereichern.

Doch bei dieser Art der Kapitalanlage gibt es noch ein weiteres Problem: Geld, das praktisch 30 Jahre sich selbst überlassen wird, um sich redlich zu vermehren, ist totes Kapital. Es gibt keinen Cashflow, der sich gewinnbringend einsetzen ließe. Stattdessen liegt es 30 Jahre herum, und Sie müssen tatenlos zusehen, wie tolle Chancen an Ihnen vorbeiziehen. Was wäre, wenn Ihnen eine Immobilie angeboten wird, an der Sie in nur einem Monat 30 000 Euro verdienen könnten, aber nicht zuschlagen können, weil Ihr ganzes Geld in Ihrem Alterssparplan steckt? Eben!

Steuerliche Aspekte

Jeder, der Ihnen einen Alterssparplan verkaufen möchte, wird nicht müde, die steuerlichen Vorteile einer solchen Kapitalanlage zu betonen. Das gilt in den USA wie auch in Deutschland. Aber bei den meisten dieser Anlageformen verschiebt sich lediglich der Zeitpunkt, wann die Steuern bezahlt werden müssen, nach hinten. In den Vereinigten Staaten sind die Steuersätze so niedrig wie selten zuvor – es gab Zeiten, da lagen die Grenzsteuersätze bei 50, 60 oder gar 90 Prozent. Doch angesichts der US-amerikanischen Staatsverschuldung werden die Steuersätze garantiert noch angehoben. Sie zahlen schon heute ungern Steuern? Und wieso sollte sich das in Zukunft ändern?

Die Ironie daran ist, dass Otto Normalverbraucher in den USA davon ausgeht, dass er mit seinem Rentensparplan erhebliche Renditen einfährt und zugleich annimmt, dass er im Ruhestand einer niedrigeren Steuerklasse angehört. Doch wer auch nur ansatzweise Karriere gemacht hat, sollte dann eigentlich in einer höheren Steuerklasse sein. Doch die meisten Finanzberater gehen vom Gegenteil aus. Noch schlimmer ist, dass die jetzt schon hohen Steuerklassen eine noch höhere Steuerlast bedeuten, wenn diese Menschen in Rente gehen. Das kann einem schon Angst machen!

Wenn das Geld aus der Altersvorsorge dann endlich ausbezahlt wird und man sein Leben genießen oder zumindest davon leben sollte, zögern viele Ruheständler, das Geld zu investieren, da sie Angst vor untragbaren steuerlichen Konsequenzen haben.

Bei anderen konventionellen Investitionen wie Investmentfonds gibt es überhaupt keine Steuervorteile; sämtliche Gewinne müssen versteuert werden. Die ausgeklügelteren Kapitalanlagen, auf die ich setze, versetzen mich in die Lage, in den USA geltende Finanzgesetze für mich zu nutzen und Steuerlasten auf unbestimmte Zeit zu verlegen oder mein Kapital steuerbefreit zu vermehren *und* steuerfreie Entnahmen zu genießen.

Streuung versus Fokus
Streuung wird als die Strategie zur Minimierung von Risiken angepriesen. Es klingt einfach: Man soll sein Geld in möglichst unterschiedliche Anlagen stecken, denn mit manchen fällt man auf die Nase, mit anderen verdient man sich eine goldene. Mit etwas Glück kommt man mit Gewinn aus der Sache raus. In meinen Augen ist das größte Risiko jedoch Unwissenheit – und Streuung ist per se ein Eingeständnis dieser Unwissenheit. Wir streuen, weil wir nicht wissen, was funktioniert, weil wir kaum oder keine Kontrolle über unsere Investitionen haben und weil wir nicht wissen, wie wir zur Wertschöpfung beitragen können. Doch das hat nichts mit kluger Investition zu tun, das nennt sich Zocken.

> Der einzig sinnvolle Weg zu investieren ist mit Fokus.

Streuung ist nichts anderes, als dem »Investor« zu bedeuten, dass er sich den Kopf nicht zu zerbrechen braucht; er braucht nur sein Geld herauszurücken, alles Weitere ergibt sich dann von selbst. In meinen Augen ist das eine Philosophie für die Unwissenden. Und die Ironie daran ist, dass die Institutionen, die uns das glauben machen wollen, damit ihr eigenes Risiko reduzieren: Denn je höher unser Risiko, umso geringer das ihre.

Machen Sie sich schlau, was Sie kaufen oder abschließen. Erkundigen Sie sich, wie Sie zur Wertschöpfung beitragen können. Kontrollieren Sie die Entwicklung Ihrer Investitionen. Wissen ist Macht – und sorgt für Gewinn.

Wenn Sie sich an die aufeinander aufbauenden Schritte für die Realisierung Ihres 5-Tage-Wochenendes halten, hat sich das mit der Streuung eh erledigt. Anleger streuen dann, wenn sie es versäumt haben, eine solide finanzielle Grundlage aufzubauen. Deshalb lautet mein Rat: Bringen Sie als Erstes Ihre Finanzen in Ordnung. Kümmern Sie sich um möglichen Schutz Ihrer Kapitalanlagen, schaffen Sie Liquidität, eröffnen Sie Ihr Vermögensaufbaukonto und versuchen Sie sich als Unternehmer. Und erst dann konzentrieren Sie sich auf wachstumsorientierte Anlagen. Trendorientierte Investitionen kommen erst viel später ins Spiel.

Die üblichen gestreuten Kapitalanlagen sind an sich spekulativer Art, soll heißen, es gibt keine Garantie, dass sie sich für Sie auszahlen. Wenn Sie den Finanztipps einschlägiger Magazine, sogenannter Finanzexperten und anderer Schlaumeier folgen und Ihre Kapitalanlagen möglichst breit streuen, *erhöhen* Sie Ihr Risiko, statt es zu verringern. Sie halten sich dann nämlich nicht an die Reihenfolge, die es aber einzuhalten gilt. Sie fangen an zu spekulieren, bevor Sie die Grundlage dafür geschaffen haben.

Kein Schutz vor der Inflation
Inflation ist nichts anderes als eine Geldentwertung, zu der es kommt, wenn zum Beispiel die US-Notenbank immer mehr Geld in Umlauf bringt. Im Durchschnitt liegt die Inflationsrate bei 3 Prozent, was bedeutet, dass jeder Euro, den man verdient, immer weiter an Wert verliert.

Konventionelle Kapitalanlagen bieten in der Regel keinen Schutz davor. Selbst wenn ein Investmentfonds in einem Jahr einen Gewinn von 10 Prozent abwirft, muss dieser Gewinn versteuert werden, und die Inflation tut ihr Übriges. Und was ist dann noch von dem Gewinn übrig?

Doch was lässt sich dagegen tun? Nun, bei Mieteigentum können Sie als Ausgleich die Miete erhöhen. Und diese Entscheidung liegt ganz in Ihrer Hand. Sie brauchen also nicht darauf zu hoffen, dass der Markt Ihnen einträgliche Ergebnisse beschert und der inflationsbedingte Verlust ausgeglichen wird.

Eine weitere Möglichkeit, sich davor zu schützen, ist das eigene Unternehmen. Steigt die Inflation, können Sie die Preise für Ihre Produkte und/oder Dienstleistungen erhöhen und somit die Inflation kompensieren.

Inflation ist eine Kennzahl, die angibt, wie gut oder schlecht es um die Wirtschaft eines Landes bestellt ist. Fakt ist, dass Regierungen die entsprechenden Daten manipulieren oder schönreden und das wahre Ausmaß der Inflation systematisch kleinreden. In den USA ebenso wie in Deutschland liegt der von der Regierung erstellte Verbraucherpreisindex seit über zehn Jahren im unteren einstelligen Bereich. Doch die realen Wirtschaftsdaten vermitteln ein völlig anderes Bild. Die Geldentwertung, höhere Steuern, gestiegene Studiengebühren, steigende Immobilienpreise, höhere Mieten und Lebenshaltungskosten und exorbitante Krankenversicherungskosten legen den Schluss nahe, dass die Inflationsrate in den USA bei 7 Prozent jährlich liegt.

Inflation, die unsichtbare Killerin, ist nichts Greifbares. Dieses unersättliche Raubtier ist Tag und Nacht auf Beutezug unterwegs und tötet die Kaufkraft eines jeden schwer verdienten Dollar oder Euro nach Steuern. Zwar bleibt Ihr Kontostand gleich hoch, aber die Kaufkraft Ihres Guthabens schwindet mit jedem einzelnen Tag. Inflation ist eine gefährliche Sache. Fakt ist, dass ein US-Dollar aus dem Jahr 1913 heute nur noch 0,03 US-Dollar wert ist. Nach der Umstellung vom Goldstandard auf das jetzige Papiergeldsystem besitzt ein Sparguthaben, das 1971 100 000 US-Dollar wert war, heute eine Kaufkraft von nur noch 16 667 US-Dollar.

Doch neben der Inflation gibt es noch andere Dinge, die Ihre Kaufkraft aushöhlen:

- Geplante Obsoleszenz: Die vom Hersteller konzeptionell vorgesehene künstliche Verkürzung der Produktlebensdauer, sodass Produkte vorzeitig unbrauchbar werden und ersetzt werden müssen.

- Technologischer Fortschritt: zukünftige Käufe von Produkten, die es heute noch gar nicht gibt.

Als Daumenregel sollten Sie dafür Sorge tragen, dass Sie eine jährliche Rendite von mindestens 7 Prozent erwirtschaften, um der Inflation etwas entgegensetzen zu können. Alles darunter bedeutet eine Entwicklung in die falsche Richtung. Und das ist genau der Grund, weshalb die US-amerikanische Mittelschicht wirtschaftlich gesehen ausgemerzt wurde.

(Machen Sie sich klar, dass die meisten Finanzberater die Inflationsrate in ihren Berechnungen außen vor lassen.)

Die besten Investitionen

Die Investitionen, zu denen ich rate, unterscheiden sich erheblich von denen, die im Fernsehen empfohlen werden und die alle nur darauf abzielen, Menschen von ihrem Geld zu trennen.

Sie trauen den sogenannten Finanzexperten über den Weg? Damit machen Sie Ihre Chance auf ein 5-Tage-Wochenende ein für alle Mal zunichte. Private Kapitalanlagen haben unglaublich hohe Ausfallquoten.

> Die meisten Menschen sind in finanzieller Hinsicht Opfer einer Gehirnwäsche, denn sie folgen blindlings den »Finanzgurus«, die entweder Tipps geben, wie man in kurzer Zeit reich wird, oder Produkte an den Mann bringen wollen, die ihre Kunden ganz langsam reich werden lassen.

Ich will auf keinen Fall, dass Sie Ihr sauer verdientes Geld irgendwelchen Finanzinstitutionen in den Rachen werfen und dann darauf hoffen, dass sich alles zum Guten entwickelt, weil Sie im Grunde keine Ahnung haben, was dort mit Ihrem Geld geschieht. Ich will unter keinen Umständen, dass Sie vom Markt abhängig sind, um ein Leben ganz nach Ihrem Geschmack führen zu können. Ich möchte, dass Sie Ihr Schicksal in die eigene Hand nehmen. Ich möchte, dass Sie in fünf bis zehn Jahren – und nicht erst in dreißig oder vierzig – finanziell unabhängig sind.

Und damit das auch eintritt, müssen Sie es sich angewöhnen, wie die Reichen zu denken, und zwar über das übliche »Kaufen, Halten, Beten« hinaus! Mit der Anhäufungstheorie (Geld über Steuersparmodelle anlegen und vermehren) werden Sie niemals in den Genuss eines 5-Tage-Wochenendes kommen. Vergessen Sie, was Sie über Kapitalanlagen zu wissen glauben, und denken Sie ernsthaft über Cashflow-generierende Alternativen nach. Cashflow ist das Lösungswort auf Ihrem Weg in die finanzielle Unabhängigkeit.

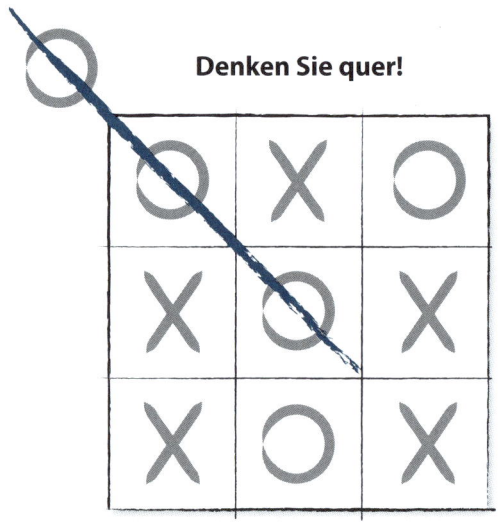

Denken Sie quer!

> »Der gefährlichste Satz einer Sprache ist:
> Das haben wir schon immer so gemacht.«
> GRACE HOPPER

KAPITEL 21

JAHRESZEITLICH INVESTIEREN

Bauern wissen, dass ihre Arbeit durch die Jahreszeit geprägt wird. Im Frühling wird das Feld bepflanzt, im Sommer wird es bestellt, im Herbst wird geerntet, und im Winter liegt es brach.

Auch Ökonomen sind mit Jahreszeiten und Zyklen vertraut. Bei der Konjunktur gibt es ein natürliches, messbares und vorhersehbares Auf und Ab. Die meisten Zyklen sind von menschlichen Gefühlen gekennzeichnet – hauptsächlich von Angst, Gier und Unschlüssigkeit. Wenn Sie sich mit diesen Zyklen auskennen, können Sie sich mit größerer Zuversicht und Klarheit um Ihre Investitionen kümmern. Denn dann kriegen Sie Ihre eigenen Emotionen in den Griff und können genau das Gegenteil von dem machen, was gefühlsgesteuerte Anleger tun.

Seit über 20 Jahren wende ich eine bestimmte Methode für die Messung der Wirtschaftsleistung an und kann damit alle Konjunkturzyklen akkurat vorherbestimmen. Ich vergleiche die Konjunkturzyklen mit den vier Jahreszeiten und weise ihnen eine »ökonomische Uhr« zu – mit 12 Stunden, von 1:00 bis 12:00. Mit dem so gewonnenen Wissen bestimme ich die ökonomische »Temperatur« und lege fest, welche Kapitalanlage für welche Jahreszeit optimal geeignet ist.

Bitte sehen Sie sich einmal diese Abbildung an:

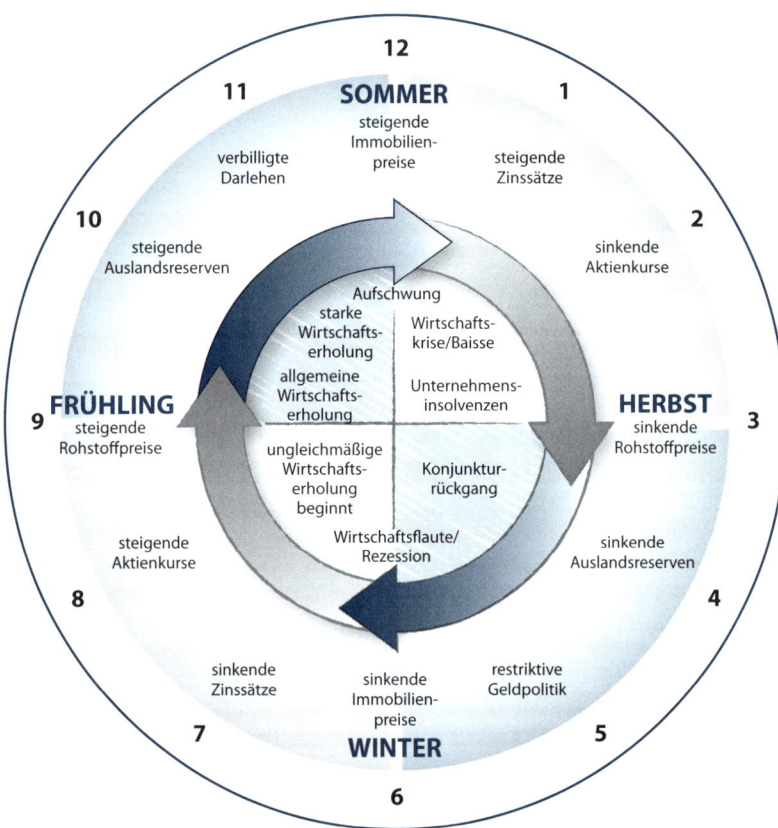

Wir wollen mal mit 12:00 Uhr anfangen, der wirtschaftlichen Hochsaison im Sommer. Es ist brütend heiß. Die Wirtschaft boomt, die (Kauf-)Laune von Otto Normalverbraucher ist sehr gut. Die Ökonomie wird mit Geld überschwemmt, die Tage sind länger. Die Inflation läuft sich warm, der Markt ist ebenso auf dem Höhepunkt wie die Wirtschaft.

Um 3:00 Uhr wird es Herbst, also die Jahreszeit, in der wir uns auf den kommenden Winter vorbereiten und die Temperaturen beträchtlich sinken. Ebenso wie die Blätter von den Bäumen fallen, fallen auch die Aktien- und Rohstoffpreise sowie die Auslandsreserven.

Geld wird knapp, da auch die Geldpolitik anzieht.

Um 6:00 Uhr ist Winter für die Wirtschaft, die kälteste Jahreszeit. Das Vertrauen in die Wirtschaft schwindet, die Investoren befinden sich im Winterschlaf am Spielfeldrand und warten auf den wirtschaftlichen Aufschwung. Im Winter ist die Rezession am stärksten. In dieser ökonomischen Durststrecke kommt es zu den meisten Zwangsversteigerungen und Firmenpleiten des Jahres. Als sich die Aufregung nach der Finanzkrise 2008 langsam wieder legte, hatten sich 5 Billionen US-Dollar, die in Pensionskassen, Immobilien, Rentensparplänen sowie Anleihen und Schuldverschreibungen steckten, in Luft aufgelöst. Acht Millionen US-Bürger verloren ihren Job, sechs Millionen ihr Zuhause.

Um 9:00 Uhr beginnt der Frühling. Die Preise steigen, und die Weltwirtschaft beginnt sich zu erholen. Der Frühling ist sozusagen die Brutzeit des Verbrauchervertrauens, die Zeit geldpolitischer Lockerungen. Das Frühjahr ist auch die Zeit, in der das vom Winter noch vorhandene Überangebot an Immobilien, wenn viele Bauträger darauf sitzen blieben, vom Markt verschwindet.

Ein kompletter ökonomischer Zyklus von 12:00 bis 12:00 Uhr (Sommer bis Sommer) entspricht in etwa einem Zeitraum von acht bis elf Jahren, der Zyklus vom Aufschwung zum Abschwung – von 12:00 Uhr im Sommer bis 6:00 Uhr im Winter – entspricht etwa drei bis vier Jahren. Und noch etwas zum Thema Emotionen: Die Angst davor, Geld zu verlieren, ist größer als die Gier, Geld zu machen. Genau das ist der Grund, weshalb die Märkte wie eine Rolltreppe nach unten fahren, es in weiten Kreisen zu Panik und letzten Endes zu Panikverkäufen kommt.

Achten Sie auf diese Anzeichen!

Die folgende Übersicht veranschaulicht verschiedene Indikatoren, die zu unterschiedlichen Zeiten auf der ökonomischen Uhr auftreten und auf die Sie achten sollten:

- **12:00–3:00 Uhr:** Die Immobilienpreise sinken. Die Konjunktur lahmt.
- **5:00 Uhr:** Die Anzahl der Zwangsversteigerungen und Insolvenzen kleiner Unternehmen steigt.
- **3:00–6:00 Uhr:** Arbeitslosigkeit, Abkühlung der Weltwirtschaft und Rezession.
- **4:00–6:00 Uhr:** Aktien gelangen in einen Baissemarkt. Guter Zeitpunkt zu bauen. Mieteinnahmen steigen.
- **6:00 Uhr:** Tiefe Rezession.
- **6:00–9:00 Uhr:** Wirtschaft erholt sich allmählich.
- **7:00 Uhr:** Banken und Kreditgeber setzen Liquidität frei. Ausbau von Bankgeschäften.
- **10:00 Uhr:** Vermehrte Aktivität der Baubranche. Erschließung unbebauter Grundstücke.
- **11:00 Uhr:** Verbilligte Darlehen, einfacherer Zugang zu Geld.
- **9:00–12:00 Uhr:** Die Wirtschaft boomt.

Uhrzeit	Wirtschaftliche Lage	Wirtschaftliches Ergebnis
1:00	steigende Zinssätze	stetiges Wachstum und stetige Inflation
2:00	sinkende Aktienkurse	sinkende Gewinne und gedämpftes Vertrauen
3:00	sinkende Rohstoffpreise	schwächelnde Baubranche
4:00	sinkende Auslandsreserven	Liquiditätsaustausch zwischen den Zentralbanken

Uhrzeit	Wirtschaftliche Lage	Wirtschaftliches Ergebnis
5:00	restriktive Geldpolitik	Kredite werden nicht mehr so großzügig gewährt
6:00	sinkende Immobilienpreise	sinkende Nachfrage nach Immobilien und Rezession
7:00	sinkende Zinssätze	Konjunkturprogramm
8:00	steigende Aktienkurse	höhere Gewinne und größere Zuversicht
9:00	steigende Rohstoffpreise	Baubranche zieht an
10:00	steigende Auslandsreserven	Liquiditätsaustausch zwischen den Zentralbanken
11:00	verbilligte Darlehen	Kredite werden einfacher
12:00	steigende Immobilienpreise	Aufschwung am größten

Was treibt die Wirtschaft und ihre Zyklen an?

Seit ich mich als Teenager zum ersten Mal als Investor betätigt habe, beschäftigt mich die Frage, wie menschliches Verhalten, ökonomische Emotionen und Wirtschaftszyklen zusammenhängen. Ich bin zu der Überzeugung gelangt, dass bestimmte Gefühle wie Katalysatoren und Triebkraft wirken und die ökonomische Landschaft von Angebot und Nachfrage, Wirtschaftsaufschwung und -abschwung verändern. Die Rede ist hauptsächlich von den drei Emotionen Gier, Angst und Unentschlossenheit.

Achtung: Zwischen 8:00 Uhr und 1:00 Uhr lauert die Gier!
Die Zeit zwischen 8:00 Uhr und 1:00 Uhr auf der ökonomischen Uhr ist vor allem durch die menschliche Gier geprägt. Der Bankensektor ist nur allzu bereit, Darlehen zu vergeben, da sich die Geldpolitik lockert und die Wirtschaft allmählich in Fahrt kommt. Die Kreditnehmer schlagen den üblichen Weg der Fremdfinanzierung ein und bekommen Darlehen fürs Eigenheim ohne einen Cent Eigenka-

pital. Ihr Schuldenberg wird höher und höher, bis er gegen 12:00 Uhr seinen Höchststand erreicht.

Für Banken, die ihre Kredite natürlich an den Mann bringen wollen, ist die Zeit zwischen 8:00 Uhr und 11:00 Uhr die schönste Zeit – ein Kinderspiel! Die Zinssätze auf dem Kapitalmarkt im Vergleich zu den Kreditzinsen, die von den Privatkunden verlangt werden, bescheren den Banken riesige Gewinne. Leider fachen spekulative Anleger gegen 12:00 Uhr das Feuer dieses Irrsinns weiter an. Die wirtschaftliche Hochstimmung flacht ab, und wie abzusehen war, müssen nun wieder aberwitzige Immobilienpreise bezahlt werden. Und gegen 3:00 platzen dann die Kredite. Die Hypothekenschuld ist höher, als das Wohneigentum wert ist. Zwangsversteigerungen sind nur mehr eine Frage der Zeit.

Achtung: Zwischen 1:00 Uhr und 6:00 Uhr lauert die Angst!
In dem Augenblick, in dem die ersten Anzeichen einer Wirtschaftskrise zu beobachten sind und sich eine Rezession abzeichnet, bestimmt

Angst das Geschehen. Mehr und mehr Unternehmen geraten in Schieflage, und auch an der Wall Street beginnt in diesem Herbst erneut das große Zittern. Die Aktienkurse fallen, mehr und mehr Aktien werden verkauft und der darauf folgende Abschwung schlägt sich dann auch auf dem Immobilienmarkt, dem nachlaufenden Indikator, nieder.

Die exzessiven Spekulationen im Sommer und der daraus resultierende Wahnsinn machen sich bemerkbar. Gegen 5:00 Uhr drehen die Banken den Geldhahn zu. Der Cashflow – der Schmierstoff des Wirtschaftsmotors – hat sich festgefressen und gegen 6:00 Uhr erreicht die Rezession ihren Tiefststand, mit sämtlichen Anzeichen wie hohe Arbeitslosenzahl, Insolvenzen und Panik.

Achtung: Zwischen 6:00 Uhr und 8:00 Uhr lauert die Unentschlossenheit!
Die Wirtschaft erholt sich nur langsam. Als Investor kann ich es kaum abwarten, bis es endlich 7:00 Uhr schlägt. Denn zu dieser Uhrzeit setzen Banken und andere Kreditgeber Liquidität frei, da sie ihre Gewinne erhöhen müssen. Die meisten Menschen lecken noch immer ihre finanziellen Wunden und verhalten sich entsprechend zögerlich und unentschlossen. Quantitative Lockerungen sind in voller Kraft, und die Zentralbanken versuchen mit mehr Geld im Umlauf die Wirtschaft anzukurbeln. Die Wall Street leitet eine Hausse ein, nimmt den konjunkturellen Aufschwung vorweg und gibt sich als Frühindikator.

Die Medien steuern den zündenden Funken bei, auf den die Verbraucher schon sehnsüchtig warten. Der Bankensektor senkt die Zinsen, um Investoren aus der Kälte ins Warme zu locken. Gegen 8:00 Uhr zieht die Kreditvergabe an, und Geld ist leicht zu beschaffen. Der wirtschaftliche Frühling beginnt sich abzuzeichnen.

Investitionstipps für jede Jahreszeit

Wenn wir den Zyklus der wirtschaftlichen Jahreszeiten verstehen, können wir vorausblicken und wissen, was als Nächstes geschieht. Und dieses Wissen versetzt uns in die Lage, geschickt investieren zu können. Deshalb gehen wir wie nachfolgend beschrieben vor:

Im ökonomischen Sommer

Im Sommer brauchen Sie so viel Cashflow wie möglich, denn der Herbst steht bereits vor der Tür. Die Wirtschaft läuft wie geschmiert, es ist viel Geld im Umlauf, Kredite werden großzügig vergeben, und die Unternehmen setzen Speck an. Der Konsum erreicht seinen Höchststand, die Verbraucher schlagen wahllos zu. Doch ein kluger Bauer baut vor und lagert sein Heu für den nächsten Winter im Schuppen ein. Und so sollten Sie es auch handhaben, denn auch die Wirtschaft ist bestimmt durch Jahreszeiten.

»Die fünf teuersten Worte auf dem Gebiet des Geldanlegens sind: Dieses Mal ist alles anders.«

Was sollte ein kluger Unternehmer jetzt tun?

Im ökonomischen Sommer sollten Sie die Sahne von Ihrem Unternehmen abschöpfen, um im Herbst genug Butter zu haben. Schnallen Sie den Gürtel enger und packen Sie die Kreditkarten weg. Sorgen Sie dafür, dass Ihr Unternehmen genug Reserven hat, um auch Durststrecken zu überleben. Warten Sie nicht ab, bis es Winter ist und tiefste Rezession herrscht, um Ihr Geschäft wieder anzukurbeln. Denn dann ist es zu spät.

Was sollte ein kluger Anleger in Immobilien jetzt tun?

Im ökonomischen Sommer lassen Sie die Finger vom Hauskauf. Sollten Sie Ihr Eigenheim jedoch verkaufen wollen, ist jetzt die beste Zeit dafür. Der Markt gehört den Verkäufern! Die ökonomische Party nähert sich unerbittlich ihrem Ende. An allen Ecken und Enden wird munter spekuliert; im Immobilienmarkt bricht der Wahnsinn aus. Grundstücke und Häuser gehen auf Auktionen weg wie warme Semmeln, und man ist sich einig, dass die Dinge außer Kontrolle geraten. Die Nachfrage übersteigt bei Weitem das Angebot. Die Banken sind nervös und erhöhen die Zinsen, um den Markt abzukühlen. Bei den Spekulanten sind zu 100 Prozent fremdfinanzierte Immobilien oder Häuser schwer angesagt, die ohne Anzahlung gekauft werden.

Sind Sie zu Hochzeiten oder Geburtstagsfeiern eingeladen und die Gäste kennen kein anderes Thema als Kapitalanlagen – dann laufen

Sie so schnell Sie können davon! Sie wissen ja, die Party ist eigentlich schon vorbei, und die ökonomische Uhr hat erst 1:00 Uhr geschlagen. Erzählt Ihnen der Taxifahrer auf dem Weg zum Flughafen, in was Sie seiner Meinung nach unbedingt investieren sollten, wissen Sie, dass es 2:00 Uhr ist. Gehen Sie in der Zeit Freunden aus dem Weg, die viele Anlagetipps für Sie parat haben, aber chronisch pleite sind. Und dann gibt es noch diejenigen, die andere kritisieren, um von ihren eigenen Ängsten und mangelndem Erfolg abzulenken.

Im ökonomischen Winter
Die Wirtschaft liegt brach, viele Weltwirtschaften bluten. Die Banken sind sehr skeptisch, was die Fähigkeit der Verbraucher anbelangt, ihre im spekulativen Sommer angehäuften Schuldenberge abzutragen. Die Kauflaune ist auf dem Tiefpunkt angekommen, es herrscht eine hohe Arbeitslosigkeit. Die Schere zwischen Armen und Reichen klafft immer weiter auseinander. Auf den Märkten greift das Überangebot um sich. Kluge Köpfchen wissen diese Chancen für sich zu nutzen. Schnäppchenjäger machen jetzt große Beute.

Was sollte ein kluger Unternehmer jetzt tun?
Im Winter planen Sie den Sommer. Sie sollten Ihren Mitbewerbern zwischen Herbst (3:00 Uhr) und Winter (6:00 Uhr) alles wegschnappen, was Sie in die Finger kriegen können. Gut, Sie interessieren sich möglicherweise nicht für deren Produkte, aber für ihre Kunden und Datenbanken. Die Unternehmen, die Sie im Winter aufkaufen, haben es im Sommer versäumt, ihren Wintervorrat anzulegen, sprich ausreichend Cashflow zu generieren. Und deshalb haben sie den ökonomischen Winter nicht überlebt.

Im Winter zeigt sich, ob ein Unternehmen gesund ist. Im Winter verhalten sich die Kunden anders, da sie dann weniger liquide Mittel zur Verfügung haben. Sie geben ihr Geld nur sehr zögerlich aus. Bieten Sie ihnen doch mal etwas Neues, und machen Sie Ihr bestes Angebot im Winter.

Was sollte ein kluger Anleger in Immobilien jetzt tun?

Im Winter sollten Sie so viele Immobilien kaufen wie möglich. Mit dem im Sommer generierten und aufgesparten Cashflow können Sie jetzt die besten Schnäppchen machen.

Die Versteigerungsraten sind sehr niedrig, und fast jeder hat das Gefühl, die Wirtschaft kränkelt. Es gibt viel mehr Immobilien auf dem Markt, als nachgefragt werden. Die Rezession hat ihren Tiefststand erreicht, der Markt liegt am Boden, der Markt gehört den Käufern! Baugesellschaften suchen verzweifelt, ihre Wohnungen und Häuser unters Volk zu bringen.

Und wieder gibt es Zwangsversteigerungen zuhauf, da die Häuslebesitzer nicht in der Lage sind, ihre monatliche Hypothek und Grundsteuern zu zahlen.

Nur diejenigen, die liquide sind, können bei diesem Überangebot zuschlagen und größte Schnäppchen machen. Krisenzeiten bieten immer auch Chancen.

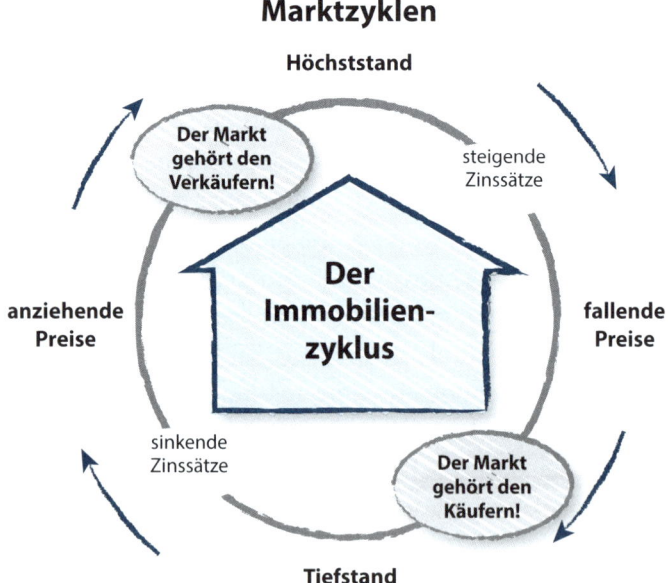

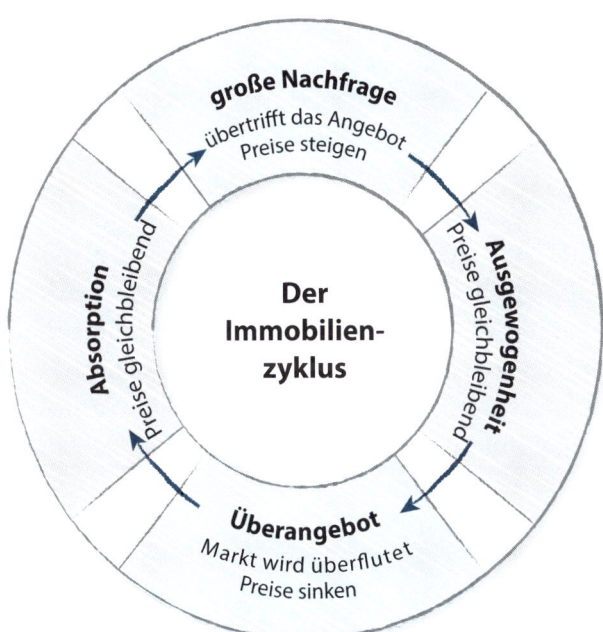

Und jetzt habe ich noch ein paar Tipps für Sie, was Sie zu bestimmten Zeiten am besten tun sollten:

- **6:30 Uhr:** Erhöhen Sie Ihren Aktienbestand.
- **9:00 Uhr:** Kaufen Sie Immobilien und stoßen Sie Anleihen ab.
- **12:00 Uhr:** Verkaufen Sie Ihre Aktien, erhöhen und sichern Sie Ihre Liquiditätsreserven.
- **3:30 Uhr:** Kaufen Sie Immobilien und Anleihen.
- **3:00–6:00 Uhr:** Kaufen Sie Unternehmen und erhöhen Sie deren Wert. Erhöhen Sie die Gewinne und legen Sie Ihren Ausstieg für 11:00 Uhr im ökonomischen Sommer fest. Verkaufen Sie die Unternehmen im spekulativen Zeitfenster des Sommers. Um 11:00 Uhr wird die Wirtschaft mit Geld überschwemmt und die Käufer sind gewillt, Unternehmen deutlich über Wert zu kaufen. Steigen Sie jetzt aus und bereiten Sie sich darauf vor, dieses Geld um 3:00 Uhr einzusetzen, wenn die Unternehmen aufgrund schlechten Managements in Schieflage geraten.

- **9:00–11:00 Uhr:** Schließen Sie Kreditverträge mit festen Zinssätzen über fünf Jahre ab, denn zwischen 12:00 Uhr und 1:00 Uhr steigen die Zinsen im Allgemeinen. Schulden Sie zuvor um, um die monatliche Belastung zu senken und somit zu profitieren.
- **11:00 Uhr:** Führen Sie Wertermittlungen für Ihre Immobilien durch und legen Sie mit Ihrer Bank die Kreditlinie fest. Der Immobilienmarkt ist um 11:00 Uhr äußerst spekulativ und läuft sich warm. Immobilienbewertungen erreichen Rekordhöhe. Nutzen Sie den hohen Wert Ihrer Immobilien im ökonomischen Sommer zu Ihren Gunsten. Schlagen Sie bei den Schnäppchen zu, die auf den Markt gelangen, und nutzen Sie die konjunkturelle Schwäche zwischen Herbst und Winter. Sichern Sie sich vorher Darlehen zu günstigen Zinsen.

> »Sehen Sie Marktschwankungen eher als Ihren Freund anstatt als Ihren Feind an; profitieren Sie von der Verrücktheit, anstatt mitzumachen.«
> Warren Buffett

Call to Action
Ihr Investitionsplan

Welche Jahreszeit ist jetzt?

Wie viel Uhr ist es jetzt?

Welcher der drei wachstumsorientierten Investitionen können Sie am wenigsten widerstehen?

Wie wollen Sie an nähere Informationen dazu kommen, und wie sieht die Umsetzung Ihres Vorhabens aus?

Gibt es jemanden in Ihrem Leben, der Ihnen sowohl bei der Recherche als auch bei der Umsetzung behilflich sein kann?
Schreiben Sie die Namen aller infrage kommenden Personen auf.

Wie wollen Sie eine Beziehung zu diesen Menschen aufbauen?

Beschreiben Sie diesen Punkt so konkret wie möglich.

Wie sieht Ihr nächster Schritt aus?

Besuchen Sie unsere Website 5DayWeekend.com, laden Sie das passende Arbeitsblatt herunter und drucken es aus (nur in englischer Sprache verfügbar). **Passwort: P13**

> »Reiche Leute sehen in jedem Dollar einen Samen, der ihnen eines Tages hundert Dollar einbringt, und daraus werden dann leicht tausend Dollar.«
> T. Harv Eker

TEIL V: DIE REISE

Fakt ist: Sie werden Ihr Ziel eines 5-Tage-Wochenendes nicht erreichen, außer Sie werden zu einer anderen Person. Auf dem Weg zu Ihrem Ziel müssen Sie sich auch mit sich selbst auseinandersetzen. Sie müssen schonungslos ehrlich zu sich selbst sein, sich blinden Flecken stellen und Ihren Schwächen ins Auge sehen und an ihnen arbeiten. Ebenso werden Sie aber auch an Ihren Stärken arbeiten und noch mehr herausholen. Anders ausgedrückt: Sie müssen vollen Einsatz zeigen!

Gut möglich, dass Sie die Reise zu einem 5-Tage-Wochenendler zu einem besseren Menschen macht. Mein Rat lautet: Setzen Sie die Tipps der nächsten vier Kapitel auf jeden Fall um, denn nur so können Sie das meiste aus Ihrem Potenzial machen.

DIE EINZELNEN KAPITEL IM ÜBERBLICK:

22. Tun Sie etwas für Ihre innere Haltung!

23. Der innere Kreis zählt

24. Die Macht der Gewohnheit

25. Wie Sie Energie tanken können

Call to Action

Die Vorbereitung Ihrer Reise

KAPITEL 22

TUN SIE ETWAS FÜR IHRE INNERE HALTUNG!

Fakt ist, Sie könnten mit Ihrer Geschäftsidee auf die Nase fallen. Sie könnten (viel) Geld damit verlieren. Und Sie könnten in den Augen anderer als Trottel dastehen.

Sie können nicht alles kontrollieren, aber Sie haben die Kontrolle über das, was am meisten zählt: Ihre Einstellung. Erfolg zu haben bedeutet, mal ganz oben, aber zwischendurch auch mal ganz unten zu sein. Und in letzterem Fall kommt es auf Ihre Einstellung an, die Sie wieder nach oben bringt, auch wenn es zunächst hoffnungslos erscheint. Damit Sie Hindernisse überwinden können, brauchen Sie die richtige Einstellung – denn sie ist die Grundvoraussetzung für Erfolg.

Was genau ist eigentlich die richtige Einstellung?

Starker Wille und Durchhaltevermögen

Die meisten Menschen glauben, sie können nur deshalb nicht aus ihrer Tretmühle ausbrechen, weil es ihnen am nötigen Wissen oder Fähigkeiten fehlt, etwas anderes zu tun. Fakt ist, dass mangelndes Wissen, Fähigkeiten oder Erfahrung durch starken Willen und Durchhaltevermögen ausgeglichen werden können.

Millionen Unternehmer haben uns das schon unzählige Male vorgemacht. Henry Ford hatte keine Ahnung, wie man ein Autoimperium aufbaut –, und doch hat er genau das getan. Chris Gardner wusste nicht, was ein Börsenhändler den lieben langen Tag tut, aber er hat sich dermaßen hineingekniet, dass seine Lebensgeschichte sogar verfilmt wurde (*Das Streben nach Glück*). Oprah Winfrey hatte noch keinerlei Erfahrung mit Medien, bis sie einen Job als Nachrichtensprecherin eines lokalen Radiosenders bekam.

> »Erfolg stellt sich nicht ein, wenn man etwas einmal macht – sondern, weil man es andauernd macht.«
> MARIE FORLEO

Erfolgreiche Menschen arbeiten sich nach oben – aber nicht, weil sie so viel wissen oder können, sondern weil sie es wollen und dran bleiben.

Glauben Sie an sich!

Der Zweifel sagt: »Ich glaube es erst, wenn ich es sehe.« Der Glaube sagt: »Ich sehe es bereits, sobald ich daran glaube.« Die meisten erfolgreichen Menschen haben eines gemein: ihren unerschütterlichen Glauben an sich selbst. Ganz gleich, mit welchen Herausforderungen sie zu kämpfen hatten und welche Rückschläge sie hinnehmen mussten, sie *wussten*, am Ende würde ihre Mühe von Erfolg gekrönt sein.

Selbstzweifel bringen mehr Träume zum Platzen als Misserfolge. Vor Ihrem Erfolg müssen Sie solche Zweifel überwunden haben und überzeugt sein, dass Sie einen Erfolg (mehr als) verdient haben und dass Sie alles haben, was es dazu braucht. Nur wenn Sie daran glauben, wird sich die Einstellung auch manifestieren. Wenn Sie Ihre inneren Werte ändern, ändern Sie dadurch auch biochemische und physiologische Prozesse. Lassen Sie zu, dass das Leben Sie herausfordert. Hören Sie auf Ihre innere Stimme. Sie wird Ihnen die Kraft geben, an sich zu glauben.

Die innere Einstellung festigen

1. Tun Sie etwas für Ihre innere Haltung.

»Verkaufen Sie sich niemals unter Wert, denn dann wird es ein anderer auch tun.«
Elaine Dundy

Viele Menschen besitzen nicht die Kraft, sich gegen die negativen Stimmen ihrer Familie, Freunde oder der Gesellschaft dauerhaft zu wehren. Das einzige Gegenmittel ist, die eigene innere Haltung selbst zu beeinflussen – durch positive, aufbauende, inspirierende und lehrreiche Inhalte. Stellen Sie sich vor, Ihr Verstand wäre ein Muskel, der stets trainiert werden muss. Bei jedem Buch, das Sie lesen, sollten Sie einen 100-Euro-Schein als Lesezeichen verwenden, um sich daran zu erinnern, dass darin viel Wissen und Geld stecken.

2. Tun Sie, was Ihnen Angst einjagt.

Die einzige Möglichkeit, seine Ängste zu überwinden, ist, sich ihnen zu stellen. Tun Sie etwas, wovor Sie sich schon immer fürchteten, und zwar so oft, bis

»Machen Sie sich bewusst, wovor Sie Angst haben, und dann tun Sie genau das!«
Susan Jeffers

Sie vor Selbstbewusstsein strotzen. Dadurch lernen Sie, sich und Ihren Fähigkeiten zu vertrauen. Lassen Sie nicht zu, dass Ihre Angst verhindert, was Sie aus Ihrem Leben machen könnten.

3. Erklären Sie Stress zu Ihrem Freund.

Stress ist nicht Ihr Feind; er ist vielmehr ein nützliches Werkzeug und Ihr Verbündeter – vorausgesetzt, Sie verstehen es, seine Kräfte zu bündeln. Immer wenn Sie es mit einem kniffligen Problem zu tun bekommen oder sich eine Frist ihrem Ablauf nähert, laufen Sie zu geistiger Höchstform auf. Stress bereitet Ihren Körper darauf vor, sich Herausforderungen zu stellen. Kämpfen Sie nicht gegen Stress an – begrüßen Sie ihn. Achten Sie einmal bewusst darauf, was er aus Ihnen herausholt und wie viel Energie er Ihnen verleiht. Aufgemerkt: Es gibt einen gewaltigen Unterschied zwischen chronischem und akutem Stress. Leiden Sie unter chronischem Stress, sollten Sie schleunigst etwas an Ihrem Leben ändern. Stehen Sie unter Dauerstress, kann das Ihre Nebennieren schädigen. Vorübergehender Stress kann Ihr bester Freund werden – aber nur, wenn Sie Ihrem Körper zwischendurch immer wieder die Ruhe geben, die er braucht.

Ihre persönlichen Grenzen – und Möglichkeiten – stecken zwischen Ihren Ohren

Diese Weisheit wurde schon so oft gesagt, dass sie leider zu einem Klischee verkommen ist. Fakt ist jedoch, dass sie wahr ist. Was immer Sie glauben, schaffen zu können oder eben nicht: Sie haben damit recht. Ihre persönlichen Grenzen werden durch Ihre Überzeugungen bestimmt. Und wenn Sie sich die richtige innere Haltung zulegen, können Sie diese Grenzen verschieben und sich nicht mehr von ihnen einschränken lassen.

> »Du hast die Macht über Deinen Geist – nicht über Geschehnisse außerhalb dessen. Erkenne das und Du wirst Stärke finden.«
> MARK AUREL

KAPITEL 23

DER INNERE KREIS ZÄHLT

Es gibt nur wenige Dinge im Leben, die sich so durchschlagend auf Ihren Erfolg auswirken wie Ihr engster Kreis – also die Menschen, mit denen Sie die meiste Zeit verbringen und an die Sie sich wenden, wenn Sie nicht weiterwissen und Rat brauchen.

Der ideale innere Kreis

1. Die richtigen Freunde schubsen Sie über Ihre Grenzen.

Die falschen Freunde lassen zu, dass Sie selbstgefällig sind. Sie wollen nichts weiter von Ihnen, außer dass Sie sie nicht aus ihrer Bequemlichkeit reißen. Sie behaupten, »Sie so zu akzeptieren, wie Sie sind«, aber das ist nicht das, was wahre Freundschaft bedeutet. Für sie steht fest, dass Ihre Mittelmäßigkeit ihre eigene rechtfertigt. Anders dagegen die richtigen Freunde: Sie sehen nicht nur, wer Sie wirklich sind, sondern auch, was Sie noch alles werden oder erreichen können.

Sie schubsen Sie liebevoll weiter in die richtige Richtung, damit Sie noch besser werden.

2. Die richtigen Freunde machen Sie verantwortlich.
Die falschen Freunde nehmen Ihre Ausreden und Rationalisierungen hin – oder setzen sogar noch eins drauf. Doch das ist alles andere als Unterstützung – Nachsicht trifft es viel besser.

> »Freunde dich mit niemandem an, mit dem es bequem ist. Such dir Freunde, die dich dazu bringen, dich weiterzuentwickeln.«
> Thomas J. Watson

Wahre Freunde sind liebevoll streng mit dir. Sie lassen nicht zu, dass du deine Ziele und Träume aufgibst. Sie nehmen dich beim Wort. Sie beharren darauf, dass du dein Bestes gibst. Und das ist die Form von Unterstützung, die wir alle von unseren engsten Freunden erhalten sollten.

3. Die richtigen Freunde haben Ziele und kommen voran.
Es ist so einfach, sich die falschen Leute herauszupicken. In ihrem Leben hat sich in den letzten zehn Jahren nichts verändert oder verbessert – sie haben in dieser Zeit nicht viel erreicht. Sie sollten sich mit Menschen umgeben, die sich stets verbessern wollen und höhere Ziele verfolgen. Sehen Sie sich doch mal an, was Ihre »Freunde« in den vergangenen zehn Jahren aus ihrem Leben gemacht haben. Wie weit sind sie gekommen? Wie viele Projekte haben sie begonnen? Wie oft sind sie damit auf die Nase gefallen? Nicht oft? Könnte das daran liegen, dass sie kaum etwas Neues ausprobiert haben?

Wie man seinen inneren Kreis aufbaut

1. Kappen Sie die Verbindung zu den Leuten, die Ihnen nicht guttun – jetzt!
Wer tut Ihnen nicht gut? In den meisten Fällen sind das die Leute, die ständig negativ denken und ihre Zweifel haben. Sie lieben Klatsch und Tratsch und stecken ihre Nase gern in die Angelegenheiten anderer. Sie verbringen ihre Zeit mit billigen Vergnügungen. Leute, die Ih-

nen nicht guttun, sind von Grund auf negativ. Sie müssen lediglich 80 Jahre abwarten, damit es offiziell wird. Ihr Leben ist viel zu kostbar, als dass Sie sich von solchen Menschen herunterziehen lassen sollten. Sollten Sie mit solchen Leuten befreundet sein, sollten Sie aufhören, Zeit mit ihnen zu verbringen. Sie haben schließlich Besseres zu tun. Schützen Sie Ihr Hirn mit einem Passwort vor solchen Leuten und lassen Sie nicht zu, dass sie Sie beeinflussen. Einer der größten Kostenfaktoren sind solche Menschen, denn sie verhindern die Ausbreitung von Wohlstand. Ein einziger solcher »Freunde« hebt zehn tolle Freundschaften auf.

2. Pflegen Sie tiefgehende Freundschaften mit einer Hand voll guten Freunden.

Knüpfen Sie Freundschaft mit Leuten, die den oben genannten Kriterien von guten Freunden entsprechen, und tun Sie alles in Ihrer Macht stehende, damit sich daraus eine enge Beziehung entwickelt.

Oft heißt es, dass der eigene Nettoverdienst nicht höher wird als der Durchschnittsverdienst der Menschen, mit denen man die meiste Zeit verbringt. Ich bin absolut überzeugt, dass dies tatsächlich der Fall ist. Am besten Sie befreunden sich mit Leuten, die erfolgreicher sind als Sie selbst und die Sie anspornen, es ihnen gleichzutun, anstatt mit Leuten, die Sie nicht aus Ihrer Wohlfühlzone herausholen. Sie brauchen Träumer und Macher in Ihrem sozialen Umfeld. Pflegen Sie den Kontakt mit ihnen, und lernen Sie von ihnen.

3. Gründen Sie eine Mastermind-Gruppe.

In seinem fantastischen Buch *Denke nach und werde reich* lehrt Autor Napoleon Hill seinen Lesern, wie wichtig die »Mastermind-Gruppe« ist, die er definiert als Zusammenschluss von Gleichgesinnten, die sich gegenseitig beim Erreichen ihrer Ziele unterstützen. Alle Teilnehmer wachsen dabei über sich hinaus, indem sie sich gegenseitig herausfordern, Ideen brainstormen und einander helfen.

4. Suchen Sie nach einem formellen Mentor.

Eine der schnellsten und einfachsten Methoden, sein finanzielles Ziel zu erreichen, ist, von denen zu lernen, die bereits dort sind, wo Sie hinwollen. Mentoren kennen den Weg, der noch vor Ihnen liegt. Sie wissen, welche Fallstricke es gibt und welche Gefahren auf Sie lauern. Sie erkennen Ihre blinden Flecken und Ihre Schwächen, aber auch Ihre Stärken. Sie sind geprägt von jeder Entscheidung, die Sie bisher getroffen haben. Sie sind ohne Mentor exakt an die Stelle gelangt, an der Sie sich jetzt befinden – egal, wie sehr Sie sich den Kopf darüber zerbrochen haben, weiter zu kommen.

Jeder, dem es mit dem 5-Tage-Wochenende ernst ist, sollte mindestens einen formellen Mentor an seiner Seite haben. Überlegen Sie gründlich, wer das in Ihrem Fall sein könnte, und wenn Sie den passenden Kandidaten gefunden haben, zögern Sie keine Sekunde, ihm einen Deal vorzuschlagen. Er muss im Gegenzug natürlich auch davon profitieren. Bei regelmäßigen Treffen bitten Sie ihn um Rat, wie Sie mit Problemen fertig werden können. Durch den Austausch gewinnen Sie stets neue Erkenntnisse. Vergeuden Sie niemals seine Zeit – und beherzigen Sie seine Tipps.

5. Sie sollten der Freund sein, den Sie selbst gerne hätten.
Letzten Endes finden Sie am ehesten die richtigen Freunde, wenn Sie selbst jemand dieses Kalibers sind. Wir ziehen nicht unbedingt die Menschen an, die wir zum Freund haben möchten. Aber hier gilt das Motto: Gleich und Gleich gesellt sich gern. Das heißt, Sie müssen selbst so sein, wie der Mensch, durch den Sie sich weiterentwickeln. Sie dürfen sich nicht auf Ihren Lorbeeren ausruhen. Schreiben Sie Ihre Ziele auf, und arbeiten Sie daran, sie zu erreichen. Überwinden Sie Ihre Ängste! Seien Sie positiv und hilfsbereit. Ziehen Sie andere nicht herunter, sondern bauen Sie sie auf. Denn dann tun Sie sich leichter damit, Ihren inneren Kreis mit den richtigen Leuten aufzubauen.

Erstellen Sie Ihr »Life Board«

Vielleicht haben Sie ja schon mal etwas von einem Vision Board (auf Deutsch: Ziel- oder Traumkollage) gehört – eine Korktafel oder eine Pappe, auf der kleine und große Ziele im Leben aufgeklebt sind. Es dürfte jedoch nur sehr wenige Menschen geben, die auch ein Life Board für sich erstellt haben – so etwas wie ein persönlicher Vorstand, der sie durchs Leben begleitet und ihnen dabei hilft, Hürden zu überwinden und Ziele zu erreichen. In so mancher Hinsicht ist diese Lebenskollage wichtiger als ein Vision Board.

Wenn Sie Ihre Zeit mit den richtigen Leuten verbringen, entwickeln Sie sich automatisch weiter. Ich empfehle Ihnen, Ihre Zeit wie jetzt beschrieben zu verbringen:

- 20 Prozent Ihrer Zeit sollten Sie Mentor für andere sein. Dadurch können sich Wissen und Kenntnisse setzen. Mir geht das Herz auf, wenn ich anderen etwas beibringen kann. In emotionaler Hinsicht profitiere ich davon am meisten.
- Verbringen Sie 30 Prozent Ihrer Zeit mit Leuten, mit denen Sie auf gleicher Wellenlänge sind.
- Etwa 50 Prozent Ihrer Zeit sollten Sie mit Menschen verbringen, die erfahrener und erfolgreicher sind und mehr wissen als Sie. Sie sollten Ihnen Jahre, um nicht zu sagen Jahrzehnte, voraus sein. Denn von diesen Menschen können Sie viel lernen, sich beruflich wie privat weiterentwickeln. Und Sie könnten von Ihnen erfahren, wie Sie ein Unternehmen aufbauen können, das Ihrem Lebensstil dient, und nicht umgekehrt.
- Wenn Sie sich auf die nächste Stufe hieven wollen, müssen Sie sich mit Leuten umgeben, die ausgemachte Experten in ihrem Gebiet sind und eine Liga höher spielen als Sie. Halten Sie sich inmitten von lauter klugen Köpfen auf, die bereit sind, ihr Wissen mit Ihnen zu teilen. Gehen Sie anders vor als die Mehrheit, die eher nach Punkt 1 und 2 lebt, Punkt 3 aber vernachlässigt, sich aber dadurch vieler Gelegenheiten beraubt, von der Erfahrung und dem Wissen anderer zu profitieren.

Beim Aufbau Ihres inneren Kreises geht es weniger darum, Ihren Freundeskreis zu erweitern, als vielmehr darum, Ihren Beziehungen mehr Tiefe zu verleihen und sie enger werden zu lassen. In dem Fall zählt Qualität wesentlich mehr als Quantität.

Ein engmaschiger, wertvoller innerer Kreis ist trotzdem keine Erfolgsgarantie. Aber ich kann Ihnen garantieren, ohne ihn werden Sie definitiv keinen Erfolg haben.

> »Zeig mir deine Freunde,
> und ich zeige dir deine Zukunft.«
> **Danny Holland**

KAPITEL 24

DIE MACHT DER GEWOHNHEIT

Gewohnheiten sind ein zweischneidiges Schwert. Mit den richtigen Gewohnheiten ist es einerseits unglaublich einfach, Fortschritte zu erzielen. Doch wehe, unser Verhalten wird nur noch durch Gewohnheiten bestimmt: Dann höhlen sie unseren freien Willen aus und verhindern, dass wir uns bestimmte Dinge bewusst machen. Deshalb ist es essenziell, dass wir darauf achten, welche Gewohnheiten wir uns zulegen.

Charles Duhigg liefert in seinem Buch *Die Macht der Gewohnheit* die wissenschaftliche Erklärung, wie Gewohnheiten entstehen, und führt aus, wie wir sie ändern können. Ziemlich mittig im Schädel sitzt eine Kerngruppe, die sogenannten Basalganglien von der Größe eines Golfballs. Ihre Aufgabe ist es, Gewohnheiten abzuspeichern, selbst wenn das restliche Gehirn am Schlafen ist. Es gilt als wissenschaftlich erwiesen, dass wiederholte Gewohnheiten dort den Rest unseres Lebens gespeichert werden. Duhigg schreibt: »Gewohnheiten, so sagen Wissenschaftler, entstehen, weil das Gehirn ständig nach Wegen sucht, sich weniger anzustrengen. Sich selbst überlassen, versucht das Gehirn, praktisch jede Routine in eine Gewohnheit zu verwandeln, weil Gewohnheiten unserem Geist erlauben, häufiger herunterzufahren. […] Dieser Prozess innerhalb unseres Gehirns ist eine dreistufige Schleife. Zunächst gibt es einen Auslösereiz, einen Auslöser, der das Gehirn auffordert, in einen automatischen Modus umzuschalten, und ihm sagt, welche Gewohnheit es aktivieren sollte. Nun greift die Routine […]. Am Schluss folgt eine Belohnung, die unserem Gehirn hilft zu entscheiden, ob es sich lohnt, sich diese konkrete Schleife für die Zukunft zu merken. Im Lauf der Zeit wird diese Schleife – Auslösereiz, Routine, Belohnung – mehr und mehr automatisiert. […] Und am Ende bildet sich eine Gewohnheit aus […].«[25] Alte Gewohnheiten lassen sich nur schwer aufgeben. Dazu erklärt Ann Graybiel, Wissenschaftlerin am MIT: »Gewohnheiten sind nie ganz weg. Sie sind tief in unserem Hirn verankert, und das ist von Vorteil für uns. Stellen Sie sich vor, wir müssten nach einer Flugreise jedes Mal neu lernen, wie man Auto fährt. Das Problem dabei ist, dass das Hirn nicht zwischen guten und schlechten Gewohnheiten unterscheiden kann. Das bedeutet, schlechte Gewohnheiten warten bloß auf den richtigen Auslöser und die richtige Belohnung.«[26]

> »Säe einen Gedanken und ernte eine Tat, säe eine Tat und ernte eine Gewohnheit, säe eine Gewohnheit und ernte einen Charakter, säe einen Charakter und ernte ein Schicksal.«
> STEPHEN R. COVEY

Ein 5-Tage-Wochenende ohne die richtigen Gewohnheiten ist ein Ding der Unmöglichkeit. Das gilt aber auch, wenn Sie sich die falschen Gewohnheiten zugelegt haben.

Was kennzeichnet gute und schlechte Gewohnheiten?

1. Gute Gewohnheiten sind eine bewusste Entscheidung.
Unbewusste Gewohnheiten entstehen, wenn wir den bequemsten und einfachsten Weg gehen wollen, was so gut wie nie gut für uns ist (zu lang schlafen, uns ungesund ernähren, zu lange fernsehen, zu viel Geld ausgeben und so weiter).

Die richtigen Gewohnheiten legen wir uns bewusst zu, und dann bleiben wir auch dabei (wir ernähren uns gesund, achten auf ausreichend Bewegung, setzen uns Ziele und planen voraus). Natürlich dauert es länger, bis wir sie uns angewöhnt haben, aber auf lange Sicht bieten sie so viele Vorteile, dass sie die Mühe wert sind.

2. Gute Gewohnheiten bringen uns unseren Zielen näher.
Positive tägliche Gewohnheiten wie das Lesen inspirierender Biografien erfolgreicher Unternehmer, das Hören informativer Podcasts und das Ansehen von Lehrvideos lassen uns optimistisch in die Zukunft blicken und erweitern unser Wissen. Sport, Meditation, ehrenamtliche Tätigkeiten und die Unterstützung von Freunden tragen zu einem erfüllten Leben bei und helfen, unsere Ziele zu erreichen.

Schlechte tägliche Gewohnheiten wie der ständige Blick auf das Smartphone oder den Monitor, seine Zeit auf Facebook und anderen sozialen Medien zu verschwenden, negative Selbstgespräche und der Einsatz einer Kreditkarte, damit wir uns besser fühlen, verhindern, dass wir uns unserem Ziel nähern.

Tun Sie mehr Positives und weniger Negatives.

3. Gute Gewohnheiten dienen der Gesundheit und dem Wohlbefinden.
Die richtigen Gewohnheiten tragen nicht nur dazu bei, seine Ziele zu erreichen, sondern wirken sich auch positiv auf die Gesundheit und das Wohlbefinden aus – ganz allgemein betrachtet. Anders ausgedrückt: Sie sind gut für Sie. Sie machen Sie klüger, gesünder, produktiver und glücklicher.

Alle Gewohnheiten, die sich schädlich auf Ihre geistige, emotionale oder körperliche Gesundheit auswirken, sollten Sie ein für alle Mal abstellen.

Wie Sie sich gute Gewohnheiten zulegen

1. Legen Sie eine morgendliche Routine fest.
Eines der wichtigsten Dinge, die Sie tun können, wenn Sie Ihr Leben ändern wollen, ist, sich eine morgendliche Routine anzugewöhnen, mit der Sie so richtig in Schwung kommen.

Stehen Sie künftig eine Stunde früher auf als sonst. Beginnen Sie Ihren Tag mit Atemübungen und Meditation. Gehen Sie in der Morgensonne spazieren. Lesen Sie ein Fachbuch oder hören Sie sich einen Podcast an. Visualisieren Sie Ihre Ziele. Arbeiten Sie an einem privaten Projekt, bei dem Sie mit Leidenschaft dabei sind. Es spielt keine Rolle, was Sie tun – solange Sie es bewusst tun, es gut für Sie ist und Sie es regelmäßig tun. Lassen Sie nicht zu, dass die digitale Welt Sie schon in Ihrer ersten wachen Stunde packt und kontrolliert. Aufgemerkt: Es genügt nicht, Ihren Plan für den Tag zu priorisieren, Sie sollten besser Ihre Prioritäten planen.

2. Schließen Sie sich einer Gruppe Gleichgesinnter an.
Da ist sich die Wissenschaft einig: Wir können eine schlechte Gewohnheit viel eher ablegen oder uns eine gute zulegen, wenn wir dabei mit der Unterstützung durch Gleichgesinnte rechnen können. Das dürfte wohl daran liegen, dass wir zunächst einmal davon überzeugt sein müssen, uns ändern zu können. In einer Gruppe wird dieser Glaube an uns selbst verstärkt.

Ihre Gruppe muss wissen, was Sie sich abgewöhnen und was Sie sich angewöhnen wollen. Halten Sie sie auf dem Laufenden, was Ihre Fortschritte (oder den Mangel an selbigen) anbelangt. Manchmal genügt es zu wissen, dass Sie anderen gegenüber Rechenschaft ablegen, und schon geben Sie Ihr Bestes.

3. Konzentrieren Sie sich auf »Schlüsselgewohnheiten«.
Schlüsselgewohnheiten sind scheinbar unbedeutende, einfache Gewohnheiten, die aber ähnlich einem Schneeball eine Lawine auslösen und sich deshalb auf jeden Aspekt Ihres Lebens auswirken können. Sport ist ein gutes Beispiel für eine solche Schlüsselgewohnheit. Es wurde wissenschaftlich bewiesen, dass Leute, die regelmäßig Sport treiben, dann auch auf ihre Ernährung achten, weniger rauchen, produktiver bei der Arbeit sind, mehr Geduld mit ihren Kollegen und ihrer Familie haben, weniger oft dem Kaufrausch frönen und sich weniger gestresst fühlen.

> »Du wirst nie dein Leben verändern, wenn du nicht etwas änderst, das du täglich tust. Das Geheimnis des Erfolgs ist die tägliche Routine.«
> JOHN C. MAXWELL

Wie wäre es, wenn Sie es einmal mit folgenden Schlüsselgewohnheiten versuchen: Nicht mehr fernsehen, für ausreichend Schlaf sorgen, keine Gedanken mehr fördern, die Sie herunterziehen, und Geld auf die hohe Kante legen. Oder Sie machen jeden Monat einen meditativen Ausflug und sind dann ein paar Tage mindestens 350 Kilometer von Ihrem Zuhause weg, damit Sie sich ganz auf sich und Ihre Vorhaben konzentrieren können.

Wie Sie die Macht der Gewohnheit für sich nutzen können

Gewohnheiten können von Vorteil, aber auch von Nachteil für Sie sein. Sie können Sie beflügeln und Ihrem Ziel näherbringen oder Sie ganz davon abhalten. Wenn Sie zulassen, dass sich Gewohnheiten unbewusst einschleichen, ist das meist nicht gut für Sie.

Entscheiden Sie ganz bewusst, welche Gewohnheiten Sie sich zulegen möchten. Und dann arbeiten Sie regelmäßig und gewissenhaft daran. Gewohnheiten sind mehr als täglich neue Entscheidungen, sie sind die Bausteine des Lebens.

> »Motivation lässt dich anfangen,
> Gewohnheit lässt dich weitermachen.«
> Jim Rohn

KAPITEL 25

WIE SIE ENERGIE TANKEN KÖNNEN

In den 1980er- und 1990er-Jahren drehte sich alles um das Zeitmanagement. Tagesplaner und andere nützliche Tools dafür gab es in Hülle und Fülle. Neue wissenschaftliche Erkenntnisse dazu lassen das Zeitmanagement jedoch beinahe schon in Vergessenheit geraten. Das neue Paradigma lautet, dass ein Energiemanagement weitaus sinnvoller ist.

Dieser revolutionäre Ansatz, Leistung in einem neuen Licht zu betrachten, findet sich in dem Buch *Die Disziplin des Erfolges: Von Spitzensportlern lernen – Energie richtig managen* von Jim Loehr und Tony Schwartz, das mein Leben verändert hat. Dort heißt es, dass die reichsten, glücklichsten und produktivsten Menschen eines gemeinsam hätten: Sie können sich einerseits voll und ganz dem Problem widmen, das sich ihnen gerade stellt, sind aber andererseits auch in der Lage, regelmäßig loszulassen und sich Ruhe und Erholung zu gönnen. Anstatt ein Leben zu führen, das an einen endlosen Marathonlauf erinnert und das die Grenzen unsere Belastbarkeit sprengt, so wie viele das tun, sollten wir lernen, unser Leben als eine Reihe von Sprints zu begreifen.

Anders ausgedrückt geht es beim 5-Tage-Wochenende nicht nur um harte Arbeit, sondern um Einsatz mit Köpfchen. Wir managen die Zeit nicht, wir verschaffen uns Zeit.

Die Kennzeichen eines effizienten Energiemanagements

1. Achten Sie auf Ihren Biorhythmus.
Der Psychophysiologe Peretz Lavie war einer der Ersten, der sich im Zuge seiner Schlafforschung mit dem Thema Energiemanagement befasste. Anhand von zahlreichen Experimenten konnte er nachweisen, dass die Energie des Menschen in einem »ultradianen« Rhythmus oder über natürliche Zyklen während des Tages bereitgestellt wird. Am Vormittag kommt es alle 90 Minuten zu einem Absacken unserer Energie, und dann noch einmal um 16.30 Uhr und um 23.30 Uhr. Dazwischen fühlen wir uns viel wacher und produktiver.

Wissenschaftler konnten nachweisen, dass wir bessere Leistungen zeigen, wenn wir unseren ultradianen Rhythmus bei der Arbeit berücksichtigen. Deshalb sollten wir lernen, uns vormittags alle 90 Minuten eine Pause zu gönnen und in der restlichen Zeit konzentriert zu arbeiten.

2. Gestatten Sie sich Ihren eigenen Rhythmus.
Im Prinzip gibt es zwar ein allgemeines Muster des ultradianen Rhythmus, aber Wissenschaftler sprechen auch davon, dass jeder Körper anders tickt. Im Gegensatz zum Zeitmanagement funktioniert das Energiemanagement am besten, wenn es an den individuellen Rhythmus angepasst wird.

> Die größten Energiequellen sind Freude am Leben und eine überzeugende Vision der Zukunft.

Der menschliche Körper ist darauf programmiert, nach seinem ureigenen Rhythmus zu funktionieren. Achten Sie einmal auf Ihren Rhythmus und nehmen Sie sich die Freiheit, sich danach zu richten. Gut möglich, dass Sie zum Beispiel zwischen 7.00 und 9.00 Uhr am kreativsten sind. Dann sollten Sie in dieser Zeit Ihr Handy und andere Geräte ausschalten, keine E-Mails oder sozialen Medien checken und sich stattdessen auf Ihre wichtigste oder dringlichste Aufgabe konzentrieren.

3. Kümmern Sie sich um Ihre vier Energiequadranten.
Es gibt vier Energiequellen oder »Quadranten«: Körper, Emotionen, Geist und Seele. Jeder Quadrant wird auf seine eigene Weise verbraucht und wieder aufgefüllt, weshalb Sie sich um jeden einzelnen kümmern müssen. Gut möglich, dass Sie gut darin sind, Ihren Körper mit neuer Energie zu versorgen, aber wenn Sie Ihre spirituelle Energie vernachlässigen, funktionieren Sie nicht so gut, wie Sie könnten.

Wie Sie über mehr Energie verfügen

1. Teilen Sie Ihre Arbeit in 90-Minuten-Blöcke auf.
Vergessen Sie die übliche Arbeitszeit von 9.00 bis 17.00 Uhr. Achten Sie stattdessen auf Ihren Biorhythmus und erledigen Sie Ihre wichtigsten Aufgaben, bei denen Sie am produktivsten sein müssen, in 90-Minuten-Blöcken. Anschließend müssen Sie Ihre leeren Energiespeicher wieder auffüllen, und zwar nicht nur auf der körperlichen, sondern auch auf der geistigen Ebene.

Während der 90-Minuten-Blöcke sollten Sie sich nicht ablenken lassen, sondern sich ganz auf Ihre Arbeit konzentrieren. Danach sollten Sie eine Pause von 25 Minuten einlegen, in der Sie spazierengehen, den Hund ausführen, einen Snack essen oder sich hinlegen. Vielleicht können Sie es ja so einrichten, dass Ihre Besprechungen bei einem Spaziergang an der frischen Luft stattfinden. Allein das Wissen, dass gleich Pause ist, kann ein Burn-out verhindern.

2. Laden Sie Ihre Energiespeicher regelmäßig auf.
Führen Sie in Ihren Alltag Rituale ein, um neue Energie für jeden Energiequadranten (Körper, Emotionen, Geist und Seele) zu tanken, zum Beispiel diese hier:

- Rituale für den Körper: regelmäßige Spaziergänge, Essen zu festgelegten Zeiten, Schlafengehen zu einer bestimmten Zeit, Sport treiben
- Ritual für die Emotionen: Humor und Lachen, anderen zeigen, wie wichtig sie Ihnen sind, Zeit mit Freunden verbringen
- Rituale für den Geist: das Handy zu bestimmten Zeiten ausschalten, lesen, Podcasts anhören, eine neue Fertigkeit erlernen
- spirituelle Rituale: Meditation, beten, die Bibel lesen

3. Sorgen Sie für optimalen Schlaf
Schlaf ist kein notwendiges Übel und auch nichts, was Sie von der Arbeit abhält. Der Körper braucht Schlaf, um sich von den Anstrengungen des Tages erholen und am nächsten Tag wieder produktiv sein zu können.

Achten Sie auf Ihren Körper, damit Sie beurteilen können, wie viel Schlaf Sie brauchen. Die Aussage »acht Stunden Schlaf täglich« sind mehr ein Anhaltspunkt, denn das Bedürfnis nach Schlaf ist von Mensch zu Mensch unterschiedlich. Ich selbst schlafe sechs Stunden täglich, lege mich aber sieben Stunden nach dem Aufwachen für 25 Minuten aufs Ohr. Dieses Schlafmuster mit zwei Phasen (sechs Stunden plus eine knappe halbe Stunde) ist für mich optimal. Wenn Sie am Nachmittag plötzlich müde werden, sollten Sie Ihre Erschöpfung nicht mit einem Kaffee oder Energydrink bekämpfen – machen Sie besser ein kurzes Nickerchen. Aufgemerkt: Wenn es schon spät am Nachmittag ist, kann sich so ein Powernap negativ auf den Schlaf in der Nacht auswirken. Doch ansonsten spricht nichts gegen ein kurzes Nickerchen am Nachmittag, denn danach fühlen Sie sich ausgeruht, und für den Rest des Tages ist die Gedächtnisleistung besser und Sie sind produktiver.

Gehen Sie zu festen Zeiten schlafen. Schalten Sie eine Stunde davor alle elektronischen Geräte aus, verzichten Sie auf Alkohol und an-

dere anregende Dinge, damit Körper und Geist herunterfahren können. Kurz vor dem Schlafen- »Schlaf ist die beste Meditation.«
Dalai Lama

gehen sollten Sie nicht mehr fernsehen, telefonieren oder sich mit Ihrem Tablet beschäftigen, da das anregend auf das Gehirn wirkt und Ihren Biorhythmus durcheinanderbringt. Dann brauchen Sie länger, um einschlafen zu können, der Schlaf wird unruhiger, und Sie wachen unausgeruht auf. Vor dem Schlafengehen sollten Sie sich fünf Minuten Zeit nehmen und sich überlegen, was am nächsten Tag alles auf dem Programm steht.

4. Bewegen Sie sich täglich.

Studien haben gezeigt, dass Sport ein wahrer Energielieferant ist. Je mehr man sich bewegt, umso mehr Energie verspürt man. Eine Studie kam zu dem Ergebnis, dass unsportliche Menschen, die über Erschöpfung klagen, ihren Energielevel um 20 Prozent erhöhen und ihre Erschöpfung zu 65 Prozent bezwingen könnten, wenn sie regelmäßig gemäßigten Sport treiben würden.[27] Andere Studien konnten nachweisen, dass Sport unsere Energiespeicher besser auffüllt als Aufputschmittel.

5. Ernähren Sie sich gesund und trinken Sie ausreichend (basisches) Wasser.

Essen ist der Treibstoff für Ihren Körper. Je hochwertiger das Essen, umso leistungsfähiger sind Sie. Verzichten Sie auf Zucker, zuckerhaltige Getränke (Limo, Cola, Eistee und so weiter) und verarbeitete Lebensmittel sowie Fertiggerichte. Essen Sie mehr Obst und Gemüse.

Basisches Wasser mit einem pH-Wert von 8,0 soll die Säuren im Körper neutralisieren und den Sauerstoffgehalt im Blut erhöhen.

Doch normales Wasser tut es auch. Die empfohlene Trinkmenge liegt bei 30 bis 60 Milliliter je Kilogramm Gewicht – täglich. Da der menschliche Körper zu etwa 60 Prozent aus Wasser besteht, trinke ich mindestens 2,5 Liter Wasser. Gleich nach dem Aufwachen trinke ich gut einen halben Liter kaltes Wasser, um meinen Körper und Geist zu beleben.

Konzentrieren Sie sich auf das Wichtigste

> Vielbeschäftigte Menschen, die eifrig bei der Arbeit sind, machen nicht das große Geld. Das ist produktiven Menschen vorbehalten, die produktiv arbeiten.

Die meisten Menschen arbeiten mindestens acht Stunden am Tag, oftmals auch zehn oder zwölf Stunden, was vor allem für Pendler gilt. Fakt ist, wir müssen gar nicht so lange arbeiten, um Großartiges zu leisten. Wie ich bereits gesagt habe, arbeiten diejenigen, die für ihre Arbeit bezahlt werden, für diejenigen, die fürs Denken bezahlt werden.

Bei dem 5-Tage-Wochenende geht es darum, seine produktive Zeit zu komprimieren und zu maximieren. Ganz gleich, was es zu erledigen gibt, wir brauchen immer genauso viel Zeit dafür, wie uns dafür zur Verfügung steht. Wenn Sie also viel Zeit für eine bestimmte Aufgabe festlegen, brauchen Sie folglich länger, als wenn Sie weniger dafür veranschlagen. Deshalb mein Rat: Steigern Sie Ihre Produktivität, indem Sie sich engere Fristen setzen.

> »Energie und Beharrlichkeit überwinden alle Dinge.«
> BENJAMIN FRANKLIN

Call to Action
Die Vorbereitung Ihrer Reise

Tun Sie etwas für Ihren Verstand!
Schreiben Sie eine Liste mit fünf Büchern oder Hörbüchern, die Sie als Nächstes lesen oder anhören möchten. Welche Podcasts oder Videokanäle können Sie dafür nutzen?

Erstellen Sie ein Vision Board.
Erstellen Sie Ihre persönliche Visionskollage, und setzen Sie dabei vor allem auf Bildsprache. Hängen Sie sie da auf, wo Sie sie jeden Tag sehen können.

Bauen Sie Ihren inneren Kreis auf.

- Schreiben Sie die Namen der fünf Menschen in Ihrem Leben auf, die Ihnen nicht guttun, die Sie herunterziehen und dafür sorgen, dass Sie sich schlecht fühlen oder gestresst sind. Wie sieht Ihr Plan aus, den Kontakt mit diesen Leuten künftig einzuschränken oder ganz abzustellen?
- Schreiben Sie die Namen der fünf Menschen in Ihrem Leben auf, die Ihnen guttun, die Sie aufbauen und das Beste aus Ihnen herausholen. Wie sieht Ihr Plan aus, den Kontakt mit diesen Leuten künftig zu vertiefen?
- Schreiben Sie die Namen der fünf Menschen in Ihrem Leben auf, die die gleichen Ziele verfolgen wie Sie. Sie sollten den Wunsch verspüren, eine Mastermind-Gruppe mit ihnen zu gründen. Wie sieht Ihr diesbezüglicher Plan aus?
- Schreiben Sie die Namen der drei Menschen in Ihrem Leben auf, die Sie gerne als Mentor hätten. Wie sieht Ihr Plan aus, sie dafür zu gewinnen?

Legen Sie Wert auf Gewohnheiten.
- Nutzen Sie die Macht der Gewohnheit für sich.
- Führen Sie eine morgendliche Routine ein – und tun Sie etwa 30 bis 60 Minuten, was immer Ihnen Spaß macht (lesen, beten, meditieren, visualisieren, Sport treiben und so weiter).

Verschaffen Sie sich mehr Energie.
- Zu welcher Tageszeit laufen Sie zur Höchstform auf?
- Welche wichtigen Dinge sollten Sie dann erledigen?
- Wie können Sie noch mehr aus diesen Stunden machen?
- Wie tanken Sie Ihre Energie wieder auf?
- Wie sieht Ihr Plan aus, diese Rituale am besten in Ihren Alltag zu integrieren?
- Wann sollten Sie wie lange schlafen gehen?
- Wie wollen Sie sich an diese Schlafenszeit halten?
- Was müssen Sie in Sachen Sport noch ändern?
- Wie können Sie Ihre Ernährung verbessern?

 Besuchen Sie unsere Website 5DayWeekend.com und laden Sie das passende Arbeitsblatt herunter und drucken es aus (nur in englischer Sprache verfügbar).
Passwort: P14

> »Man hat die Wahl,
> sein Leben entweder frei
> oder nach Schema F zu gestalten.«
> BOB PROCTOR

TEIL VI: LEBENSGESTALTUNG

NACH DER EIGENEN FASSON LEBEN

Beim 5-Tage-Wochenende geht es auch darum, den amerikanischen Traum neu zu gestalten und ihn sich vorzustellen.

Viel zu lange wurde der amerikanische Traum anhand materieller Dinge definiert. Man hatte es geschafft, wenn man diese prächtige Villa, diese Luxuslimousine, einen Swimmingpool, ein Boot und anderes Spielzeug sein Eigen nannte. Doch ein durch Konsum bestimmter Lebensstil geht in den wenigsten Fällen mit wahrer Freiheit einher. Viele Menschen sind bis über beide Ohren verschuldet und damit Sklaven ihres Spielzeugs geworden, denn sie müssen Monat für Monat ihre Kredite zurückzahlen. Menschen, die ihre vielen Verbindlichkeiten für ein Zeichen ihres Wohlstands halten, merken irgendwann, dass sie einen (zu) hohen Preis dafür zahlen.

Einen hohen Lebensstandard zu haben, ist nicht das Gleiche wie finanzielle und persönliche Freiheit zu genießen, was in meinen Augen ja unbedingt zu einem 5-Tage-Wochenende gehört. Ich spreche davon, die Freiheit zu haben, das zu tun, was man will und wann man will. Oder sich in ein Abenteuer zu stürzen und unvergessliche Erinnerungen zu schaffen. Oder jeden Augenblick seines Lebens zu genießen und sich keine Sorgen darüber machen zu müssen, wie man seine Rechnungen zahlen und seine Familie ernähren soll. Ich spreche davon, ein sinnvolles und bedeutsames Leben zu führen. Das ist zum Beispiel dann der Fall, wenn Sie sich eine Auszeit nehmen, Ihrem Alltag entfliehen und die Welt bereisen können.

Mein Rat lautet, sich den gesellschaftlichen Zwängen so gut es geht zu entziehen und sein Leben in die eigene Hand zu nehmen, anstatt immer nur der Herde hinterherzutrotten und mit den Nachbarn Schritt halten zu wollen. Aufgemerkt: Ihre Nachbarn haben es nie so schön wie Sie, wenn Sie erstmal Ihre Freiheit erlangt haben.

DIE EINZELNEN KAPITEL IM ÜBERBLICK:

26. Schluss mit dem ewig Gleichen – ein sinnvolles Leben führen

27. Schluss mit der ewigen Ja-Sagerei – schaffen Sie Auswahlmöglichkeiten

28. Schluss mit dem Anspruch, perfekt zu sein – Produktivität ist, was zählt

29. Schluss mit den ganzen Besitztümern – es geht auch einfach

30. Schluss mit Langeweile – auf ins Abenteuer

31. Schluss mit Reue – Seelenfrieden ist das Stichwort

32. Schluss mit dem Ego-Trip – für andere da sein

Call to Action

Ihr Plan für Ihr unabhängiges Leben

KAPITEL 26

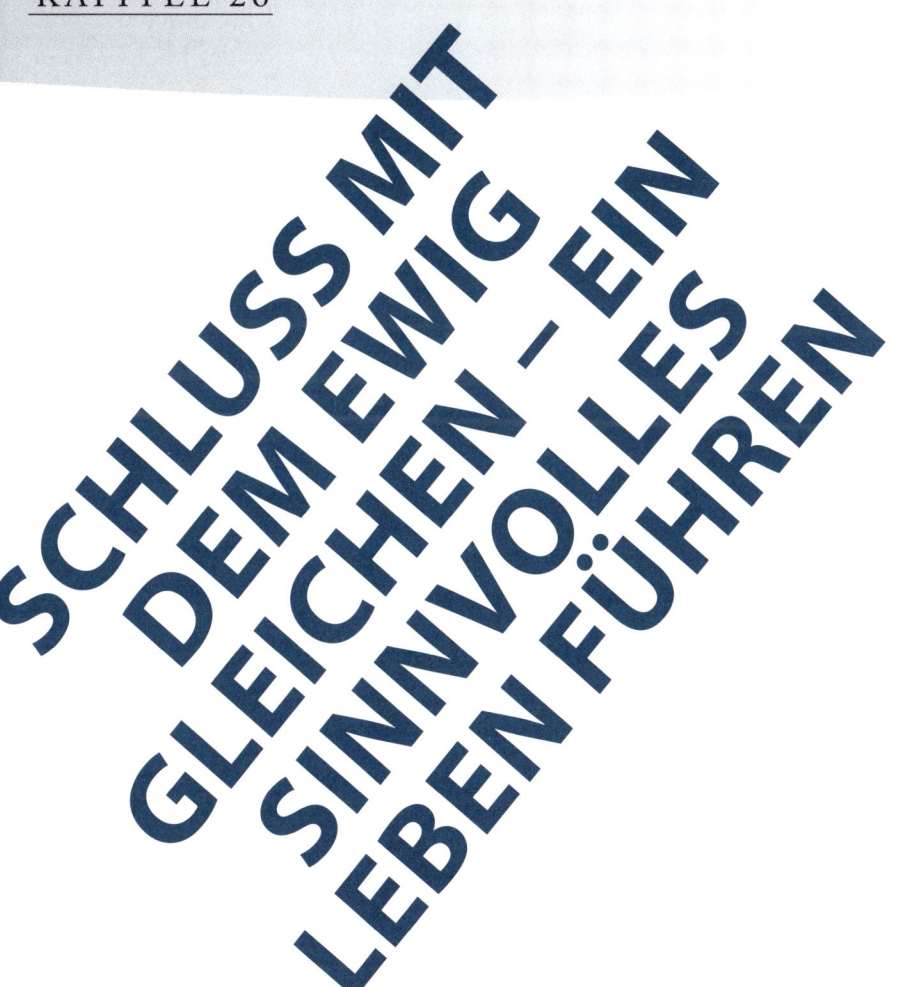

SCHLUSS MIT DEM EWIG GLEICHEN – EIN SINNVOLLES LEBEN FÜHREN

Bucky stürzte mit nur 32 Jahren in eine tiefe Depression, als er seinen Job verlor. Er hatte sich zuvor einfach treiben lassen, ohne zu wissen, wohin ihn das Leben führen würde. Er war zwei Mal vom College verwiesen worden und hatte dann einen sinnlosen Job nach dem anderen ergriffen. Doch jetzt wusste er nicht, wie er seine Familie ernähren sollte, und so baute sich allmählich ein riesiger Schuldenberg auf.

Bucky suchte sein Heil im Alkohol und irrte ziellos durch die Straßen von Chicago. Eines Tages fand er sich am Ufer des Michigansees wieder. Er blickte aufs Wasser und überlegte ernsthaft, ob er nicht einfach rausschwimmen sollte, bis er nicht mehr könnte, und unterginge. Schließlich war er aufgrund seiner Lebensversicherung tot mehr wert als lebendig.

Und noch während er am Ufer stand, passierte etwas, das sein Leben für immer ändern sollte. Er hörte eine Stimme zu ihm sagen: »Du hast nicht das Recht, dein Leben zu beenden. Es gehört dir nicht. Es gehört dem Universum. Vielleicht bleibt dir für immer verborgen, welchen Sinn dein Leben hat, aber du kannst davon ausgehen, dass du deiner Rolle zu 100 Prozent gerecht wirst, wenn du deine Erfahrung zum Wohl anderer einsetzt.«[28]

Nach dieser Erfahrung beschloss Bucky, ein Experiment zu wagen, um herauszufinden, was ein Einzelner für das Wohl der Mensch tun könnte.[29]

Richard »Bucky« Buckminster Fuller wurde Architekt, Systemtheoretiker, Designer, Erfinder und Autor von über 30 Büchern und als »einer der klügsten Köpfe der heutigen Zeit« gelobt.

Sinnhaftigkeit verhilft zu großartigen Leistungen

»Frag dich nicht, was die Welt braucht. Frag dich, was dich aufleben lässt, und genau das tust du dann, denn die Welt braucht Menschen, die zum Leben erwacht sind.«
GIL BAILIE

Wie wir von Buckminster Fuller gelernt haben, stecken wir fest, wenn wir in unserem Leben keinen Sinn erkennen können. Doch wenn wir ihn erst einmal erkannt oder gefunden haben, bringt er das Beste in uns hervor und versetzt uns in die Lage, einen Schlussstrich unter mangelnde Zielstrebigkeit, Langeweile und Mittelmäßigkeit zu ziehen.

5-Tage-Wochenendler sind Frauen und Männer mit einem Gefühl für Sinnhaftigkeit. Sie wissen, wer sie sind und wofür sie eintreten. Sie wissen, was sie erreichen möchten und wie Erfolg aussieht. Sie sind zielstrebig und mögen zwar ihre Pläne ändern, aber das ändert nichts an ihren Zielen. Drei Tage mehr Zeit bedeutet für sie nicht, mehr fernzusehen, sondern ihren Beitrag zu leisten und die Welt ein kleines bisschen besser zu machen.

Ich wünsche Ihnen, dass Sie nie den unstillbaren Hunger nach Leben verlieren. Denn dann haben Sie Ihr Leben immer im Griff. Wenn Sie Ihr Leben nicht als das Wichtigste ansehen, wird es ein anderer tun.

Ein sinnvolles Leben führen

1. Sinn bekommt man nicht geschenkt, man muss ihn seinem Leben verleihen.
Aufgemerkt: Es gibt nicht nur den einen Sinn im Leben! Es ist beileibe nicht so, als wäre Ihnen Ihr Weg vorbestimmt und als gäbe es keinen anderen. Die Frage lautet vielmehr: Was beabsichtigen Sie aus Ihrem Talent und Ihren Fähigkeiten zu machen? Und genau darin liegt dann der Sinn Ihres Lebens, und Sie sollten sich dem mit aller Leidenschaft widmen.

2. Entdecken Sie Ihre Talente und folgen Sie Ihrem Glück.
Der Sinn Ihres Lebens ist zu tun, was Sie tun wollen, denn auf diese Weise können Sie es am meisten genießen und gehen darin auf. Hören Sie auf, sich zu fragen, wie Sie den Sinn Ihres Lebens erkennen können, sondern fragen Sie sich lieber, welchen Sinn Sie Ihrem Leben geben möchten, um sich wirklich rundum glücklich und zufrieden zu fühlen. Niemand erkennt den Sinn seines Lebens einfach so. Da müssen Sie sich schon fragen, wie Sie gestrickt sind und was Ihnen ganz natürlich vorkommt. Worin sind Sie gut? Was macht Ihnen Freude? Wann vergessen Sie am häufigsten die Zeit?

3. Entwickeln Sie sich zum Profi.
Amateure finden alle möglichen Ausreden, weshalb sie ihr Potenzial nicht ausschöpfen. Profis dagegen haben das nicht nötig, da sie ihre Talente und Gaben fördern und weiterentwickeln. Ein angeborenes

Talent heißt nur, dass Potenzial vorhanden ist, aber es muss auf jeden Fall gefördert werden. Manchmal bedeutet seinem Glück zu folgen auch, sich Blasen zu holen – denn man muss jeden Tag hart arbeiten, um so zu werden, wie es einem von den Ansätzen her in die Wiege gelegt wurde.

4. Tun Sie genau das, wovor Sie Angst haben.

Am ehesten finden Sie den Sinn Ihres Lebens heraus, wenn Sie sich überlegen, wovor Sie die meiste Angst haben. Ich rede jetzt nicht von Urängsten wie Höhenangst oder der Angst vor Schlangen, sondern von der Angst, rauszugehen und etwas zu tun, was Sie noch nie zuvor getan haben. Alles was Sie im Leben erreichen möchten, befindet sich hinter Ihrem Angstwall. Wachstum ist nur außerhalb der Wohlfühlzone möglich. Wie sagte jemand mal so schön? »Das Leben misst sich nicht daran, wie oft wir Atem geholt haben, sondern wie oft wir den Atem angehalten haben.«

»Mach jeden Tag eine Sache, die dir Angst macht.«
ELEANOR ROOSEVELT

5. Geld sollte nicht der Sinn Ihres Lebens sein.

Wohin man auch blickt, es gibt Millionen Möglichkeiten, sich seine Brötchen zu verdienen. Trotzdem ist Geld verdienen kein Lebensinhalt, sondern vielmehr ein Nebenprodukt, wenn man einer sinnvollen Beschäftigung nachgeht. Schlagen Sie eine Karriere ganz nach Ihrem Geschmack ein. Fragen Sie sich, worin Ihr Talent steckt, und fördern Sie es, so gut es geht. Sie müssen aus Ihrem Beruf eine Herzensangelegenheit machen – und indem Sie für andere Wert schöpfen, schlagen Sie dann daraus Kapital.

Da Geld ja nichts anderes ist als ein Teil des Werteaustausches, müssen wir den Wert von Dienstleistungen erhöhen. Das Universalgesetz und die Philosophie, wie sich der Wert, den wir zum Leben anderer beitragen, monetarisieren lässt, besagt auf den Punkt gebracht Folgendes: Wenn Sie 10 Euro verdienen wollen, müssen Sie jemand anderem etwas für 100 Euro geben, denn Sie erhalten 10 Prozent von allem, was Sie für andere herstellen. Wenn Sie 100 Millionen Euro verdienen wollen, dann müssen Sie Wert in Höhe von 1 Milliarde Euro schaffen.

6. Schreiben Sie Ihre Ziele auf.

In einer Studie wurden frischgebackene Hochschulabgänger gefragt, ob sie sich feste Ziele für die Zukunft vorgenommen, sie aufgeschrieben und ihre Umsetzung geplant hätten. 84 Prozent der Befragten hatten nichts dergleichen getan. 13 Prozent hatten sich zwar ein Ziel vorgenommen, es aber nicht notiert. Nur 3 Prozent der Befragten konnten alle Fragen mit einem eindeutigen Ja beantworten.

Zehn Jahre später wurden die Teilnehmer erneut befragt – mit einem schier unglaublichen Resultat. Die 13 Prozent der Studenten, die zwar ein Ziel hatten, es aber nicht notiert hatten, verdienten doppelt so viel wie die 84 Prozent, die kein Ziel für sich aufgestellt hatte. Die 3 Prozent mit dem schriftlich fixierten Ziel verdienten im Durchschnitt zehn Mal so viel wie die restlichen 97 Prozent zusammengenommen.

7. Große Träume, kleine Schritte

Malen Sie sich aus, wie Ihr Leben im Idealfall aussehen soll – übertreiben Sie ruhig, auch wenn Sie im Moment noch nicht wissen, wie Sie das je erreichen sollen. Und dann gehen Sie jeden Tag einen kleinen Schritt in diese Richtung, und zwar so lange, bis Sie Ihre Vision verwirklicht haben.

Der Schlüssel zum Erfolg und dass Sie groß rauskommen liegt darin, dass Sie sich diesem Ziel beharrlich nähern. Die Vergangenheit spielt keine Rolle für Ihre unmittelbare Zukunft. Die Gegenwart ist alles, was zählt. Ihre Vision muss größer sein als Ihre Probleme und Klagen.

> »Ich träume mein Gemälde und dann male ich meinen Traum.«
> Vincent van Gogh

Träumen Sie Ihren Lebensinhalt. Entscheiden Sie, was Sie mit Ihren Talenten anfangen wollen. Schreiben Sie Ihre Ziele auf und machen Sie sich an ihre Umsetzung – Stück für Stück. Geben Sie Ihrem Leben einen Sinn und erwachen Sie zum Leben.

> »Wenn du zielbewusst
> einen Weg verfolgst,
> wirst du mit dem Schicksal
> zusammenprallen.«
> BERTICE BERRY

KAPITEL 27

SCHLUSS MIT DER EWIGEN JA-SAGEREI – SCHAFFEN SIE AUSWAHLMÖGLICHKEITEN

In unserer westlichen Kultur dreht sich alles um Gelegenheiten. Viele Menschen hüpfen von einer zur nächsten – immer auf der Suche nach der nächsten großen Sache. Uns treibt die Furcht, etwas richtig Gutes zu verpassen. Und dann sind noch Sprüche im Umlauf wie: »Mitmachen und Spaß haben gehören untrennbar zusammen.«

Für Menschen, die vor lauter Angst alles ablehnen, mag es ein guter Ansatz sein zu lernen, auch einmal Ja zu sagen. Doch für

5-Tage-Wochenendler ist es tatsächlich wichtiger, dass sie die Kunst beherrschen, auch einmal Nein zu sagen. Wer dauernd Ja sagt, wird zum Gefangenen von Sachzwängen und daran gehindert, über seine Grenzen zu gehen.

Die ewige Ja-Sagerei bedeutet auch, alle Gelegenheiten am Schopf packen zu wollen und sich so vom eigentlichen Ziel abzulenken. Wem es nicht gelingt, sich auf das Eigentliche oder Wesentliche zu konzentrieren, wird angesichts der zahlreichen Gelegenheiten bald das Gefühl haben, dass ihm alles zu viel wird, und dann kann ein Burn-out drohen.

Ein Ja kann einengen, ein Nein befreien

Für zielgerichtete Menschen gilt, dass ein Nein mehr bringt als ein Ja. Ein Nein eröffnet mehr Möglichkeiten, auch die, dann doch Ja zu sagen und sich selektiv auf die Optionen zu verlegen, die zu den eigenen Talenten und Leidenschaften passen und zweckorientiert sind. Ein Nein räumt auf mit dem Chaos im Leben, denn auf diese Weise kann man sich besser auf die Dinge konzentrieren, mehr damit erreichen und mehr Freude daran empfinden, zu denen man uneingeschränkt Ja sagt. Je öfter Sie Ja sagen, umso weniger Auswahl haben Sie.

»Ja zu allem zu sagen, bedeutet, einen langsamen, sanften Tod zu sterben.«
STEPHANIE MELISH

Erfolg hängt auch von Ihrer Fähigkeit ab, Ablenkungen als solche zu erkennen, am Ball zu bleiben und sich selbst gegenüber ehrlich zu sein. Wer sich von Dingen ablenken lässt, die nichts mit dem eigentlichen Ziel zu tun haben, fühlt sich auf der Gefühlsebene verpflichtet, sich für andere krumm zu machen.

Ein 5-Tage-Wochenende bedeutet auch, sich von dem Zwang, ständig Ja sagen zu müssen, zu befreien und sich stattdessen mehr Wahlmöglichkeiten zu verschaffen. Wir 5-Tage-Wochenendler lassen uns nicht ablenken. Wir hören auf, uns zu verzetteln, und konzentrieren uns eine Zeit lang bewusst auf das Wesentliche, weil für uns nur echte Ergebnisse zählen.

Ablenkungen – nein danke!

1. Ein Ja muss ein Ja sein und kein Vielleicht.
Jedes Mal, wenn wir uns entscheiden, schneiden wir die anderen Möglichkeiten quasi ab. Das könnte erklären, weshalb sich manche Menschen so schwer mit Entscheidungen tun.

> Nein zu sagen engt nicht ein, sondern befreit.

Dieses Problem können Sie nur lösen, indem Sie sich sicher sind, dass Sie etwas wirklich wollen, zum Beispiel weil es Sie Ihrem Ziel näher bringt. Aufgemerkt: Es ist nicht schlimm, wenn Sie zu allen anderen Dingen konsequent Nein sagen, denn nur so können Sie sich dem eigentlichen Zweck widmen.

2. Leben Sie sorgenfrei!
Nur allzu oft beschleicht uns das Gefühl, wir könnten zu kurz kommen, und wir haben Angst, tolle Gelegenheiten zu verpassen, weil uns entweder das Geld oder die nötigen Ressourcen fehlen. Wir vergleichen uns gerne mit unseren Mitmenschen und sind neidisch auf deren Erfolg. Mit dieser Haltung wundert es nicht, dass wir in die Falle tappen und viel zu oft Ja sagen – obendrein zu den falschen Dingen! Wir sollten all das viel lockerer sehen und darauf vertrauen, dass alles richtig läuft, wenn wir uns dieser einen Sache voll und ganz widmen.

3. Denken Sie an die Philosophie: »Zur Hölle – Ja!«
Der bekannte TED-Sprecher Derek Sivers bekennt sich zu einer simplen Philosophie: »Wenn du zu etwas nicht ›Zur Hölle – Ja!‹ sagen kannst, solltest du Nein sagen.«

Tun Sie nichts, was Ihnen kein breites Lächeln ins Gesicht zaubert. Wenn Sie etwas nur mäßig interessiert, sollten Sie es besser ablehnen.

4. Ihre Zeit ist kostbar – erkennen Sie das an.
Sie sind die Nummer eins in Ihrem Leben. Wenn Sie hinter dieser Weisheit stehen, fällt es Ihnen auch leichter, Nein zu Ablenkungen jedweder Art zu sagen, und das bringt Sie Ihrer Idealvorstellung, wie Sie Ihr Leben führen wollen, einen Riesenschritt näher.

Und nein, das hat nichts mit Egoismus zu tun. Nur wer sich selbst an die erste Stelle setzt und seine Talente fördert, ist in der Lage, den meisten Wert für andere zu schaffen. Erhöhen Sie Ihren Nettowert, indem Sie Ihren Wert für die restliche Welt erhöhen.

5. Ziehen Sie Grenzen.
Wir wurden darauf getrimmt, an sieben Tagen die Woche 24 Stunden am Tag über das Handy oder die sozialen Medien zur Verfügung zu stehen und auf alles sofort zu reagieren. Sie sollten es sich angewöhnen, Ihr Handy und andere mobile Endgeräte jeden Tag um eine bestimmte Uhrzeit auszuschalten. Lernen Sie, die Leute, die Sie ablenken wollen, auch mal abzuweisen. Schreiben Sie jeden Tag auf, was Sie wann erledigen wollen, und bitten Sie Kollegen oder Kunden darum, einen Termin mit Ihnen zu vereinbaren, denn nur dann nehmen Sie sie nicht mehr jederzeit in Beschlag.

6. Erhöhen Sie Ihre Produktivität durch feste Rituale.
Die folgenden Rituale habe ich für mich ausprobiert und kann Ihnen nur empfehlen, sie auch einzuführen:

- Eine Anruferkennung ist Gold wert. Gehen Sie nur ans Telefon, wenn Ihnen die Nummer des Anrufers bekannt ist. Lassen Sie sich nicht von Ihrem Handy an die Leine nehmen. Richten Sie keine Mailbox ein, das stört nur. Menschen, die Sie kennen und das wissen, rufen später erneut an oder schicken eine SMS oder E-Mail.
- Entfliehen Sie der Tyrannei Ihres E-Mail-Posteingangs. Schreiben Sie weniger E-Mails, denn je mehr Sie schreiben, umso mehr erhalten Sie dann auch. Hüten Sie sich davor, einfach nur mal die E-Mails zu checken. Öffnen

> »Der Unterschied zwischen erfolgreichen Menschen und sehr erfolgreichen Menschen ist, dass sehr erfolgreiche Menschen zu fast allem Nein sagen.«
> Warren Buffett

Sie E-Mails nur, wenn Sie auch wirklich vorhaben, sie zu beantworten. Halten Sie Ihre E-Mails kurz, und wenn das nicht geht, greifen Sie besser zum Telefon. Installieren Sie einen Spam-Filter, wenn Sie das noch nicht getan haben. Prüfen Sie Ihren Posteingang zwei- bis höchstens viermal am Tag und beantworten Sie dann alle E-Mails. E-Mails sind ein reaktives Medium, und es passiert schnell, dass man sich der Tagesordnung anderer unterordnet. Ich rate davon ab, E-Mails als Erstes am Morgen zu checken, da Sie das nur von den Aufgaben abhält, die wichtiger sind. Mindestens eine Stunde vor dem Schlafengehen sollten Sie keine E-Mails mehr abrufen, denn schlechte Nachrichten kosten Sie Ihren Schlaf. Außerdem sollte der Sonntag eine E-Mail-freie Zeit sein, denn Ihr Körper und Ihr Geist brauchen auch mal Erholung.

- Hören Sie auf, stundenlang vor der Glotze zu sitzen. Und wenn, dann schauen Sie sich gezielt Sendungen an, die Sie interessieren. Die Zeit, die Sie mit (sinnlosen) Fernsehsendungen verbringen, bekommen Sie nie wieder zurück.
- Immer wenn Sie im Auto sitzen, ist Schulungszeit. Hören Sie Podcasts und vertiefen Sie Ihr Wissen. Das Gleiche gilt auch beim Sport im Fitnessstudio oder auf Langstreckenflügen.
- Achten Sie darauf, ob Sie auch tatsächlich produktiv sind. Nur das Ergebnis zählt, aber nicht, was Sie getan haben, um es zu erreichen. Aus diesem Grund bin ich kein Fan von »To-do-Listen«, sofern Sie die wörtlich verstehen.
- Wenden Sie die Formel an: 365 Tage macht 365 Stunden: Stehen Sie ein Jahr lang eine Stunde früher auf als sonst und arbeiten Sie an den Dingen, für die Sie brennen. Sie werden sehen, in 365 Stunden können Sie unglaublich viel schaffen und tolle Ergebnisse erzielen.

7. Nein, Sie müssen es nicht allen recht machen.
Vermeiden Sie das Tamtam des Lebens, das die kostbarsten Momente zerstört.

Wie oft kommt es vor, dass wir Ja sagen, weil wir anderen gefallen oder sie nicht hängenlassen wollen? Doch je öfter Sie Ja zu den Plänen anderer sagen, umso öfter sagen Sie Nein zu Ihren eigenen. Sie dürfen die Tagesordnung anderer nicht überbewerten – auch nicht auf der Gefühlsebene! Lassen Sie deren Aufgaben deren Aufgaben sein und kümmern Sie sich lieber um Ihre eigenen.

Sagen Sie einfach Nein!

Wenn Sie Forderungen anderer ablehnen, nicht auf falsche Gelegenheiten eingehen – und nur zu Dingen Ja sagen, die Sie wirklich inspirieren –, verschaffen Sie sich den nötigen Freiraum für ein Leben ganz nach Ihrem Geschmack. Tun Sie das nicht, laufen Sie Gefahr, dass ein anderer die Strippen Ihres Lebens zieht.

Das Leben ist zu kurz, um sich vom Wesentlichen abhalten zu lassen.

> »Deine Zeit ist begrenzt.
> Verschwende sie nicht damit,
> das Leben eines anderen zu leben.«
> STEVE JOBS

KAPITEL 28

SCHLUSS MIT DEM ANSPRUCH, PERFEKT ZU SEIN – PRODUKTIVITÄT IST, WAS ZÄHLT

Anfang der 1970er-Jahre unterrichtete ein gewisser Muhammad an der Universität Chittagong in Bangladesch Wirtschaftswissenschaften. Nach einem verheerenden Wirbelsturm, einem Krieg mit Pakistan und mehreren Hungersnöten lag Bangladesch am Boden. Muhammad brach angesichts der Armut in seiner Heimat das Herz, vor allem, als ihm klar wurde, dass er trotz seines akademischen Grads nicht wusste, wie er helfen konnte.

Deshalb stattete er 1974 einem kleinen Dorf einen Besuch ab und wollte von den Einwohnern hören, welche Form von Unterstützung sie bräuchten.

Vor Ort erfuhr er, dass Frauen, die sich mit handwerklichen Arbeiten über Wasser hielten, den Geldverleihern Wucherzinsen von bis zu 10 Prozent die Woche zahlen mussten, um mit diesem Geld Material einkaufen zu können.

Für ihn war das der Anreiz, diesen Frauen Geld aus seiner Tasche als Kredit zu gewähren – sein erstes Darlehen lief gerade mal über 27 US-Dollar.

Diese erste Investition von nur 27 US-Dollar veranlasste den späteren Nobelpreisträger Muhammad Yunus, die Grameen Bank zu gründen, die inzwischen ein Netz mit 2565 Filialen und 22 124 Mitarbeitern aufgebaut hat und 8,35 Millionen Kreditnehmer (97 Prozent davon sind Frauen) als Kunden aus 81 379 Dörfern zählt.[30] Dieser Pionier des Mikrokreditwesens bewilligt jährlich Darlehen von über 1 Milliarde US-Dollar, die durchschnittliche Darlehenssumme liegt bei weniger als 200,23 US-Dollar. Diese Bank hat Millionen Analphabeten den Weg aus tiefster Armut ermöglicht, indem sie ihnen bei der Gründung von Kleinstunternehmen unter die Arme griff.

Und jetzt stellen Sie sich bitte mal vor, was passiert wäre – oder besser gesagt, was *nicht* passiert wäre –, wenn Muhammad nicht sofort etwas unternommen hätte. Angenommen, er wäre sein Vorhaben wieder und wieder durchgegangen, hätte nächtelang über einem Businessplan gebrütet, hätte versucht, Investoren mit an Bord zu holen, oder er hätte einfach nur gewartet, bis die Sterne günstig gestanden hätten und alles perfekt gewesen wäre. In dem Fall wäre die Grameen Bank niemals gegründet worden, was Millionen von Menschen unsägliches Leid gebracht hätte.

> »Wenn wir warten, bis wir bereit sind, warten wir für den Rest unseres Lebens.«
> LEMONY SNICKET

Perfektionismus darf niemals die Produktivität verhindern

Es gibt nur wenige Dinge, die Möchtegernunternehmer so sehr ausbremsen wie die falsch verstandene Idee, um nicht zu sagen die irrsinnige Vorstellung, alles müsse perfekt sein. Die nackte Wahrheit lautet: Das Unternehmertum ist das reinste Chaos. Es gibt keine perfekten Umstände. Auch Ihr Produkt oder Ihre Dienstleistung ist alles andere als perfekt. Auch Ihre Geschäftssysteme müssen stets verbessert werden.

5-Tage-Wochenendler sitzen nicht einfach nur herum und reden von ihren tollen Ideen, anstatt sich an ihre Umsetzung zu machen. Nein, wir 5-Tage-Wochenendler sind Macher. Wir tun, was immer nötig ist. Wir ergreifen die Initiative. Wir stellen Dinge her, verpacken sie und bringen sie auf den Weg zu unseren Kunden – wieder und wieder. Wir stellen Toleranzen auf, weil wir wissen, dass Dinge nicht perfekt oder unvollständig sind. Scheitern heißt für uns nicht aufgeben, sondern eine Kurskorrektur vorzunehmen. Wir wissen, dass wir aus Schwierigkeiten etwas lernen können. Doch unsere Vision muss größer sein als unsere Probleme. Wie wir gelernt haben, ist Produktivität die logische Folge dessen, dass wir aktiv geworden sind und uns mächtig ins Zeug gelegt haben. Wir sind nicht als Erbsenzähler bekannt und verschanzen uns auch nicht im Labor. In unserem Leben gibt es kein Scheitern –, entweder wir siegen oder wir lernen eine wertvolle Lektion.

Perfektionismus runter, Produktivität rauf

1. Begreifen Sie Scheitern als Erfolg.
Das größte Hindernis in Sachen Erfolg ist die Angst zu versagen. Erfolgreiche Unternehmer fallen ziemlich schnell und oft auf die Nase, aber sie wissen, dass genau

»Erfolg ist nichts Endgültiges, Misserfolg nichts Fatales: Was zählt, ist der Mut weiterzumachen.«
WINSTON CHURCHILL

das sie näher an ihren Erfolg bringt. Wie heißt es doch so schön: Wo gehobelt wird, da fallen Späne. Wenn Sie sich auch von Rückschlägen nicht beirren lassen und weitermachen – und die richtigen Lektionen aus Ihren Fehlern lernen –, wird sich Ihr Erfolg früher oder später einstellen. Scheitern heißt, sich mal kurz auszuruhen und dann ein wenig klüger geworden weiterzumachen.

2. Termine sind das A und O – halten Sie sie ein.
Es gibt unzählige Geschäftsideen und gute Gelegenheiten. Suchen Sie sich eine aus und verschreiben Sie sich ihr. Überlegen Sie, welche Schritte für die Umsetzung Ihrer Idee nötig sind. Und dann legen Sie fest, wann Sie jeden einzelnen Schritt abschließen und bestimmte Meilensteine erreicht haben wollen. Ihr wichtigster Termin ist der Tag, an dem Sie loslegen.

3. Suchen Sie sich »Kontrollorgane«.
Bitten Sie Ihre Freunde oder Familie, Ihnen auf die Finger zu klopfen, wenn Sie Ihre Termine nicht einhalten. Oder verpflichten Sie sich, einer Organisation, die Sie nicht leiden können, eine Spende zukommen zu lassen, sollten Sie einen Termin nicht eingehalten haben.

Eröffnen Sie Ihr Geschäft zum dafür festgelegten Termin, auch oder besonders dann, wenn nicht alles perfekt ist. Sie können im Laufe der Zeit immer noch besser werden, aber wenn Sie nicht loslegen, werden Sie auch kaum Fortschritte machen können.

4. Lernen Sie, sich schnell anzupassen.
Wenn etwas nicht klappt, ist es höchste Zeit, sich Ihre Prozesse und Systeme einmal genauer anzusehen, damit Sie wissen, wo der Fehler liegt. Es reicht nicht, hart zu arbeiten, Sie sollten auch clever vorgehen.

Gerade der Warenversand muss schnell gehen, doch achten Sie dann ganz genau auf das Feedback Ihrer Kunden und nehmen Sie entsprechende Anpassungen vor. Sie müssen experimentieren, testen und Ihre Ergebnisse messen. Die Feinabstimmung Ihres Angebots oder Ihrer Systeme erfolgt im Laufe der Zeit.

5. Nicht Perfektionismus, sondern Exzellenz ist gefragt – verinnerlichen Sie das.

Was immer Sie herstellen, soll von feinster Qualität sein? Eine tolle Vorstellung, aber ist sie auch realistisch? Das Streben nach Perfektion kann mehr Schaden anrichten als nützlich zu sein. Sie brauchen nicht perfekt zu sein, aber sehr gut. Setzen Sie auf stetige Verbesserung, aber lehnen Sie nichts ab, weil es nicht perfekt ist. In die Gänge zu kommen und etwas getan zu haben, ist besser, als perfekt sein zu wollen.

»Perfektion ist der Feind von Machern.«
Andrea Scher

Fangen Sie jetzt damit an!

Der beste Rat, den ich jemandem geben kann, der ein 5-Tage-Wochenendler werden will, lautet so: Hören Sie damit auf, herumzusitzen und Däumchen zu drehen. Tun Sie etwas – egal was! Sie werden niemals alles wissen, alles können oder sich alles zutrauen. Aber es gibt keinen besseren Moment als jetzt, damit anzufangen.

Wenn Sie abwarten wollen, bis Sie das Gefühl haben, Sie wären so weit, oder bis alles perfekt ist, dann werden Sie den Rest Ihres Lebens auf der Stelle treten und niemals vorwärtskommen. Sie sind *jetzt* so weit. Der richtige Moment ist da. Emsige Produktivität sticht zögerliche Perfektion – immer!

> »Das Streben nach Perfektion
> ist das größte Hindernis,
> das man sich nur vorstellen kann.
> Es dient als Entschuldigung,
> nichts getan zu haben. Besser ist,
> du gibst dein Bestes und
> strebst nach Exzellenz.«
> LAURENCE OLIVIER

KAPITEL 29

SCHLUSS MIT DEN GANZEN BESITZTÜMERN – ES GEHT AUCH EINFACH

Henry war in einer genügsamen Familie aus New England, die in Concord, Massachusetts, lebte, aufgewachsen. Seinem Vater gehörte eine Bleistiftfabrik, seine Mutter verdiente etwas Geld dazu, indem sie ein paar Zimmer im Haus an Gäste vermietete.

Henry war ein kluges Köpfchen und wurde an der Harvard-Universität angenommen, wo er über sich selbst hinauswuchs. Er machte an der wohl prestigeträchtigsten Universität Amerikas seinen Abschluss, war intelligent und ehrgeizig. Er hätte in die Fußstapfen seines Vaters treten können oder eine Laufbahn als Jurist oder Mediziner einschlagen können. Seine Bestimmung war es wohl, ein gutes Leben in Luxus zu führen.

Doch irgendetwas plagte ihn. Er hatte das Gefühl, es müsse in seinem Leben doch noch mehr geben, als lediglich den vorgegebenen Pfad abzuschreiten. Er wollte nicht ein weiteres Schaf einer Herde sein. Nach seinem Studium kehrte er in sein altes Zuhause zurück und arbeitete zunächst in der Fabrik seines Vaters, während er darüber nachdachte, welchen Weg er einschlagen sollte. Das Gefühl der inneren Unruhe plagte ihn nach wie vor. Ein paar Jahre später beschloss er, ein Experiment zu wagen und allein in den Wäldern zu hausen. »Ich wollte im Wald leben, weil ich frei sein und mich nur mit den wesentlichen Dingen des Lebens befassen wollte. Ich wollte wissen, was mich das Leben lehren wollte, denn ich wollte auf keinen Fall erst auf meinem Sterbebett bemerken, dass ich gar nicht gelebt hatte.«

Henry David Thoreau ließ sein privilegiertes Leben hinter sich und lebte zurückgezogen in den Wäldern von Walden-See. Sein Experiment dauerte zwei Jahre, in denen er einen der größten Klassiker der amerikanischen Literatur verfasste, *Walden. Oder das Leben in den Wäldern* – die Bibel für ein einfaches Leben.

Darin beschrieb er, wie Menschen, die mit dem goldenen Löffel im Mund groß geworden waren, an der Last ihres Grund und Bodens fast zerbrachen und an den Besitztümern, um die sie sich kümmern mussten, beinahe erstickten. Und er zog den Schluss: »Fast jeder Luxus und viele der sogenannten Bequemlichkeiten des Lebens sind nicht nur entbehrlich, sondern ein ausgesprochenes Hindernis für die Höherentwicklung der Menschheit.«[31]

Ich kann ihm nur zustimmen.

Materialismus macht nicht glücklich

Wohlstand ermöglicht es Ihnen, sich das eine oder andere Teil zu kaufen, wenn es denn das ist, was Sie wirklich wollen. Daran ist zunächst einmal nichts falsch, und wir Menschen schätzen die unterschiedlichsten Dinge. Ich möchte Sie jedoch davor warnen, Wohlstand sei mit einem »guten Leben« gleichzusetzen. Was, bitteschön, soll gut daran sein, auf dem Papier ein 5-Tage-Wochenende zu leben, aber vor lauter Verbindlichkeiten, Stress und Ärger nicht mehr ein noch aus zu wissen?

Für mich ist ein gutes Leben ein unkompliziertes Leben – mit bedeutungsvollen Beziehungen, unvergesslichen Erlebnissen, der Freiheit, im Hier und Jetzt leben zu können, ohne sich Sorgen machen zu müssen, am Ende seine Rechnungen nicht zahlen zu können oder seine Sachen nicht gebacken zu kriegen.

Mehr Einfachheit, mehr Glück

1. Identifizieren Sie sich nicht mit Ihrem Besitz.
Einer Studie aus dem Jahr 1988 zufolge gibt es »besonders eindrucksvolle Beweise«, dass »das Gefühl vom eigenen Ich verlorengeht, wenn der eigene Besitz verlorengeht oder gestohlen wird«.[32] Da bin ich anderer Meinung: Ihr Eigentum und Sie sind definitiv zwei Paar Stiefel. Selbst wenn Sie alles verlieren, sind Sie immer noch Sie.

2. Vergleichen Sie sich nicht mit anderen.
Eine Studie kam zu dem Ergebnis, dass Geld nur dann glücklicher macht, wenn sich dadurch auch die soziale Stellung verbessert. Den Forschern zufolge genügt es nicht, wenn jemand für seine Arbeit gut bezahlt wird – er muss zumindest gefühlt mehr verdienen als seine Kollegen und Freunde, um glücklich zu sein.

> »Vergleich ist der Dieb der Freude.«
> THEODORE ROOSEVELT

Selbst ein Jahresgehalt von 1 Million Euro macht nicht glücklich, wenn man weiß, dass die eigenen Freunde 2 Millionen Euro im Jahr verdienen.[33]

Sie sollten lernen, so wie Sie sind und mit dem, was Sie haben, glücklich zu sein.

3. Hören Sie auf, andere beeindrucken zu wollen.
Materialismus basiert zum Großteil auf dem Wunsch, andere mit schönen Dingen beeindrucken zu können. Hören Sie auf damit. Seien Sie realistisch. Seien Sie selbst. Leben Sie Ihr Leben authentisch, ohne sich groß Gedanken darüber zu machen, was andere von Ihnen denken mögen.

4. Was macht Sie glücklich?

> »Amerikanismus: Wir geben Geld aus, das wir nicht verdient haben, um Dinge zu kaufen, die wir zwar nicht brauchen, mit denen wir aber Leute beeindrucken wollen, die wir nicht leiden können.«
> ROBERT QUILLEN

Man spricht oft davon, gescheitert zu sein, wenn man seine Ziele nicht erreicht hat. Doch in meinen Augen ist es ein viel größeres Scheitern, wenn man etwas aus den falschen Gründen erreicht hat. Wollen Sie nur deshalb Millionär werden, um der Welt zu zeigen, wie cool Sie sind, oder weil Sie frei und ein leuchtendes Vorbild sein wollen?

Wie definieren Sie Erfolg? Was verstehen Sie unter einem guten Leben? Was macht Sie glücklich? Es spielt keine Rolle, was alle anderen dazu sagen und welchen Idealen sie hinterherjagen. Es geht darum, dass Sie *Ihre* Version von Erfolg verwirklichen.

5. Pflegen Sie Dankbarkeit und Präsenz.
Die besten Sachen im Leben gibt es umsonst – wie wahr! Kein Haus, kein Auto, nichts, was sich käuflich erwerben lässt, ist auch nur annähernd so toll, wie den Sonnenuntergang zu genießen oder in einen saftigen Pfirsich zu beißen. Dankbarkeit ist hier das Schlagwort. Halten Sie nichts für selbstverständlich! Genießen Sie jeden Moment des Tages! Machen Sie sich klar, von wie viel schönen Dingen Sie umgeben sind.

6. Setzen Sie sich selten Werbung aus.

Werbetreibende beherrschen die Kunst, uns alle möglichen Dinge schmackhaft zu machen, um unser Selbstbewusstsein zu heben. Wir fühlen uns einfach besser, wenn wir Dinge besitzen, die sich andere nicht leisten können, und schlechter, wenn es andersherum der Fall ist. Hören Sie damit auf, sich weismachen zu lassen, Sie seien nicht gut genug, so wie Sie sind. Hören Sie auf, Dinge zu kaufen, nur um besser dazustehen. Denn letzten Endes schafft es kein Produkt dieser Welt, Sie zu einem besseren Menschen zu machen.

»Wir brauchen nicht noch mehr Dinge, für die wir dankbar sein sollten, sondern wir sollten einfach dankbarer sein.«
CARLOS CASTANEDA

Damit Ihnen dieses Vorhaben gelingt, sollten Sie weitestgehend auf Werbung und Medien verzichten. Sehen Sie weniger fern. Oder zeichnen Sie Ihre Lieblingssendungen auf und spulen bei der Werbung vor oder greifen auf Streamingdienste wie Netflix oder Amazon zurück, bei denen es keine Werbung gibt. Auf Autofahrten sollten Sie lieber Audio-CDs hören anstatt Radio. Bewahren Sie Ihren Wissensdurst, und bilden Sie sich so oft wie möglich weiter – es gibt so viele relevante Themen. Interessante und erkenntnisreiche Beiträge zu lesen oder zu hören, ist wie eine neue Software für Ihr Hirn.

7. Misten Sie alle sechs Monate aus.

Einmal im Halbjahr sollten Sie Ihr Haus nach allem durchforsten, das Sie seit Längerem nicht mehr benutzt haben oder nicht mehr brauchen. Nehmen Sie sich immer nur ein Zimmer auf einmal vor. Das Gleiche gilt auch für Ihre Garage; sammeln Sie ein, was nicht aussieht wie ein Auto und spenden Sie es Bedürftigen.

»Viele wohlhabende Menschen sind kaum mehr als Hausmeister ihrer Besitztümer.«
FRANK LLOYD WRIGHT

Entscheiden Sie schnell und gnadenlos, was weg soll – und wenn Sie sich nicht entscheiden können, lassen Sie es einfach los. Haben Sie Probleme, sich von Dingen zu trennen? Was verrät das über Ihre Gefühlswelt? Sie klammern sich gerne an Dinge oder Menschen? Weshalb?

Vergessen Sie Ihre Nachbarn!

Wer hätte das gedacht: Ihre Nachbarn sind auch nicht glücklicher als Sie. Hören Sie auf, sich dauernd mit ihnen messen zu wollen, und leben Sie Ihr Leben. Geld macht nicht glücklich – wenn es Ihnen ohne schlecht geht, kann es sein, dass es Ihnen mit Geld noch schlechter geht. Entscheiden Sie sich für ein unkompliziertes Leben, und seien Sie glücklich. Nutzen Sie Ihren Wohlstand, um ein unabhängiges Leben zu führen und einen Unterschied für andere zu machen, aber nicht um andere damit zu beeindrucken oder immer mehr Besitztümer anzuhäufen.

> »Unsere größte Furcht sollte nicht sein, dass wir versagen, sondern dass wir in etwas gut sind, was nicht wirklich zählt.«
> D. L. Moody

KAPITEL 30

SCHLUSS MIT LANGEWEILE – AUF INS ABENTEUER

Larry sitzt auf einem Gartenstuhl auf seiner Terrasse und genehmigt sich ein Bier. Sein Job als Lkw-Fahrer langweilt ihn zu Tode. Eigentlich wäre er gerne Pilot bei der US-amerikanischen Luftwaffe geworden, aber dafür war seine Sehkraft zu schlecht. Und das frustriert ihn ohne Ende. Doch dann beschließt er, dass sich etwas ändern muss. Er besorgt sich Heliumflaschen und 45 Wetterballons, die er sogleich mit dem Helium befüllt und an seinem Gartenstuhl befestigt. Er schnappt sich ein Luftgewehr, einen Fallschirm, ein CB-Funkgerät, ein paar Flaschen Bier und ein paar Sandwiches. Er tauft sein Fluggefährt auf den Namen »Inspiration I«, bindet sich am Stuhl fest und kappt die Halteleinen.

Larry hebt ab. Schneller als gedacht. Er dachte, dass er höchstens 10 Meter hoch fliegen würde, aber er fliegt mit 100 Metern die Minute geradewegs in den Himmel, bis er eine »Flughöhe« von fast 4,5 Kilometern erreicht hat. Ursprünglich wollte er die Ballons mit dem Luftgewehr zerschießen, um nicht zu hoch aufzusteigen, aber dafür ist es jetzt zu spät. Larry hat große Angst.

Mit einem Mal bemerkt er, dass er in die Anflugschneise des Flughafens von Long Beach, Kalifornien, abdriftet. Voller Angst gibt er einen Hilferuf über sein Funkgerät durch. Ein Fluglotse hört ihn und nimmt die Verbindung zu ihm auf.

> »Träume, als würdest du ewig leben, lebe, als würdest du heute sterben.«
> JAMES DEAN

Larry treibt immer weiter. Schließlich zerschießt er doch ein paar Ballons und beginnt langsam zu sinken. 90 Minuten nach Beginn seiner ungewöhnlichen Reise hat er wieder Boden unter den Füßen, wo ihn schon Polizisten in Empfang nehmen.

Als ihn ein Reporter fragt, wie er auf so eine idiotische Idee gekommen sei, antwortet Larry Walter: »Weil ein Mann nicht einfach nur herumsitzen kann.«

Diese Geschichte ist wahr. Sie hat sich am 2. Juli 1982 ereignet. Und was Larry gesagt hat, stimmt auch. Um Missverständnissen vorzubeugen: Ich möchte nicht, dass Sie in einem Gartenstuhl den Luftraum erobern, aber ich möchte, dass Sie hin und wieder ein Abenteuer erleben.

Wohlstand ist auch eine Herausforderung

Einer Umfrage des Nationalen Zentrums für Suchterkrankungen und -missbrauch (National Center on Addiction and Substance Abuse) von 2003 zufolge gaben 91 Prozent der befragten Jugendlichen an, dass sie sich regelmäßig langweilen.[34]

Wie kann es sein, dass in einem der reichsten Länder der Welt, in dem einem so viele Möglichkeiten offenstehen, so viele Menschen gelangweilt sind? Eine andere Studie gibt darüber Auskunft. Sie kam zu dem Ergebnis, dass Langeweile einhergeht mit mangelnden Herausforderungen und dem Gefühl von Sinnlosigkeit. Sehr viele Menschen wollen reich werden, weil sie es gerne bequem haben und weil ihnen ihre Sicherheit am Herzen liegt. Und wenn sie es dann geschafft haben und sie ein gutes Leben haben könnten, dann fehlt es ihnen an Lebensfreude.

5-Tage-Wochenendler sehen Wohlstand aus einer völlig anderen Perspektive. Sie wollen es nicht nur möglichst bequem haben; sie lechzen förmlich nach Abenteuern und tollen Erlebnissen – was immer das auch im Einzelfall bedeuten mag. Sie saugen das Mark des Lebens aus. Reich zu werden, ist für sie ein großes Abenteuer, und damit finanzieren sie dann die nächsten Abenteuer ihres Lebens. Mit zunehmendem Wohlstand nimmt auch das Lebensglück zu – wenn man seinen Reichtum dafür nutzt, mehr zu erleben.

Geld zu machen und zu mehren, ist definitiv eine Wissenschaft für sich, aber es ist eine Kunst, Erfüllung im Leben zu finden. Erfolg ohne Erfüllung ist die höchste Form des Versagens.

»Der sicherste Ort für ein Schiff ist der Hafen. Aber dafür sind Schiffe nicht gemacht.«
J. A. SHEDD

5-Tage-Wochenendler ruhen sich niemals auf ihren Lorbeeren aus, sondern versuchen ihr ganzes Leben lang, die Grenzen ihrer Leistungsfähigkeit zu verschieben. Ihnen ist es nicht wichtig, der Reichste auf dem Friedhof zu sein.

Bekämpfen Sie die Langeweile und suchen Sie nach Abenteuern

1. Rücken Sie Wohlstand in die richtige Perspektive.

Der US-amerikanische Berufsverband der Psychologen (American Psychological Association) kam zu folgendem Schluss: Je mehr sich das eigene Leben darum dreht, reich zu werden, umso unglücklicher werden diese Menschen. Von den Befragten, die angaben, dass ihnen Geld, Image und Beliebtheit relativ wichtig sind, sagten fast alle, dass sie mit ihrem Leben unzufrieden seien, weniger oft angenehme Gefühle erlebten, dafür mehr aber unter Depressionen und Ängsten litten.[35]

Beim 5-Tage-Wochenende geht es nicht einfach nur darum, reich um des Reichsein willens zu sein, sondern darum, wie man verantwortlich handelt und so viel wie möglich aus seinem kurzen Leben macht.

2. Schreiben Sie Ihre Lebensziele auf.

Notieren Sie, welche Ziele Sie noch erreichen, welche Träume Sie sich noch erfüllen und welche Erfahrungen Sie noch machen wollen. Lassen Sie sich dafür genug Zeit, denn diese Liste soll Sie ja inspirieren. Träumen Sie groß! Nichts ist zu ausgefallen! Lassen Sie Ihrem Kopfkino freien Lauf! Emotionalisieren Sie Ihre Liste und reden Sie mit Ihren Freunden und Ihrer Familie darüber. Und dann prägen Sie sie sich ein und verinnerlichen sie. Sorgen Sie dafür, dass man Sie zur Rechenschaft zieht, wenn Sie mit der Umsetzung zu lange auf sich warten lassen. Lassen Sie nicht zu, dass Sie den Rückzug antreten – Sie wollen doch Erfolg haben! Machen Sie sich stark für Ihre Träume, denn unerfüllte Träume könnten Sie den Rest Ihres Lebens verfolgen.

3. Setzen Sie sich Ziele – in einer Endlosschleife.

Sobald Sie ein Ziel erreicht haben, setzen Sie sich ein neues. Sie müssen die Messlatte stets höher setzen.

4. Eignen Sie sich neue Hobbys und Fähigkeiten an.

Sie wollten schon immer gerne Gitarre spielen oder Tanzen lernen? Sie wollten schon immer wissen, wie man eine App schreibt? Na los, worauf warten Sie noch?

5. Seien Sie achtsam, denn Achtsamkeit ist das A und O.

Jon Kabat-Zinn ist Professor für Medizin, hat sich auf Meditation und Achtsamkeit spezialisiert und definiert Achtsamkeit als »von Augenblick zu Augenblick gegenwärtiges, nicht urteilendes Gewahrsein, kultiviert dadurch, dass wir aufmerksam sind«.[36] Achtsamkeit wird durch Meditation prak-

> »Wenn dein Lebenswerk in deinem Leben erreicht werden kann, denkst du nicht groß genug.«
> WES JACKSON

tiziert. Zahlreiche Studien konnten den Beweis antreten, dass Achtsamkeit gut für die geistige und körperliche Gesundheit ist und das allgemeine Wohlbefinden steigert. Sie lässt einen dankbarer werden und präsenter. Mit Achtsamkeit werden Sie die Schönheit und die Wunder des Lebens in jedem Augenblick verspüren. Kurz, Achtsamkeit ist ein extrem effizientes Mittel gegen Langeweile.

6. Suchen Sie sich neue Freunde.
Überlegen Sie doch mal, was Ihren Freunden wichtig ist. Streben sie nach materiellem Wohlstand, Komfort und Sicherheit, oder stürzen sie sich ins Leben? Ist es an der Zeit, sich neue Freunde zu suchen? Sie haben es in der Hand, wen Sie in Ihr Leben hineinlassen.

7. Seien Sie unvernünftig.
Wir neigen dazu, vernünftig zu sein, und wollen immer auf Nummer sicher gehen. Vielleicht sollten wir das mal sein lassen und uns davon eine Auszeit gönnen. Ziehen Sie in ein anderes Land. Fahren Sie mit dem Rad quer durchs Land. Verbringen Sie zwei Wochen allein im Wald. Tun Sie was – und hören Sie mit dem Gejammer auf, dass Ihr Leben ja so langweilig ist.

Carpe Diem – nutze den Tag!

Uns stehen heutzutage so viele Möglichkeiten offen, wie es sich wohl nicht einmal Könige aus der Vergangenheit erträumt haben. Das Leben ist ein Geschenk, das einem nur einmal gemacht wird. Und das war es dann. Deshalb müssen Sie Ihr Leben in vollen Zügen genießen und sich auf den Zauber außerhalb Ihrer Wohlfühlzone einlassen. Leben Sie kein Leben, in dem Routine und Ordnung die Hauptrolle spielen und alles vorhersehbar ist, weil Sie sich auf nichts einlassen, was Sie nicht kennen. Halten Sie nichts für selbstverständlich. Machen Sie ein nimmer endendes Abenteuer aus jedem Tag Ihres Lebens.

Es ergibt keinen Sinn, dazusitzen und darauf zu warten, dass Ihr Leben irgendwann mal aufregend wird. Genießen Sie die Fahrt Ihres Lebens, und geben Sie Tag für Tag Ihr Bestes!

> »Das Leben sollte keine Reise zum Grab sein
> mit der Absicht, sicher und in einem hübschen
> und wohl erhaltenen Körper dort anzukommen;
> vielmehr sollte man in eine Rauchwolke gehüllt
> und völlig verbraucht und abgekämpft dort
> hineinschlittern und laut ausrufen:
> WOW! Was für eine Fahrt!«
> Hunter S. Thompson

KAPITEL 31

SCHLUSS MIT REUE – SEELENFRIEDEN IST DAS STICHWORT

Karl Pillemer ist US-amerikanischer Gerontologe, der erforscht, mit welchen Änderungen Menschen beim Älterwerden zurechtkommen müssen. Bronnie Ware ist eine australische Krankenschwester, die in einem Hospiz arbeitet und ihre Patienten in den letzten paar Wochen vor ihrem Tod begleitet. Beiden wurde durch ihre Arbeit klar, dass sie jeden Tag mit einem gigantischen Wissenspool in Berührung kommen und viel von den älteren Herrschaften lernen könnten, die ihnen einiges an Lebenserfahrung voraus haben. Die Frage, wie sich dieses Wissen nutzen lassen würde, klärten die beiden auf unterschiedliche Weise. Doch was die Ergebnisse ihrer Forschung anbelangt, gelangten sie beide zu unglaublich wertvollen Erkenntnissen.

Karl stellte über 1200 Senioren die Frage: »Welche Ihrer Lebenserfahrungen würden Sie gerne der jungen Generation mit auf den Weg geben?« Die Antworten können Sie in seinem nur auf Englisch erschienenen Buch *30 Lessons for Living: Tried and True Advice from the Wisest Americans* nachlesen.

Und hier die zehn am häufigsten genannten Antworten:

1. Bei der Berufswahl sollte der Verdienst keine Rolle spielen, sondern nur, ob man damit zufrieden ist.
2. Verhalten Sie sich so, dass Ihr Körper auch die nächsten hundert Jahre noch hält.
3. Klopft eine Gelegenheit an die Tür, sollte man das Risiko eingehen und auf den Vertrauensvorschuss setzen.
4. Man sollte sich seinen Partner mit Bedacht aussuchen.
5. Man sollte viel reisen.
6. Es gibt Dinge, die sollte man gleich sagen. Zum Beispiel: »Es tut mir leid«, »Danke« und »Ich liebe dich«.
7. Es ist Eile geboten: Lebe so, als wäre das Leben kurz – denn genau das ist es.
8. Glück ist eine Entscheidung und kein Zustand.
9. Zeit, die man damit verbringt, sich Sorgen zu machen, ist vergeudete Zeit. Also lass es gefälligst sein!
10. Wenn es darum geht, das Beste aus seinem Leben zu machen, sollte man in kleinen Dimensionen denken und die einfachen täglichen Freuden genießen.

Bronnie fragte ihre Patienten, was sie in ihrem Leben am meisten bereuten. Die häufigsten Antworten hat sie in ihrem nur auf Englisch erhältlichen *The Top Five Regrets of the Dying* zusammengetragen:

1. »Ich wünschte, ich wäre mir mein Leben lang selbst treu geblieben und hätte es nicht nach den Erwartungen anderer gestaltet.«
2. »Ich wünschte, ich hätte nicht so hart gearbeitet.«

3. »Ich wünschte, ich hätte den Mut gehabt, über meine Gefühle zu sprechen.«
4. »Ich wünschte, ich hätte meine Freundschaften gepflegt.«
5. »Ich wünschte, ich hätte es mir gestattet, glücklicher zu sein.«

Ich finde, diese Antworten sind es wert, sich intensiv damit zu befassen.

Ein Leben ohne Reue

Niemand möchte auf seinem Sterbebett liegen und bereuen, was er (nicht) getan, gesagt oder erlebt hat. Und trotzdem verhalten wir uns so, als ob wir für immer leben würden. Wir wollen der Tatsache, dass wir alle sterben müssen, nicht ins Gesicht blicken und flüchten uns lieber in Arbeit, stürzen uns lieber in alle möglichen Ablenkungen oder suchen unser Heil in trivialer Unterhaltung. Der Tod ist nicht verhandelbar, aber unsere Lebensqualität schon.

Wie wir unser Leben leben und mit wem wir es teilen, ist unsere Entscheidung. Wo stehen Sie jetzt? Schreiben Sie auf, wie es derzeit um Ihre Lebensqualität bestellt ist.

Ein 5-Tage-Wochenendler trennt sich von überflüssigem Ballast, leistet seinen Beitrag, genießt zweckorientierte kleine Abenteuer und übt eine sinnvolle Tätigkeit aus. Sein Leben sollte wild sein, nicht vorhersehbar, und ihm die Möglichkeit bieten, ein kalkulierbares Risiko einzugehen. Es ist Ihre private Unternehmung, eine spirituelle Reise und ein Akt der Wiedergeburt.

Wie Sie Ihren inneren Frieden finden

1. Denken Sie an Ihr Ende.
Stellen Sie sich vor, Sie könnten zu Ihrer eigenen Beerdigung gehen. Was möchten Sie an dem Tag von Ihren Freunde und Ihrer Familie hören? Worauf möchten Sie dann stolz sein? Wie wollen Sie in Erinnerung bleiben?

Nutzen Sie dieses Gedankenspiel, um ein Leitbild für sich und Ihr Leben zu notieren – Ihr Erfolgskonzept, aus dem eindeutig hervorgeht, wer Sie sein möchten und was Sie tun wollen. Halten Sie sich dieses Konzept jeden Tag aufs Neue vor Augen.

2. Seien Sie authentisch.

> »Stufen auf der Leiter zu erklimmen, nützt nichts, wenn die Leiter an der falschen Wand steht.«
> Stephen R. Covey

Leben Sie nicht die Träume anderer. Setzen Sie sich ernsthaft damit auseinander, wer Sie wirklich sind, was Sie antreibt, wen Sie lieben und was Sie erreichen wollen. Bleiben Sie sich selbst treu, egal was auch passiert. Gestalten Sie Ihr Leben frei und nicht nach Schema F. Die Hölle auf Erden ist, jemanden kennenzulernen, der so ist, wie Sie hätten sein können.

3. Machen Sie vor wichtigen Entscheidungen den »Sterbebetttest«.

Wenn Sie vor einer wichtigen Entscheidung stehen, fragen Sie sich, welche der Möglichkeiten, die Sie haben, Sie auf dem Sterbebett bereuen würden. Und dann entscheiden Sie sich für die andere Option – insbesondere, wenn diese Ihnen Todesangst einjagt.

4. Stehen Sie für sich selbst ein.

Verhalten Sie sich nicht wie ein Zuschauer, der das Leben an sich vorüberziehen lässt. Werden Sie aktiv! Haben Sie keine Angst davor, auch mal jemanden zu verärgern. Treten Sie für sich ein, denn wenn Sie das nicht tun, wird das niemand sonst tun. Gut möglich, dass Ihnen das Angst macht und ein gewisses Risiko birgt, aber das ist immer noch viel besser als die Alternative – Enttäuschung, dass Sie nicht das bekommen, was Sie wollen, weil Sie es noch nicht einmal probiert haben. Brechen Sie ein paar Regeln, verzeihen Sie schnell, lachen Sie viel und hemmungslos und bereuen Sie nichts, was Sie zum Lachen gebracht hat.

5. Hören Sie auf, sich Sorgen zu machen.

Sich Sorgen zu machen, bringt nichts –, aber es schadet der Gesundheit und zerstört das Gefühl, glücklich zu sein. Glück ist eine Frage des Wollens. Glück hat nichts damit zu tun, dass alles so läuft, wie Sie sich das vorstellen. Entscheiden Sie sich dafür, glücklich zu sein, ganz gleich was passiert.

> Lächle, und das Leben lächelt zurück.

Lächeln Sie – vor allem in schweren Zeiten. Machen Sie sich dann klar, dass Sie daraus lernen können. Lachen und lächeln Sie viel, denn das sind die Stoßdämpfer und Schmiermittel Ihres Lebens.

6. Aufgemerkt: *Alles* lässt sich ungeschehen machen.

Das Magazin *The New Yorker* veröffentlichte 2003 einen Beitrag darüber, dass die Golden Gate Bridge in San Francisco der weltweit populärste Ort für Selbstmorde ist.[37] In dem Artikel kamen die wenigen Menschen zu Wort, die den Sprung überlebt hatten. Die meisten von ihnen bereuten ihre Entscheidung in dem Moment, in dem sie sich im freien Fall befanden. Eine der jungen Männer sagte: »In dem Augenblick, als ich sprang, wurde mir klar, dass sich jeder Scheiß in meinem Leben doch wieder ungeschehen machen ließe – mit einer Ausnahme: Dass ich gerade gesprungen war.«[38]

Ganz gleich, wie schlecht es Ihnen manchmal geht, ganz egal, was Sie alles verbockt haben, ganz gleich, wie ängstlich Sie in der Vergangenheit waren – *alles* lässt sich durch beherztes Vorgehen ändern. Warten Sie aber nicht zu lange ab. Wenn es etwas in Ihrem Leben gibt, das Ihnen nicht passt, dann ändern Sie es. Nehmen Sie sich jeden Tag einen neuen Vorsatz vor – tun Sie, als wäre jeder Tag Silvester. Leben Sie Ihr Leben ohne Reue, und blicken Sie nicht zurück. Hören Sie auf, in der Vergangenheit zu leben.

7. Übernehmen Sie die Verantwortung für Ihren Zeitplan.

Was tun Sie eigentlich den lieben langen Tag? Ist das, was Sie tun, an Ihrem Leitbild ausgerichtet?

Es gibt keinen besseren Zeitpunkt als jetzt, um sich Ihrem Lebensplan zu widmen. In den seltensten Fällen bereut man seine größten Fehler, stattdessen bedauert man vielmehr die Kleinigkeiten, die scheinbar keine Konsequenzen hatten und über die man gerne hinwegsieht. Bedauern entsteht nicht mit einem großen Knall, sondern ist ein schleichender Prozess. Die meisten Menschen sind so beschäftigt damit, ihren Lebensunterhalt zu verdienen, dass sie darüber vergessen zu leben.

> »Was mich am meisten überrascht, ist der Mensch. Er opfert seine Gesundheit, um Geld zu verdienen. Dann opfert er sein Geld, um seine Gesundheit zurückzubekommen.
> Er ist so auf die Zukunft fixiert, dass er die Gegenwart nicht genießen kann. Die Folge ist, dass er weder die Zukunft noch die Gegenwart lebt. Er lebt so, als würde er niemals sterben, und er stirbt so, als hätte er niemals gelebt.«
>
> **Dalai Lama**

Leben Sie, als würden Sie sterben

In dem Song von Tim McGraw »Live Like You Were Dying« (auf Deutsch: Lebe so, als würdest du sterben) geht es um einen Mann, der die Diagnose erhält, ernsthaft erkrankt zu sein, was ihn dazu zwingt, sich mit seinem Leben auseinanderzusetzen. Da er unausweichlich mit seinem Tod konfrontiert wird, ändert er seine Prioritäten und lebt ein viel ungezwungeneres und abenteuerlicheres Leben.

Ehrlich gesagt finde ich diesen Songtext irgendwie merkwürdig – wir wissen doch schließlich alle, dass wir eines Tages sterben werden. Da brauchen wir doch nicht erst eine tödliche Erkrankung diagnostiziert zu bekommen. Unsere Tage sind gezählt – basta! Und eines Tages ist es so weit. Unsere Sterblichkeitsrate liegt bei 100 Prozent.

Leben Sie, als würden Sie sterben – denn genau das wird einmal passieren.

> »Es ist besser vorauszuschauen und
> sich vorzubereiten,
> als mit Bedauern zurückzublicken.«
> JACKIE JOYNER-KERSEE

KAPITEL 32

SCHLUSS MIT DEM EGO-TRIP – FÜR ANDERE DA SEIN

Ich werde Ihnen gleich zwei mögliche Szenarien schildern, und Sie müssen sich für diejenige entscheiden, die Sie Ihrer Meinung nach glücklicher macht. Variante 1: Sie gewinnen im Lotto. Variante 2: Sie erleiden einen Unfall und sind danach querschnittsgelähmt.

Die Entscheidung ist ja wohl klar, oder? Doch die Forschung ist zu einem auf den ersten Blick wirklich befremdlichen Ergebnis gekommen. Wie mehrere Studien gezeigt haben, sind Lottogewinner und Querschnittsgelähmte ein Jahr später gleich glücklich. Aufgrund solcher Forschungsergebnisse haben Psychologen den Begriff »Impact Bias« geprägt, eine Form der kognitiven Verzerrung, bei der die psychischen Auswirkungen eines vorgestellten Ereignisses in Dauer und

Tiefe systematisch zu stark erwartet werden. Anders ausgedrückt: Wir überschätzen gewaltig, wie glücklich und zufrieden wir sein werden, wenn wir erst einmal reich und berühmt sind. Es gilt als wissenschaftlich bewiesen, dass mehr Geld eben nicht glücklicher macht.

Doch wissen Sie auch, was *nachweislich* glücklich(er) macht? Einsatz und Hilfsbereitschaft. Dutzende von Studien konnten zeigen, dass anderen zu helfen, sich ehrenamtlich zu betätigen oder Geld an wohltätige Organisationen zu spenden, zu folgenden positiven Auswirkungen führt:[39]

1. Man fühlt sich gut. Psychologen sprechen in diesem Zusammenhang analog zum Runner's High vom »Helper's High«, da das eintretende Hochgefühl in beiden Fällen auf die Ausschüttung von körpereigenen Cannabinoiden zurückzuführen ist.
2. Das Selbstwertgefühl und das allgemeine Wohlbefinden steigen.
3. Freundschaften werden tiefer, die Verbundenheit zu seinen Mitmenschen steigt, und das Gefühl von Einsamkeit schwindet.
4. Hilfsbereitschaft hebt die Stimmung und führt zu einer positiveren und optimistischeren Haltung.
5. Das Belohnungssystem im Gehirn wird aktiviert, man hat das Gefühl tiefer Zufriedenheit, Erfüllung und sieht Sinn in seinem Leben.
6. Der Stresspegel lässt nach, man findet mehr Ruhe und inneren Frieden.
7. Man weiß mehr zu schätzen, was man hat.
8. Man wird psychisch stabiler und mit Rückschlägen und negativer Stimmung besser fertig.

Das Geheimnis vom Glücklichsein

Der Psychoanalytiker Manfred Kets de Vries hat sich auf die Behandlung von Superreichen spezialisiert, die unter dem »Wohlstandsermüdungssyndrom« leiden. Er sagt: »Für die Superreichen sind Villen, Jachten, Autos und Flugzeuge bloß ein weiteres Spielzeug, mit dem sie sich fünf Minuten beschäftigen, und dann langweilt es sie auch schon

> »Eigenes Geld zu verdienen, macht glücklich; andere Menschen glücklich zu machen, macht superglücklich.«
> Muhammad Yunus

wieder. Wenn sie die anfängliche Begeisterung noch einmal erleben wollen, müssen sie sich wieder etwas Neues kaufen. Doch dass sie mit ihrem Geld nur so um sich werfen, ist im Grunde nur ein irrsinniger Versuch, Langeweile und Depression zu verbergen.[40]

Eines steht also fest: Wir brauchen nicht mehr Spielzeug, um ein erfülltes und glückliches Leben zu führen, sondern wir müssen uns mehr für andere einsetzen, Sie sollten jeden Tag in dem Gefühl aufwachen, zu etwas beitragen zu wollen, das größer ist als Sie selbst.

Ein chinesisches Sprichwort sagt: »Wenn du eine Stunde glücklich sein willst, leg dich aufs Ohr. Wenn du einen Tag glücklich sein willst, geh Angeln. Wenn du ein Jahr glücklich sein willst, erbe ein Vermögen. Wenn du ein Leben lang glücklich sein willst, hilf jemandem.« Schon vor Jahrhunderten haben die weisesten Menschen erkannt: Das tiefste Glück liegt darin, anderen zu helfen.

Freigiebigkeit kennzeichnet ein sinnvolles Leben

1. Helfen Sie Menschen in Schwierigkeiten.

Wir neigen oft zu Egoismus, aber das liegt nicht etwa daran, dass es unserer wahren Natur entspricht, sondern weil wir Gefangene unserer Arbeit und unseres Alltags sind. Wir bekommen einfach nicht mit, dass andere Menschen mit Problemen zu kämpfen haben, weil wir nicht hinsehen.

> »Wer zeit seines Lebens nur auf seinen persönlichen Vorteil bedacht ist, gewährt der Welt einen Vorteil, wenn er stirbt.«
> Tertullian

Achten Sie mehr auf Ihre Mitmenschen und sehen Sie genau hin, ob jemand in Schwierigkeiten steckt. Missstände zu erkennen, ist ein erster Schritt, um sie beseitigen zu können.

2. Verreisen Sie öfter.

Sie wollen raus aus Ihrer Blase? Da gibt es eine einfache, aber höchst effiziente Möglichkeit: Reisen. Entdecken Sie die Welt und wie andere

Menschen leben. Die Realität ist viel beeindruckender als jede Reportage. Andere Länder, andere Sitten – das erweitert Ihren Horizont, lässt Sie manches aus einer anderen Perspektive sehen, sodass Sie letzten Endes auch Ihr Verhalten ändern.

Durchqueren Sie die Welt, verlassen Sie Ihre Wohlfühlzone, und tauchen Sie ein in exotische Kulturen und Küchen. Je öfter Sie verreisen, umso reicher werden Sie. Schon als Teenager bin ich oft und gerne verreist, und auf jeder Reise habe ich etwas dazugelernt. Niemand kehrt von einer Reise so zurück, wie er weggefahren ist.

3. Entscheiden Sie sich für eine Sache.

Es ist keine gute Idee, gute Taten nach dem Zufallsprinzip zu verteilen. Am besten, Sie entscheiden sich für eine Sache und engagieren sich Ihr Leben lang dafür, zum Beispiel für die Unterstützung der Krebsforschung, Spenden für ein Waisenhaus, Hilfe für Kinder, die sexuell missbraucht werden, oder die Wasserversorgung für ganze Dörfer in armen Ländern. Welches Beispiel spricht Ihr Herz an? Wo möchten Sie einen Unterschied machen? Vielleicht möchten Sie ja auch Ihren eigenen wohltätigen Verein gründen.

Unternehmen zu gründen, Geld zu verdienen, Abenteuer zu erleben – all das ist wichtig, macht Spaß und zufrieden. Doch wie Wissenschaftler herausgefunden haben, führt derjenige das erfüllteste und sinnvollste Leben, der anderen eine Hilfe ist.

> »Was du zurücklässt,
> ist nicht das,
> was in Steindenkmäler eingraviert ist,
> sondern was in das Leben anderer
> eingewoben ist.«
> PERIKLES

Call to Action
Ihr Plan für ein unabhängiges Leben

Geben Sie Ihrem Leben Sinn.
Welchen Sinn und Zweck hat Ihr Leben? Woran sollen sich Ihre Freunde erinnern, wenn Sie einmal nicht mehr sind? Welchen Beitrag für die Menschheit wollen Sie leisten?

Ziehen Sie auch mal einen Schlussstrich.
Was entzieht Ihnen Energie und lenkt Sie von Ihrem eigentlichen Vorhaben ab? Wie wollen Sie das künftig vermeiden?

Werden Sie produktiver.
Welche Projekte werden erst gar nicht begonnen oder werden ewig nicht fertig, weil sie Ihrem Anspruch an Perfektion nicht genügen? Wie wollen Sie das ändern?

Befreien Sie sich von Ballast.
Entrümpeln Sie Ihr Haus regelmäßig und entsorgen oder spenden Sie alles, was Sie in den letzten sechs Monaten nicht benutzt haben.

Sagen Sie Ja zu Abenteuern.
Schreiben Sie Ihre Wunschliste mit den inspirierendsten, herausforderndsten oder witzigsten Dingen, die Sie noch erleben möchten, bevor Sie sterben.

Schaffen Sie inneren Frieden.
Angenommen, Sie könnten bei Ihrer eigenen Beerdigung dabei sein. Was würden Sie dort gerne über sich erfahren? Auf was möchten Sie dann stolz sein? Wie sollen die Trauergäste Sie in Erinnerung behalten?

Verfassen Sie Ihr eigenes Leitbild – Ihr Erfolgskonzept, aus dem klar hervorgeht, wer Sie sein und was Sie tun wollen.

Freigiebigkeit erfüllt Ihr Leben mit Sinn – handeln Sie danach.
Engagieren Sie sich für einen wohltätigen Zweck, der zu Ihnen, Ihren Einstellungen und Ihrer Leidenschaft passt. Spenden Sie einen bestimmten Prozentsatz Ihres Einkommens.

 Besuchen Sie unsere Website 5DayWeekend.com und laden Sie das passende Arbeitsblatt herunter und drucken es aus (nur in englischer Sprache verfügbar).
Passwort: P15

TEIL VII: WEG VOM SCHUBLADENDENKEN

DIE GRENZEN VERSCHIEBEN

Als Kind haben Sie sich bestimmt gerne Ihre Zukunft ausgemalt. Ein Kind kennt weder Logik noch falsche Überzeugungen oder gesellschaftliche Sachzwänge. Alles war möglich, und die Welt war wundersam und magisch.

Doch je älter wir wurden, umso mehr falsche und uns einschränkende Überzeugungen entwickelten wir über uns selbst und die Welt um uns herum. Die gesellschaftliche Prägung nahm ihren Lauf. Vermutlich ist es Ihnen auch so ergangen. Und wenn Ihnen gesagt wurde, etwas sei unmöglich, dann haben Sie das geglaubt. Als sich Ihre gleichaltrigen Freunde für Jobs und Karrieren entschieden, weil sie dachten, sie hätten nicht mehr drauf, haben Sie mit ihnen gleichgezogen. Sie haben begonnen, »verantwortungsbewusst« und »vernünftig« zu denken und zu sein. Und dabei ist die Flamme Ihrer Träume heruntergebrannt, und bei anderen womöglich ganz erloschen.

Ich möchte Sie dazu einladen, Ihre Träume wieder aufleben zu lassen. Sprengen Sie die Fesseln Ihrer falschen Überzeugungen und gesellschaftlicher Sachzwänge. Machen Sie sich bewusst, dass ein Großteil Ihrer Grenzen nur in Ihrem Kopf existiert.

Was würden Sie tun, wenn Geld nicht der hauptsächliche Grund wäre, weshalb Sie etwas tun oder nicht tun? Für welches große Abenteuer würden Sie sich entscheiden? Für welche edlen Ziele würden Sie einstehen? Welche Meisterleistungen würden Sie vollbringen?

All das wäre möglich, wenn auch Sie ein 5-Tage-Wochenendler wären.

Machen Sie sich an die Verwirklichung Ihres 5-Tage-Wochenendes, dann werden auch Ihre Träume in Erfüllung gehen …

DIE EINZELNEN KAPITEL IM ÜBERBLICK

33. Brechen Sie aus!

34. Machen Sie sich an Ihr eigenes 5-Tage-Wochenende

Call to Action

Ihre Absichtserklärung

KAPITEL 33

BRECHEN SIE AUS!

Ich kam mit keinen guten biologischen Voraussetzungen auf die Welt und entwickelte chronische Allergien, kräftezehrendes Asthma und war obendrein auch noch kurzsichtig. Die ersten zehn Jahre meines Lebens durfte ich deshalb mein Bett nur selten verlassen.

Mit acht klingelte ein Vertreter an unserer Haustür – wir lebten damals in Port Melbourne, Australien – und verkaufte meinen Eltern, die kein Englisch sprachen, eine vollständige Ausgabe der *Encyclopedia Britannica*. Diese Enzyklopädie hat mich beeinflusst wie kaum etwas anderes. Sie beflügelte meine Fantasie auf unvorstellbare Weise. Und meine Vorstellungskraft hat wiederum meinen geistigen Horizont erweitert – und das ist so geblieben.

Ich habe dieses Buch des Wissens verschlungen wie kein anderes und es unbemerkt von meinen Eltern mit ins Bett genommen. Mit einer Taschenlampe in der Hand kuschelte ich mich unter die Decke und blätterte durch den Band, bis ich auf ein Thema stieß, das mich interessierte. Und dann las ich wie gebannt, bis ich nicht mehr konnte und einschlief. Manchmal lag ich aber auch bis weit nach Mitternacht wach und malte mir aus, was ich in meinem Leben alles erreichen wollte. Ich war überzeugt, die Welt da draußen wartete bloß auf mich.

Als Jugendlicher inspirierten mich der Comic-Held Tim und sein Hund Struppi, die ein Abenteuer nach dem anderen erlebten. Tim lebte den Traum, niemals erwachsen zu werden, und ich bereiste mit ihm die Welt und nahm jedes exotische Detail in mich auf. Ich verschlang alle Bände von Tims Abenteuern, die ich mir in der Schulbibliothek auslieh, und verlor mich in Tagträumen über sein magisches Leben. In seinen Abenteuern war er mal Pilot, mal Raumfahrer, Bergsteiger oder Tiefseetaucher. Er bezwang die Berge in Nepal, rettete afrikanische Sklaven, kämpfte gegen Piraten und tauchte in den Abgrund des Meeres, um Schiffwracks zu erkunden.

Wenn ich jetzt an die Abenteuer von Tim und Struppi zurückdenke, wird mir bewusst, dass meine Kindheitsträume wahr geworden sind. Es ist mir auf meinen Reisen in die entferntesten Länder oft passiert, dass ich ein Déjà-vu-Erlebnis hatte – mir war, als wäre ich mit Tim schon mal dort gewesen.

Die Raumfahrt hat mich schon als kleiner Junge fasziniert – ich klebte mit der Nase förmlich am Fernseher, als die Amerikaner und die Russen ihre Raketen zündeten. Das war damals *die* große Sache schlechthin. In mir entstand der brennende Wunsch, auch einmal in einer Rakete ins Weltall zu fliegen.

1. To walk on the moon.
2. To go to the space station on a rocket and live there.
3. To become an astronaut.
4. To own beautiful places all over the world.
5. To travel and explore more than 100 countries.
6. To go to the bottom of the ocean and have lunch on the Titanic.
7. To become a mountain climber and climb the highest mountains in the world.
8. To run with the bulls in Spain.
9. To become a millionaire.
10. To become a Rock 'n Roll star.

Das Drehbuch meines Lebens

Die Enzyklopädie, der Wunsch, eines Tages ins All fliegen zu können, und die Abenteuer von Tim und Struppi machten mir klar, was ich in meinem Leben alles erreichen wollte. Deshalb setzte ich mich hin und schrieb mir meine größten Wünsche auf.

Ich schrieb das Drehbuch meines Lebens und war Schauspieler, Produzent und Regisseur in einer Person. Das Foto links zeigt mich als Achtjährigen mit meiner Liste, welche Ziele ich als Erwachsener erreichen will. Ziemlich ehrgeizig für so einen jungen Burschen, nicht wahr? Träumen und in großen Dimensionen denken. Das gehört seitdem zu mir und meinem Leben.

Bis zum heutigen Tag habe ich fast alle Punkte auf meiner Liste abgehakt. Nur zwei sind noch offen: Ich muss noch mit einer Rakete zu einer Raumstation fliegen und auf dem Mond spazieren gehen. Aber auch bei diesen Zielen zeichnet sich schon ab, dass ich sie eines Tages erreichen werde.

Meine Abenteuer

Ich wurde der erste flugtaugliche zugelassene zivile Astronaut aus Australien und gehörte zur Ersatzmannschaft für den Flug TMA 13 des russischen Raumschiffs Sojus zur Internationalen Raumstation (ISS). Nach wie vor bin ich für einen künftigen Flug zur ISS eingeteilt.

Ein paar Jahre habe ich in Moskau verbracht, wo ich meine Ausbildung zum Kosmonauten am Yuri Gagarin Cosmonaut Training Center in Star City abschloss. Während der Ära des Kommunismus wurden sowjetische Kosmonauten im Geheimen ausgesucht, vorbereitet und ausgebildet.

Mein Leben ist geprägt von extremen Abenteuern. So habe ich mehr als 155 Länder bereist. Ich habe mit den Tuareg und den Beduinen die Sahara durchquert. Ich habe in einem umgebauten russischen Abfangjäger MIG 25 die Schallmauer durchbrochen und dabei fast eine Geschwindigkeit von Mach 3,2 erreicht (was 3470 Stundenkilometern entspricht) und dabei die Erdkrümmung wahrgenommen.

Meine Rockband war mit bekannten Gruppen wie Bon Jovi und Deep Purple auf Tour. Ich habe an Bord einer Tauchkapsel die *Titanic* in knapp 4000 Metern Tiefe besucht und habe auf dem Grund des Nordatlantik mein Mittagessen verzehrt. Ich habe die höchsten Berggipfel in fünf Kontinenten erklommen, darunter auch den gewaltigen Aconcagua in den Anden. Mir fehlen noch zwei, damit ich zu der Handvoll Bergsteigern zähle, die erfolgreich die »Seven Summits« bestiegen haben, also die jeweils höchsten Berge der sieben Kontinente. Ich habe an meinem letzten Geburtstag aus einer Höhe von knapp 10 000 Metern über dem Gipfel des Mount Everest in Nepal einen Freifallsprung mit Sauerstoffversorgung absolviert. Ich wurde in die Tiefe der meisten noch aktiven Vulkane herabgelassen.

Ich habe mich in einem Flugzeug im Mittleren Westen der USA ins Auge von Tornados und Hurrikans über dem Atlantik gestürzt. Mir ist es sogar gelungen, dem abgesetzten Diktator Ägyptens eine Genehmigung abzuluchsen, dass ich eine Nacht in der 5000 Jahre alten Cheops-Pyramide in Gizeh verbringen durfte – genauer gesagt in der Königskammer in absoluter Dunkelheit in einem Sarkophag. Übrigens, darin haben auch schon Napoleon Bonaparte, Alexander der Große, Herodot, Sir Isaac Newton und andere Größen der Menschheitsgeschichte übernachtet. Die Presse hat mir den Spitznamen »Thrillionaire« verliehen, was ein Wortspiel aus den englischen Wörtern »thrill« für »Nervenkitzel« und »millionaire« für »Millionär« ist.

Meine Unternehmen auf der ganzen Welt

In den vergangenen zwei Jahrzehnten haben meine Unternehmen über eine Million Menschen aus mehr als 57 Ländern beeinflusst. Ich halte Grundsatzreden und gebe unternehmerische Schulungen in der ganzen Welt. Ich genieße das Privileg, in den entferntesten Winkeln dieser Erde Reden zu halten, in die ein normaler Tourist niemals reisen würde. Erst neulich hielt ich in Nordkorea, dem Königreich der Eremiten, einen Vortrag und unterrichtete eine Abschlussklasse in Geografie. In Teheran, Iran, habe ich ein Seminar mit über 750 Investoren und Unternehmern abgehalten.

> »Gehe nicht dorthin, wohin der Weg dich führt, gehe stattdessen dort, wo noch kein Weg ist, und hinterlasse deinen eigenen.«
> RALPH WALDO EMERSON

Höchste Zeit, dass Sie *Ihre* Träume leben

Mein abenteuerliches Leben war mir nicht etwa möglich, weil ich als Sohn reicher Eltern zur Welt gekommen bin. Da ich auch keine wohlhabenden Freunde hatte wie Tim seinen Captain Haddock, war mir klar, dass ich mein Leben als Abenteurer mit mehreren Einkommensströmen finanzieren musste. Ich habe das Licht der Welt nicht mit dem goldenen Löffel im Mund erblickt – aber mit jeder Menge Potenzial. Mein Leben wurde nicht von Zufällen oder Glück bestimmt. Ich habe einfach nur nach dem Drehbuch gelebt, das ich als kleiner Junge verfasst habe. Mein Dasein war das Ergebnis aller Entscheidungen, die ich im Laufe meines Lebens getroffen habe. Als Kind war ich lange Zeit sehr krank, aber ich ließ nicht zu, dass mich diese Krankheiten in irgendeiner Weise einschränkten. Ich war gezwungen, die Hindernisse aus dem Weg zu räumen, die drohten, meinen Weg zur Selbsterkenntnis zu versperren. Ich hatte mir viel vorgenommen, und das wollte ich auch erreichen!

Es gibt nichts, das Sie daran hindern könnte, Ihr Leben ebenso anzupacken, wie ich es getan habe. Vielleicht wollen Sie die Welt ja gar nicht bereisen, und auch die anderen Abenteuer meines Lebens lassen Sie kalt. Verstehen Sie mich nicht falsch, ich möchte ja gar nicht, dass Sie es mir gleichtun. Aber ich möchte Sie dazu inspirieren, Ihr Leben nach Ihren Träumen und Wünschen zu gestalten.

> »Seien Sie in Ihrem eigenen Film doch kein Komparse!«
> BOB PROCTOR

Die Welt da draußen ist eine Welt voller Abenteuer und Nervenkitzel – da ist bestimmt auch etwas für Sie dabei. Vielleicht wollen Sie ja in einem Haus am Strand leben und jeden Tag surfen. Oder im Wohnmobil die Welt bereisen. Oder Sie möchten den Menschen in den Entwicklungsländern helfen. Oder einfach nur mehr Zeit mit Ihrer Familie verbringen oder mehr Freizeit haben, um gute Bücher zu lesen.

Was immer Sie aus Ihrem Leben machen wollen – tun Sie es! Lassen Sie sich nicht einreden, es wäre nicht zu schaffen; lassen Sie sich von nichts und niemandem aufhalten! Das Leben ist die größte Show auf Erden. Sehen Sie zu, dass Sie in der ersten Reihe sitzen. Ihnen stehen Möglichkeiten offen, von denen unsere Vorfahren nicht einmal zu träumen gewagt haben. Streichen Sie alle Ausreden aus Ihrem Kopf und Wortschatz. Werfen Sie alle Pessimisten und Bedenkenträger aus Ihrem Leben. Umgeben Sie sich mit Menschen, die Sie inspirieren, und tauchen Sie ein in die Welt der Inspirationen. Tun Sie, was immer notwendig ist, um sich aus der Falle des Gewöhnlichen zu befreien.

Denn eines kann ich Ihnen verraten: Es lohnt sich!

> »Tu erst das Notwendige,
> dann das Mögliche,
> und plötzlich schaffst du
> das Unmögliche.«
> — Franz von Assisi

KAPITEL 34

MACHEN SIE SICH AN IHR EIGENES 5-TAGE-WOCHENENDE

Beim Militär bezeichnet Strategie einen groß angelegten und langfristigen Handlungsrahmen, um ein bestimmtes Ziel zu erreichen. Bei der Taktik geht es um den Einsatz der Truppen in einem Kampfgebiet. Kurz gesagt, die Strategie befasst sich mit dem großen Ganzen, Taktik dagegen mit den knallharten Details.

Garrett und ich haben Ihnen die Strategie für ein 5-Tage-Wochenende nahegebracht. Wir können Ihnen nicht sagen, nach welcher Taktik Sie vorgehen sollen oder wie Ihr Plan für jeden einzelnen Tag aussehen soll. Schließlich ist jeder Mensch anders. Jeder hat seine eigenen Interessen, Stärken und Möglichkeiten. Wir haben die Landkarte vor Ihnen ausgebreitet. Und jetzt müssen Sie sich durchs Terrain kämpfen.

Kein Plan für ein 5-Tage-Wochenende gleicht einem anderen wie ein Ei dem anderen, jeder Plan ist einzigartig. Doch im Großen und Ganzen weisen die Pläne folgende Gemeinsamkeiten auf:

1. Persönliche Freiheit steht im Mittelpunkt

5-Tage-Wochenendler sind alles andere als die typischen Bürogänger, die von 9.00 bis 17.00 Uhr ihrem Job nachgehen. Sie haben nicht vor, an die 40 Jahre für ihren Chef zu arbeiten, um dann ein Leben als Rentner zu führen. Sie sind nicht bereit, ihre Träume gegen die Illusion von Sicherheit und einen bequemen Job einzutauschen.

Sie sind kämpferische Freigeister, die sich unermüdlich und geradezu obsessiv für persönliche und finanzielle Freiheit einsetzen. Dafür sind sie bereit, alles zu geben – und sie bleiben am Ball, auch wenn es länger dauert. Sie geben sich erst zufrieden, wenn sie ihre finanzielle Freiheit erreicht haben – und selbst dann schalten sie nicht in den Schongang, sondern machen sich daran, diese Freiheit weiter auszubauen.

5-Tage-Wochenendler machen nach einem Rückschlag da weiter, wo sie aufgehört haben. Sie lernen aus ihren Fehlern und werden immer klüger und weiser und kommen dem Erfolg jedes Mal ein kleines Stückchen näher, wenn sie auf die Nase fallen. Sie geben niemals auf.

2. Querdenken lautet die Devise

5-Tage-Wochenendler haben sich von der »Matrix« befreit. Sie durchschauen die Lügen und Eigeninteressen von Unternehmen und Medien. Sie verstehen auch das Kleingedruckte und lesen zwischen den Zeilen des Gesellschaftsvertrags. Sie blicken über den eigenen Tellerrand hinaus. Sie wollen aus dem Käfig gesellschaftlicher Normen ausbrechen. Sie tun niemals etwas, »weil wir das schon immer so gemacht haben«. Sie leben ihr Leben nach ihren Vorstellungen. Sie sind Querdenker und Abtrünnige, Pioniere und Entdecker, Vordenker und Macher. Sie sind stets auf der Suche nach Wegen, wie man die Dinge auf intelligente Weise verbessern und skalieren kann.

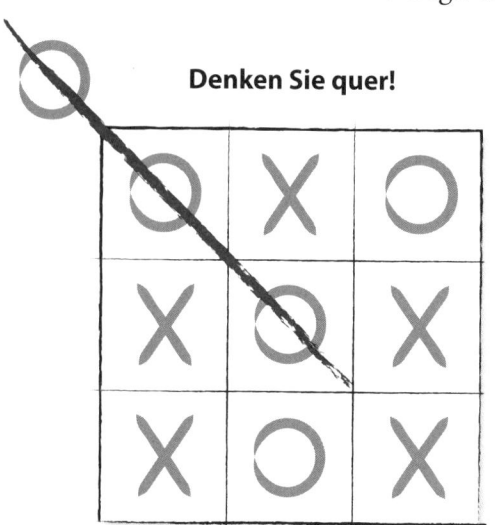

Denken Sie quer!

3. Cashflow-Investitionen – keine Vermögensbildung

5-Tage-Wochenendler investieren nicht in langfristige vermögensbildende Maßnahmen, von denen die Finanzinstitutionen mehr profitieren als sie selbst. Sie setzen vielmehr in smarte, um nicht zu sagen ausgebuffte Investitionen, die sofort und dauerhaft Cashflow generieren. Sie verweigern sich dem Magazin *Money* und hören auch nicht darauf, wozu ihnen sogenannte Experten raten.

Sie wissen, dass der Weg zur finanziellen Freiheit nur mit Cashflow möglich ist und dass dieser nur generiert werden kann, wenn das passive Einkommen ihre Ausgaben übersteigt. Am besten aber ist, dass ihnen klar ist, dass sie dafür keine 30 Jahre brauchen.

4. Fokussierte Investitionen – keine Streuung

5-Tage-Wochenendler unterlassen die Risikominimierung durch breite Streuung. Ganz im Gegenteil, sie managen das Risiko, indem sie sich auf eine Anlagestrategie konzentrieren. Ihnen ist nämlich klar, dass eine Streuung mittelmäßiger Investitionen eine passive Strategie nach dem Prinzip »Hoffen und Beten« darstellt, die nur von den Leuten umgesetzt wird, die keine Ahnung haben.

Auch wenn das oberste Ziel der 5-Tage-Wochenendler die Generierung passiven Cashflows ist, übernehmen sie den aktiven Part bei allen Investitionen, für die sie sich entschieden haben. Sie gehen ihren eigenen Weg. Sie machen sich über jede potenzielle Investitionsmöglichkeit schlau, damit sie genau wissen, in was sie ihr Geld stecken. Sie wissen im Vorfeld, wie sie wieder heil rauskommen. Die Folge? Sie haben viel mehr Kontrolle über ihre Kapitalanlagen.

5. Investitionen – unter Berücksichtigung eigener Stärken

5-Tage-Wochenendler wissen, wofür sie brennen, und kennen ihre Interessen, Stärken und Schwächen als Investoren. Sie konzentrieren sich auf die Bereiche, mit denen sie sich auskennen und die ihnen wichtig sind. Sie lassen die Finger von Umfeldern, von denen sie keine Ahnung haben oder die sie nicht interessieren, ihnen aber Geld in die Kasse spülen könnten. Ihnen ist bewusst, dass die beste und sicherste Methode, Geld zu machen, darin liegt, sich auf das zu konzentrieren, was man am besten kann.

5-Tage-Wochenendlern ist klar, wie wichtig die Wertschöpfung ist. Da sie sich selbst gut kennen, wissen sie auch, wie sie mit jeder Investition dazu beitragen können. Sie drücken ihr Geld nicht einem Dritten in die Hand und lassen ihn dann einfach machen. Nein, sie setzen ihre einzigartigen Stärken und Fähigkeiten ein, um das Beste aus ihren Investitionen herauszuholen.

6. Ein sinnvolles Leben führen

5-Tage-Wochenendlern geht es nicht nur ums Geld. Für sie ist Geld nur ein Mittel, das ihnen die finanzielle Unabhängigkeit ermöglicht. Und Freiheit bedeutet für sie eben nicht, den ganzen Tag faul in der Sonne herumzuliegen – sie wollen einen Sinn in ihrem Leben erkennen.

Sie setzen sich dafür ein, die Welt zu einem besseren Ort zu machen. Je mehr Geld sie einnehmen, umso mehr setzen sie sich für ihr Lebensziel ein. Nicht ihr Wissen macht sie zu wertvollen Mitgliedern unserer Gesellschaft, sondern das, was sie mit ihr teilen. Finanzielle Unabhängigkeit ist für sie nicht das Ende vom Lied, sondern erst der Anfang.

Ihre nächsten Schritte

Das waren aber jetzt viele Informationen auf einmal, oder? Die müssen Sie erstmal verarbeiten. Und Sie müssen eine Reihe von Entscheidungen treffen. Die Planung Ihres 5-Tage-Wochenendes ist so einzigartig wie Sie. Doch damit Sie schon mal anfangen können, haben wir Ihre nächsten Schritte für Sie zusammengestellt:

1. Verpflichten Sie sich dazu.
Verpflichten Sie sich jetzt, mit der Realisierung Ihres 5-Tage-Wochenendes zu beginnen. Legen Sie fest, bis wann Sie dieses Ziel erreichen wollen. Halten Sie das schriftlich fest! Lesen Sie sich dieses Vorhaben jeden Tag aufs Neue wieder durch. Halten Sie durch!

2. Wer sind Sie? Lernen Sie sich kennen.
Beginnen Sie Ihre Reise der Selbstfindung, die Ihr ganzes Leben dauern wird. Nutzen Sie dafür die in diesem Buch vorgestellten Werkzeuge und bitten Sie Ihre Freunde und Familie, mit Ihnen gemeinsam herauszufinden, wo Ihre Stärken und Schwächen liegen, was Sie interessiert, wofür Sie brennen und was der Sinn des Lebens für Sie ist. Je besser Sie sich selbst kennen, umso einfacher wird es für Sie, die rich-

tigen Gelegenheiten zu erkennen, um ein gutes Geschäft zu machen oder in die richtigen Dinge zu investieren. Außerdem werden Sie auf diese Weise zu einem effizienteren Unternehmer und Investor.

3. Bringen Sie Ordnung in Ihre Finanzen.
Setzen Sie die Tipps und Empfehlungen aus Teil II dieses Buchs »Mehr Geld behalten« um, damit Sie Ihre Schulden abbauen und letzten Endes schuldenfrei sind. Stopfen Sie Ihre Cashflow-Löcher, maximieren Sie Ihre finanzielle Effizienz, bauen Sie Vermögen auf, bilden Sie eine gesunde finanzielle Grundlage und schaffen Sie die Basis, um Ihre Effizienz zu optimieren.

4. Planen Sie, wie Sie Ihr Einkommen als Unternehmer erhöhen können.
Überlegen Sie sich mithilfe der in diesem Buch und anderen Quellen enthaltenen Informationen, welche Geschäftsideen Sie faszinieren und Sie auch realisieren wollen, um Ihr Einkommen zu erhöhen. Brainstorming ist eine gute Idee. Machen Sie sich schlau und überlegen Sie sich etwas, das zu Ihnen passt.

5. Legen Sie los.
Schmieden Sie einen Plan für die weitere Vorgehensweise, und dann fangen Sie an! Lassen Sie sich weder von Ihren eigenen Ängsten und Zweifeln noch von den entmutigenden Worten anderer aufhalten. Gründen Sie ein Unternehmen. Bauen Sie etwas auf. Erfahrung ist der beste Schulmeister. Sobald Sie dazu gelernt haben, passen Sie Ihren Plan entsprechend an. Lernen Sie aus Ihren Fehlern die richtige Lektion.

> »Ziele werden in Stein gemeißelt, Pläne in Sand geschrieben.«

In meinem Büro hängt ein Bild von einer Mausefalle und einer Maus. Sie wissen ja, die meisten Mäuse werden von dem Käse in der Falle angelockt, spazieren geradewegs hinein und zack, schnappt die Falle zu. Nicht dagegen meine Maus! Sie hangelt sich von oben an einem Draht hinunter zum Käse.

Dieses einfache Bild symbolisiert das Mantra meines Lebens: Der Querdenker gewinnt! Der Büroalltag von 9.00 bis 17.00 Uhr ist eine

Falle. Aber wir müssen ja nicht hineintappen. Wir können ihr entfliehen – und trotzdem so viel Käse schnabulieren, wie wir wollen. Die Anleitung, wie auch Sie lernen können, querzudenken, steht außen auf der Falle.

Das 5-Tage-Wochenende zu realisieren, mag Ihnen unmöglich vorkommen. Vielleicht denken Sie ja, dass es nur wenigen Menschen auf dieser Welt bestimmt ist, es in die Tat umzusetzen. Doch vielleicht haben Sie ja schon von Roger Bannister gehört, dem berühmten britischen Mittelstreckenläufer, dem es 1954 als erstem Menschen gelang, die englische Meile, also etwa 1,6 Kilometer, unter vier Minuten zu laufen – damals eine vermeintlich unmögliche sportliche Leistung. Weitaus interessanter als seine Bestleistung ist für mich jedoch, dass es innerhalb von neun Monaten nach seinem Rekord dreißig weiteren Läufern gelungen ist, diesen Meilenstein ebenfalls zu erreichen. Unmöglichkeit ist keine Tatsache und kein Gesetz, sondern eine Meinung. Unmöglichkeit ist eine vorübergehende geistige Haltung.

Das 5-Tage-Wochenende *wurde* realisiert, und zwar nicht nur von mir, sondern von Tausenden von Menschen auf dieser Welt. Der Rekord wurde gebrochen, die Schleusen geöffnet. Und jetzt sind *Sie* an der Reihe.

Stellen Sie sich der Herausforderung. Blättern Sie um und vervollständigen Sie Ihre Absichtserklärung. In Kapitel 4 können Sie noch einmal nachlesen, was eine passive Einkommensquote ist.

> »Es gibt nur einen Erfolg:
> auf deine eigene Weise leben zu können.«
> CHRISTOPHER MORLEY

Call to Action
Ihre Absichtserklärung

Ich stelle mich der Herausforderung!

Ich verpflichte mich hiermit, mir mein 5-Tage-Wochenende zu ermöglichen und mein Leben in vollen Zügen zu genießen.

Und so werde ich dieses Ziel erreichen.

Meine passive Einkommensquote wird bei 1:1 liegen, indem ich bis zum _____ (Datum hier eintragen) über ein passives Einkommen in Höhe von _____ (Summe hier eintragen) verfüge.

Meine passive Einkommensquote wird bei 2:1 liegen, indem ich bis zum _____ (Datum hier eintragen) über ein passives Einkommen in Höhe von _____ (Summe hier eintragen) verfüge.

Meine passive Einkommensquote wird bei 5:1 liegen, das heißt ich bin finanziell absolut unabhängig, indem ich bis zum _____ (Datum hier eintragen) über ein passives Einkommen in Höhe von _____ (Summe hier eintragen) verfüge.

Ich plane eine passive Einkommensquote von 10:1 bis zum _____ (Datum hier eintragen), indem ich über ein passives Einkommen in Höhe von _____ (Summe hier eintragen) verfüge.

Unterschrift:_____

Datum: _____

 Besuchen Sie unsere Website 5DayWeekend.com und laden Sie das passende Arbeitsblatt herunter und drucken es aus (nur in englischer Sprache verfügbar).
Passwort: P16

Arbeitsblätter für Ihr 5-Tage-Wochenende

Besuchen Sie unsere Website 5DayWeekend.com und laden Sie sich alle Arbeitsblätter herunter (nur in englischer Sprache verfügbar, sie erscheinen auf der Website in der gleichen Reihenfolge wie in dieser deutschen Ausgabe des englischen Originals).

	Arbeitsblatt	Seite	Passwort
1	Passives Einkommen	52	P1
2	Call to Action: Ihr Plan für ein 5-Tage-Wochenende	56	P2
3	Die Rockefeller-Formel	98	P3
4	Call to Action: Raus aus der Schuldenfalle	106	P4
5	Der Geschäftsideentest	159	P5
6	Der Ideenoptimierer	160	P6
7	Call to Action: Ihre Einkommensplanung in der Selbstständigkeit	167	P7
8	Cashflow durch Immobilien/ROI	197	P8
9	Investieren mit Tax Liens	222	P9
10	Sharelord-Investitionen	225	P10
11	Die Bankstrategie	228	P11
12	Kryptowährungen	241	P12
13	Call to Action: Ihr Investitionsplan	263	P13
14	Call to Action: Die Vorbereitung Ihrer Reise	289	P14
15	Call to Action: Ihr Plan für ein unabhängiges Leben	336	P15
16	Call to Action: Ihre Absichtserklärung	355	P16

ENDNOTEN

1 https://www.conference-board.org/publications/publicationdetail.cfm?publicationid=2785
2 Laut einer repräsentativen Studie des Personaldienstleisters ManpowerGroup Deutschland ist fast die Hälfte der Berufstätigen mit ihren Arbeitsbedingungen unzufrieden. https://www.manpowergroup.de/fileadmin/manpowergroup.de/Studien/MAN_190820_Bevoelkerungsbefragung_Jobzufriedenheit_2019.pdf
3 Quelle: https://www.haufe.de/personal/haufe-personal-office-platin/kuendigungsfristen-arbeitsrecht_idesk_PI42323_HI727064.html
4 www.weforum.org/agenda/2016/01/5-million-jobs-to-be-lost-by-2020/
5 https://www.ftc.gov/news-events/press-releases/2013/02/ftc-study-five-percent-consumers-had-errors-their-credit-reports
6 Quelle: https://www.wiwo.de/finanzen/steuern-recht/falsche-schufa-auskunft-fehler-aufspueren-kreditwuerdig-bleiben/13076190-3.html
Der Focus hat hierzu noch stärkere Zahlen veröffentlicht:
https://www.focus.de/finanzen/banken/ratenkredit/falsche-daten-teure-gebuehren-test-enthuellt-fehler-in-jeder-zweiten-schufa-auskunft_id_4046967.html
7 In Deutschland ist es seit der DSGVO öfter möglich. Quelle: https://www.finanztip.de/blog/schufa-jetzt-daten-mehrmals-im-jahr-kostenlos-abfragen/
8 Quelle: https://www.test.de/Wohngebaeudeversicherung-Vergleich-4255878-0
9 Aufgemerkt! Dies ist ein rein theoretisches Beispiel. Sie müssen die Spielregeln kennen, um Ihre Cashflow-Versicherung zu beleihen. Sie müssen zum Beispiel wissen, dass sich die Leistung im Todesfall reduziert, wenn Sie dieses Darlehen nicht vor Ihrem Tod getilgt haben. Sollten Sie das Ganze nicht richtig angehen, könnte Ihnen die Versicherungsgesellschaft kündigen. Wenden Sie sich bitte erst an einen Experten, bevor Sie einen Kredit mit einer Lebensversicherung sichern.
10 Barry Dyke, The Pirates of Manhattan (Orlando, Fl. International Drive, 2007)
11 Quelle: https://de.statista.com/statistik/daten/studie/158665/umfrage/freie-berufe-selbststaendige-seit-1992/
12 http://www.go-globe.com/blog/mobile-apps-usage/
13 http://fortune.com/2015/07/29/video-game-coach-salary/
14 https://en.wikipedia.org/wiki/Sharing_economy
15 https://hbr.org/2015/01/the-sharing-economy-isnt-about-sharing-at-all
16 Cecilia Kang, »Podcasts Are Back — and Making Money«, Washington Post, 25. September 2014. https://www.washingtonpost.com/business/technology/podcasts-are-back--and-making-money/2014/09/25/54abc628-39c9-11e4-9c9f-ebb47272e40e_story.html?utm_term=.3bc42ee6f691
17 http://www.edisonresearch.com/wp-content/uploads/2016/05/The-Podcast-Consumer-2016.pdf
18 http://www.globalwellnessinstitute.org/global-wellness-institute-study-34-trillion-global-wellness-market-is-now-three-times-larger-than-worldwide-pharmaceutical-industry/
19 http://statista.com/topics/962/global.tourism/
20 A. d. Ü: Im Optionsgeschäft versteht man unter Credit Spread Verknüpfungen von Optionen, bei denen zunächst ein Prämienüberschuss erwirtschaftet wird. Ein Beispiel für einen Credit Spread ist der Vertical Bull Put Spread. Dabei wird eine Put-Option mit einem höheren Ausübungspreis verkauft und eine weitere mit einem niedrigeren gekauft. Da zu zahlende Prämien für Put-Optionen mit größerem Ausübungspreis

höher sind, entsteht zunächst ein Prämienüberschuss, der bei richtiger Kurseinschätzung des Haussiers bestehen bleibt. Auch der Vertical Bear Call Spread ist ein Beispiel für einen Credit Spread. Schließlich wird dort eine Call-Option mit einem niedrigeren Ausübungspreis verkauft und eine weitere mit einem höheren gekauft. Da die Prämien für Calls mit geringerem Ausübungspreis höher sind, entsteht zunächst ein Ertrag aus den Prämien, der bei richtiger Markteinschätzung des Baissiers den maximal möglichen Gewinn darstellt.
21 Quelle: https://de.statista.com/statistik/daten/studie/250959/umfrage/flaechenumsatz-von-lager-und-logistikimmobilien-in-deutschland/
22 Quellen:
https://www.finanzen.net/rohstoffe/goldpreis
https://www.finanzen.net/rohstoffe/silberpreis
23 https://www.cbsnews.com/news/retirement-dreams-disappear-with-401ks/ /
D. Ü.: In den USA werden von Unternehmen für ihre Mitarbeiter häufig Entgeltbestandteile in bestimmte steuerlich begünstigte Rentensparpläne (Retirement Plans) eingezahlt, die von verschiedensten Finanzinstituten angeboten werden. Hintergrund ist, dass solche Einzahlungen bei Vorliegen bestimmter Voraussetzungen nicht als Einkommen zu versteuern sind. Bei den weit verbreiteten 401(k) verzichtet der Mitarbeiter auf die Auszahlung eines Teils seines Einkommens und lässt diesen in den Sparplan einzahlen. Im Prinzip ist das mit der betrieblichen Altersvorsorge in Deutschland zu vergleichen.
24 Richard Paul Evans, The Five Lessons a Millionaire Taught Me About Life and Wealth (New York: Simon & Schuster, 2006)
25 Quelle: Charles Duhigg, Die Macht der Gewohnheit (Berlin: Bloomsbury Verlag, 2012)
26 www.nature.com/articles/nature04053
27 Maggie Fox, »Feeling Tired? Exercise a Little«, Reuters, 29. Februar 2008, http://www.reuters.com/article/us-exercise-fatigue-idUSN2922162420080229
28 Lloyd Steven Sieden, »Buckminster Fuller's Universe: His Life and Work« (New York: Basic Books, 1989), S. 87–88
29 Phil Patton, »A 3-Wheel Dream That Died at Takeoff«, New York Times, 15. Juni 2008.
30 www.grameen.com
31 Henry David Thoreau, Walden. Oder das Leben in den Wäldern (Berlin: Europäischer Literaturverlag, 2017)
32 https://www.jstor.org/stable/2489522?seq=1#page_scan_tab_contents
33 https://www.sciencedaily.com/releases/2010/03/100322092057.htm
34 http://dare.uva.nl/cgi/arno/show.cgi?fid=609413
35 www.mindful.org/jon-Kabat-Zinn-defining-mindfulness/
36 www.newyorker.com/magazine/2003/10/13/jumpers
37 http://www.apa.org/research/action/rich.aspx
38 https://www.psychologytoday.com/blog/significant-results/201302/how-avoid-regret
39 https://www.huffingtonpost.com/2016/12/12/international-day-of-happiness-helping-_n_6905446.html
40 http://www.telegraph.co.uk/news/features/3634620/Miserable-Bored -You-must-be-rich.html
41 http://sethgodin.typepad.com/seths_blog/2014/12/where-to-start.html

DANKSAGUNG

Von Nik

Wenn ich darüber nachdenke, wie wir an diesem Buch geschrieben haben, erinnere ich mich nur allzu gerne daran, an welchen exotischen Orten wir so manches Kapitel verfasst haben – mit einem Segelboot auf dem Nil, auf einer Jacht vor den griechischen Inseln oder in einem Düsenjet in 10 000 Metern Höhe.

Ich möchte mich bei den Menschen bedanken, die mir in meinem Leben sehr wichtig sind – und die maßgeblich an diesem Buch mitgewirkt haben.

Bei meiner Mutter Dionisia, die immer an mich glaubt und die zeit meines Lebens eine unglaubliche Entschlossenheit und Willensstärke an den Tag gelegt hat. Dann bei Cintya, Victoria, Georgia und Jim für ihre bedingungslose Liebe, Unterstützung, ihr Engagement und ihren Respekt. Ihr seid es, die mich groß träumen lassen und mein Leben mit Leidenschaft füllen.

Bei meinem besten Freund Bob Proctor für seine klugen Ideen, seine Expertise im Bereich der persönlichen Entwicklung und weil er mich gelehrt hat, dass wir alle reich an Talenten und Gaben auf die Welt kamen.

Bei Ray Bard von Bard Press. Danke, dass du an mich geglaubt hast. Herzlichen Dank für deine inspirierende Art, mich bei der Hand zu nehmen, für deinen Einsatz, deine Leidenschaft und deine unermüdliche Hilfe bei diesem Projekt. Ich bin dir unendlich dankbar, mein Guter!

Bei Garrett Gunderson, weil er mich an seinem breiten Wissen und seiner Erfahrung mit Finanzen teilhaben ließ und mir eine ambitionierte Geschichte über finanzielle Freiheit ans Herz gelegt hat. Danke, dass du das Leuchtfeuer dieses Projekts warst.

Bei meinen Klienten, die meinen Mastermind-Seminaren und Schulungen für Unternehmen nicht nur beigewohnt, sondern sich voll und ganz eingebracht haben. Bei meinen Logistikmitarbeitern, die mir dabei geholfen haben, meine 5-Tage-Wochenende-Events auf fünf Kontinenten zu organisieren, für ihre Unterstützung meines Vorhabens, das Leben vieler von Grund auf zu ändern.

Danke, dass ich der Zwerg auf den Schultern von Riesen sein durfte. Großer Dank geht an meine Mentoren, die mein Leben geprägt haben und denen ich meine Lebensphilosophie, meine Erkenntnisse und meine unerschütterliche Entschlossenheit zu verdanken habe. Ich weiß zu schätzen, was ihr für mich getan habt.

Wagt zu träumen. Füllt euer Leben mit Sinn. Macht euer Leben zu einem sagenhaften Abenteuer.

Von Garrett

Das war ein aufregendes und ausuferndes Projekt für mich. Nik Halik, ich danke dir, weil du ein wahres Vorbild in Sachen 5-Tage-Wochenende bist und mein Leben durch unsere Partnerschaft bereicherst.

Großer Dank geht an Ray Bard und das Team von Bard Press, ihr habt euch weit mehr für dieses Buch engagiert, als ich es erwartet hatte – und das, obwohl ich die Messlatte sehr hoch angesetzt hatte, da ich wusste, dass ihr die Besten seid. Danke für euer Feedback und euer Wissen – und dafür, dass ihr mich in jeder Hinsicht unterstützt habt.

Dank an dich, Mick Hines, meinen Freund, für deine Hingabe für dieses Projekt. Du hast in Windeseile deine Koffer gepackt und bist in die entlegensten Winkel dieser Erde gereist. Du bist mein persönlicher Coach – ich kann immer von dir lernen.

Herzlichen Dank an mein Team bei der Wealth Factory: Norm (der Beste von allen), Mat, Tom, Stephen, Wade, Dale, Tim, Matthew, Boon, Garrick, Aaron, David, Brandon, Tricia (die immer auf mich aufgepasst hat), Amanda, Demi und Nordy. Ihr alle habt dieses Buch möglich gemacht – allein schon wegen euch hat sich die Mühe gelohnt. Danke für eure Recherchen, Ergebnisse und unsere partnerschaftliche Zusammenarbeit.

Vielen Dank, Dan Sullivan und Babs Smith, ihr wart die Ersten, die mir gezeigt haben, wie kostbar Auszeiten sind. Danke Rich Christiansen, weil du zu meinem inneren Kreis gehörst. Ich weiß deinen Rat stets zu schätzen. Danke, Ryan, Moe und Derick, weil ihr nicht aus meinem Leben wegzudenken seid. Mike Isom, ich danke dir für deine Freundschaft und deinen Job als mein Reisebegleiter.

Jon und Missy Butcher, ihr habt die Messlatte in Sachen Lebensqualität hoch angesetzt – danke dafür. John Vieceli, danke für dein Lachen und weil du der ultimative Sportler der nicht sportlichen Quasi-Sportarten bist und ein erstklassiger Planer.

Danke, Mom und Dad, weil ihr immer für mich da seid und so viel für mich getan habt, damit ich eine ausgeprägte Arbeitsdisziplin, Leidenschaft und Familienwerte entwickeln konnte. Ich liebe euch.

Herzlicher Dank geht an meine Jungs Breck und Roman. Dieses Buch ist sozusagen die Anleitung für ein außergewöhnliches Leben. Ich freue mich, dass ich es euch als Teil meines Erbes in die Hand drücken kann – nehmt es euch zu Herzen! Ich liebe euch.

Ich danke meiner Frau Carrie, der Liebe meines Lebens und meiner größten Vertrauten. Du siehst immer nur das Beste in mir, du erdest mich, wenn ich mich verliere. Du zeigst mir, was das Wichtigste im Leben ist. Mit dir ist mein Leben viel schöner.

Von Nik und Garrett

Danke Michael Drew, weil du diesem Projekt Leben eingehaucht hast. Du hast uns an einen Tisch gebracht, hast uns immer wieder auf neue Ideen gebracht, hast uns mit deiner nie nachlassenden Begeisterung ermutigt und die Marketingstrategie geplant.

Unser Dank geht an Cindé Johnson, die rechte Hand von Michael, und das gesamte Team für die logistischen Meisterleistungen und die fortwährende Unterstützung.

Stephen Palmer, danke für deine Leistungen als Sprachkünstler. Du hast unsere Erwartungen bei Weitem übertroffen.

Charlie Fusco, du hast unserer Stimme und dem Geist des 5-Tage-Wochenendes Ausdruck verliehen.

Großer Dank an Joe Polish, Yanik Silver, Robert Hughes und Sophia Umanski, Jayson Gaignard, Hollis Carter, Michael Lovitch, Roy Williams (Wizard Academy) für eure lehrreichen Plattformen, Beiträge, Masterminds und Führung.

Danke dem Team von Bard Press, dem Herausgeber Robert Todd für seine Ideen, seine ermutigenden Worte und die detaillierten Korrekturen. Randy Miyake und Gary Hespenheide von Hespenheide Design, danke für die tolle Text- und Covergestaltung. Danke, Deborah Costenbader, für deine tolle Arbeit bei all den kritischen Details. Großer Dank an Sherry Todd, weil wir es dir zu verdanken haben, dass das Buch rechtzeitig in Druck ging. Danke auch an Joe Pruss für seine fortwährende Unterstützung.

Jason West, Chris Zaino, Pete Vargas – ihr wart leuchtendes Beispiel für so viele Menschen.

Patrick Gentempo und JJ Virgin – danke, weil ihr euch so für unsere Arbeit eingesetzt habt.

Besten Dank an alle, die sich dem 5-Tage-Wochenende und der Wealth Factory verschrieben haben und sich dafür einsetzen. Ihr seid die Spitze des Eisbergs unserer Mission, eine Million Menschen in die finanzielle Unabhängigkeit zu geleiten.

Content-Berater
(auch bekannt als potenzielle Kunden)

Es ist immer eine gute Idee, seinen Kunden zuzuhören. Übertragen auf die Bücherwelt heißt das, dass es am besten ist, das Manuskript in seinem Freundeskreis zu verteilen – natürlich verbunden mit der Bitte, sich wie ein Kritiker zu verhalten, schonungslos ehrlich zu sein und mit allen Ideen herauszuplatzen, wie man daraus ein tolles Buch macht.

Wir haben das Manuskript in drei verschiedenen Phasen Leuten zum Lesen gegeben. Jedes Mal hat es sich für uns gelohnt – sie alle waren uns eine große Hilfe. Nach ihrem Feedback in der ersten Phase haben wir unsere Pläne für dieses Buch neu überdacht. In den anderen beiden Phasen sind wir auf ihre Anregungen eingegangen und haben unsere Botschaft neu formuliert.

Wir haben auch viele kritische Stimmen zum Titel und zur Umschlaggestaltung dieses Buchs erhalten.

Ohne diese Kommentare und Tipps wäre dieses Buch nie so gut geworden. Vielen Dank an all unsere Leser.

Danny Blitz
Ben und Joyce Frank
David Hathaway
Robyn R. Jackson
Daniel Kimbley
Brian Kurtz
Melissa Lombard

Brent Longhurst
Stephanie Melish
David Polis
Scott Provence
Troy Remelski
Cynthia Robbins
Todd Sattersten

GARRETT B. GUNDERSON

Garrett hat mehrere *New-York Times*-Bestseller verfasst, ein Finanzunternehmen gegründet, das zu den 500 besten Amerikas zählt, ist Chief Wealth Architect der Wealth Factory, schreibt für das Wirtschaftsmagazin *Forbes* und hält häufig Vorträge. Sein Buch *Killing Sacred Cows: Overcoming the Financial Myths That Are Destroying Your Prosperity* zeigt auf, wie ein nachhaltiges Vermögen aufgebaut werden kann und Fehler vermieden werden können.

Er ist in Utah aufgewachsen, seine Familie arbeitet in der vierten Generation im Bergbau. Sein Urgroßvater ist 1913 in die Vereinigten Staaten eingewandert, um seiner Familie ein besseres Leben bieten zu können. Dieser Schritt hat natürlich auch Garretts Zukunft und finanzielles Los beeinflusst und erklärt, weshalb er mit solch großer Leidenschaft dabei ist, Unternehmern und Kleinbetrieben dabei zu helfen, ein Vermögen aufzubauen.

Garrett besitzt die italienische und die amerikanische Staatsbürgerschaft, lebt aber mit seiner Frau und seinen zwei Kindern in Salt Lake City.

NIK HALIK

Nik genießt sein 5-Tage-Wochenende. Er hat schon mehr als 155 Länder bereist und alle möglichen extremen Abenteuer erlebt.

So ist er zum Wrack der RMS *Titanic* hinabgetaucht, hat einige der höchsten Berge bestiegen und über dem Gipfel des Mount Everest einen sogenannten HALO-Fallschirmsprung absolviert. Er hat sich in die meisten noch aktiven Vulkane abgeseilt und kürzlich Nordkorea besucht.

Nik wurde an der Russian Cosmonaut Training Academy zum Kosmonauten ausgebildet und zählte zu der Ersatzcrew bei der Sojus-Mission TMA 13 zur Internationalen Raumstation (ISS).

Nik hat sich seine finanzielle und persönliche Freiheit durch Investitionen am Immobilienmarkt und an den Finanzmärkten ermöglicht und weil er mehrere Unternehmen gegründet hat. Er ist ein Business Angel und strategischer Berater von Start-up-Unternehmen und an zahlreichen Unternehmen weltweit beteiligt. Er ist ein gefragter Redner auf Konferenzen und Masterminds.

Nik wohnt abwechselnd in Hollywood Hills, Los Angeles sowie in South Beach Miami, Marokko, Australien und auf den griechischen Inseln.

ÜBER DAS 5-TAGE-WOCHENENDE®

Stellen Sie sich der Herausforderung!

Lassen Sie Ihr 5-Tage-Wochenende wahr werden.

Sie stehen vor einem großen Schritt, der Ihr Leben verändern wird.

Wir sind an Ihrer Seite.

Besuchen Sie unsere Website 5DayWeekend.com und nutzen Sie weitere Ressourcen, entdecken Sie, wie es anderen 5-Tage-Wochenendlern geht, halten Sie sich über Niks Abenteuer auf dem Laufenden und erfahren Sie neue Investitionsstrategien von Nik und Garrett.

5DayWeekend.com